红外成像探测技术与应用

张　骢　岳明凯　仉　新　编　著

北京理工大学出版社
BEIJING INSTITUTE OF TECHNOLOGY PRESS

内 容 简 介

本书力图把红外探测技术在军事上的应用与图像处理算法结合起来，是一部涉及不同学科的教材。本书在前沿科技的基础上，吸收了不同学科的新理论、新技术、新方法。本书共7章，包括概论、红外成像探测原理、红外图像处理与目标检测技术、红外成像制导系统、无人机红外遥感系统、武器红外瞄具系统、红外成像制导引信，具备基础性、实践性和跨学科的知识结构。

本书适合作为本科探测制导与控制技术、智能无人系统技术专业相应课程的教材。

图书在版编目（CIP）数据

红外成像探测技术与应用 / 张骢，岳明凯，仉新编著. --北京：北京理工大学出版社，2022.8

ISBN 978-7-5763-1645-2

Ⅰ. ①红… Ⅱ. ①张… ②岳… ③仉… Ⅲ. ①红外探测-研究 Ⅳ. ①TN215

中国版本图书馆 CIP 数据核字（2022）第 156819 号

出版发行 / 北京理工大学出版社有限责任公司
社　　址 / 北京市海淀区中关村南大街 5 号
邮　　编 / 100081
电　　话 /（010）68914775（总编室）
（010）82562903（教材售后服务热线）
（010）68944723（其他图书服务热线）
网　　址 / http：//www. bitpress. com. cn
经　　销 / 全国各地新华书店
印　　刷 / 涿州市新华印刷有限公司
开　　本 / 787 毫米×1092 毫米　1/16
印　　张 / 11. 5
字　　数 / 267 千字
版　　次 / 2022 年 8 月第 1 版　2022 年 8 月第 1 次印刷
定　　价 / 68. 00 元

责任编辑 / 吴　博
文案编辑 / 闫小惠
责任校对 / 刘亚男
责任印制 / 李志强

前　言

本书立足于红外成像前沿技术的基础，以科学性、先进性、系统性、实用性为目标进行编写，可以作为探测制导与控制技术、智能无人系统技术专业的学生教材。本书包括红外成像在图像方面的基础知识以及在热门军事领域上的应用，尽可能将作者本人和有关单位的科研成果充实到书中，注重培养学生获取知识、分析问题、解决工程技术问题的实践能力、综合素质与创新能力。

本书共7章，包括概论、红外成像探测原理、红外图像处理与目标检测技术、红外成像制导系统、无人机红外遥感系统、武器红外瞄具系统、红外成像制导引信，具备基础性、实践性和跨学科的知识结构。在内容的编写上，重视基础性知识，淘汰过时的内容，同时重视跟踪科学技术的发展，增加了技术上较为成熟的、应用范围较宽或发展前景较好的新应用，为学生的进一步学习及今后从事红外成像探测相关领域的研究奠定了理论基础。

本书由张骢、岳明凯、仉新编著。张骢编写了第2章和第4~7章，岳明凯编写了第1章，张骢、仉新编写了第3章，全书由张骢统稿。

由于编者水平所限，本书难免存在不当之处，诚请读者提出宝贵意见。

编　者

2022年7月

目录

第1章　概论…………(1)
1.1　红外成像探测技术发展现状…………(1)
1.2　红外成像探测技术军事应用…………(3)
1.3　红外成像探测技术与应用发展趋势…………(6)
1.3.1　红外成像探测技术发展趋势…………(7)
1.3.2　军事应用发展趋势…………(9)
第2章　红外成像探测原理…………(11)
2.1　红外辐射理论…………(11)
2.1.1　红外辐射与红外光谱…………(11)
2.1.2　红外辐射的传输和衰减…………(13)
2.1.3　红外辐射基本定律…………(18)
2.2　红外成像原理…………(23)
2.2.1　红外成像基本原理…………(24)
2.2.2　红外成像系统的特点…………(25)
2.2.3　现代红外探测器…………(25)
2.2.4　红外探测器的性能参数…………(26)
2.3　光学系统…………(29)
2.3.1　红外光学整流罩设计与分析…………(29)
2.3.2　光学成像系统设计与分析…………(31)
2.4　设计实例…………(36)
2.5　参考文献…………(37)
第3章　红外图像处理与目标检测技术…………(39)
3.1　概述…………(39)
3.2　红外图像预处理…………(41)
3.2.1　红外图像去噪…………(41)

3.2.2 红外图像增强 …… (42)
3.2.3 红外图像融合 …… (44)
3.3 红外目标检测 …… (46)
3.3.1 红外目标成像的数学模型 …… (46)
3.3.2 红外目标的跟踪前检测算法 …… (47)
3.3.3 红外目标的检测前跟踪算法 …… (49)
3.4 红外目标跟踪 …… (50)
3.4.1 基于粒子滤波的红外目标检测 …… (50)
3.4.2 基于均值漂移的红外目标跟踪 …… (54)
3.5 深度学习 …… (57)
3.5.1 红外图像增广技术 …… (57)
3.5.2 卷积神经网络 …… (58)
3.5.3 目标检测算法 …… (60)
3.6 参考文献 …… (62)
第4章 红外成像制导系统 …… (65)
4.1 概述 …… (65)
4.1.1 红外成像制导导弹 …… (65)
4.1.2 红外成像制导导弹战例 …… (67)
4.1.3 红外成像导引头的特点 …… (68)
4.2 红外成像制导技术 …… (69)
4.2.1 红外成像导引头分类 …… (70)
4.2.2 红外成像制导技术基本组成 …… (70)
4.2.3 红外成像制导技术各部件及原理 …… (72)
4.2.4 视频信号处理器 …… (77)
4.3 红外成像制导技术的对抗 …… (78)
4.3.1 红外干扰 …… (78)
4.3.2 反红外干扰 …… (81)
4.4 目标识别算法设计与分析 …… (82)
4.4.1 红外成像导引头对算法的要求 …… (82)
4.4.2 自动目标识别算法的分类 …… (83)
4.4.3 主要算法的性能分析 …… (83)
4.4.4 自动目标识别算法设计 …… (85)
4.4.5 自动目标识别算法的应用 …… (89)
4.5 参考文献 …… (90)
第5章 无人机红外遥感系统 …… (91)
5.1 概述 …… (91)
5.2 军用实战运用方式 …… (92)

5.2.1　军用无人机的分类 …… (92)
5.2.2　军用无人机的实战运用方式 …… (94)
5.3　无人机遥感系统总体设计 …… (97)
5.3.1　红外与可见光融合探测基础 …… (98)
5.3.2　图像采集稳定云台 …… (103)
5.3.3　传感器集成 …… (105)
5.4　作业飞行及数据采集 …… (107)
5.4.1　无人机飞行参数设计 …… (107)
5.4.2　热红外相机快门触发方法 …… (109)
5.4.3　数据采集 …… (110)
5.5　遥感图像预处理 …… (112)
5.5.1　快速小波变换 …… (112)
5.5.2　快速小波变换实验 …… (114)
5.5.3　仿射投影矩理论下的图像处理 …… (115)
5.6　参考文献 …… (118)
第6章　武器红外瞄具系统 …… (122)
6.1　概述 …… (122)
6.2　红外瞄具总体方案设计 …… (123)
6.2.1　红外成像系统性能指标 …… (123)
6.2.2　光学系统设计 …… (123)
6.2.3　成像信号处理电路 …… (125)
6.3　瞄具系统温度适应性 …… (133)
6.3.1　偏置电压与温度适应性 …… (134)
6.3.2　温度适应性优化设计 …… (136)
6.3.3　探测器性能与温度关系 …… (137)
6.3.4　两点校正法 …… (140)
6.4　辅助瞄准模块 …… (142)
6.4.1　辅助瞄准开窗处理 …… (143)
6.4.2　开窗增强算法 …… (146)
6.5　参考文献 …… (147)
第7章　红外成像制导引信 …… (149)
7.1　概述 …… (149)
7.2　制导引信一体化技术 …… (149)
7.2.1　总体设计与性能参数 …… (150)
7.2.2　超近距跟踪 …… (153)
7.2.3　目标信息测量 …… (161)
7.2.4　引战配合的时间/空间控制 …… (164)

7.3 新型末制导修正引信 …… (166)
7.3.1 坐标系变换 …… (167)
7.3.2 实时红外电子稳像 …… (169)
7.4 参考文献 …… (173)

第1章 概 论

红外热成像技术通过运用光电技术接收物体辐射的特殊红外线信号，然后将该信号转换成人眼可识别的图像或视频，并赋予图像或视频温度值。红外热成像技术使人类超越了视觉局限，由此人们可以"看到"物体表面的温度分布状况。红外热成像仪就是利用该技术生产的商用仪器，凭借实时视频成像、操作简便、成本低等优势，以及远距离、非接触、大面积、直观快速检测的优点，在军事、民航、电力、石化、森林防火、医疗等领域有着广泛的应用。近年来，红外热成像技术引起广大科研工作者的关注，他们对其进行了持续的研究。表 1-1 给出了截至 2020 年通过百度学术统计的近十年与红外热成像技术在各行业的研究文献数量。从统计中可以看出，除 2020 年以外，其他年份关于红外热成像技术的研究数量呈现不断上升的趋势。

表 1-1　2011—2020 年红外热成像技术在各行业的研究文献数量　　单位：篇

行业分类	年份									
	2011	2012	2013	2014	2015	2016	2017	2018	2019	2020
兵器科学与技术	33	36	33	39	54	53	41	59	63	41
电气工程	26	22	25	26	31	32	34	58	71	31
仪器科学与技术	59	77	83	96	86	104	97	128	156	34
物理学	60	50	77	63	67	39	49	43	47	40
工程与技术	68	69	75	72	70	111	106	62	71	69
医学类	34	42	23	58	60	66	67	83	68	60
总计	280	296	316	354	368	405	394	433	476	275

1.1 红外成像探测技术发展现状

作为军用装备主体技术之一的红外成像器件及其系统技术是 20 世纪 80 年代以来发展起来的。美国、英国、法国、德国和俄罗斯等国处于研究、开发和应用的领先地位。红外成像设备包括红外观察仪、红外瞄准仪、潜望式红外热像仪、火控热像仪、红外跟踪系统、前视红外系统及红外摄像机等。这些装备的应用范围具体介绍如下。

陆军：夜间侦查、监视、瞄准和射击、制导和防空等。

海军：监视、巡逻、观察和导弹跟踪等。

空军：侦察机、攻击机、轰炸机和直升机的导航、搜索、跟踪、识别、捕获、观察和火控等。

航天：星载系统的侦察、监视和摄影等。

民用：医疗诊断、火灾防救、炉温检测和高压工程等。

红外成像技术实质上是一种波长转换技术，即把红外辐射转换为可见光技术，利用景物本身各部分辐射的差异获得图像的细节。通常采用 3 ~ 5 μm 和 8 ~ 14 μm 两个波段。这种成像技术既克服了主动红外夜视仪需要人工红外辐射源，并由此带来容易自我暴露的缺点，又克服了被动微光夜视仪完全依赖于自然环境光的缺点。红外成像系统具有一定的穿透烟、雾、霾、雪等限制以及辨别伪装的能力，不受战场上强光、闪光干扰而致盲，可以实现远距离、全天候观察。这些特点使成像系统特别适合军事应用。

红外成像技术可分为制冷和非制冷两种类型。前者有第一代、第二代和第三代之分，后者可分为热释电摄像管和热电探测器阵列两种。

1）第一代红外成像技术

第一代红外成像技术主要由红外探测器、光机扫描器、信号处理电路和视频显示器组成。红外探测器是系统的核心器件，决定了系统的主要性能。红外探测器有锑化铟（InSb）和碲镉汞（HgCdTe 或 MCT）等器件。当前广泛发展的是高性能多元探测器，器件元数已高达 60 元、120 元和 180 元。20 世纪 80 年代初，一种称为 SPRITE 探测器（或称扫描型探测器）的器件在英国问世，它是由几条纵横比大于 10∶1 的窄条的光导型 HgCdTe 元件组成，在正偏压下工作。SPRITE 探测器除了具有信号检测功能外，还能在器件内部实现信号的延迟和积分，减少器件引线数和热负载，与多元探测器相比，杜瓦瓶结构简单，工艺难度下降，大大提高了可靠性。一个 8 条 SPRITE 探测器相当于 120 元 HgCdTe 探测器的性能，但只需 8 个信号通道。为便于组织大批量生产，降低热像仪成本，省去重复设计研制的费用，便于维修、保养和有效地装备部队，美、英、法等国都实行了热成像的通用组件化。美国热成像通用组件采用多元 HgCdTe 探测器的并扫体制；英国则采用 SPRITE 探测器的串并扫体制。这两种热成像系统温度分辨率都可小于 0.1 ℃，图像清晰度可与像增强技术的图像相媲美。

2）第二代红外成像技术

第二代红外成像技术采用了红外焦平面阵列（IRFPA），从而省去了光机扫描机构。这种焦平面阵列借助子集成电路的方法，将探测器装在同一块芯片上，并具有信号处理的功能，利用极少量引线把每个芯片上成千上万个探测器的信号读出到信号处理器中。由于去掉了光机扫描，这种用大规模焦平面成像的传感器又称为凝视传感器。它体积小、质量轻、可靠性高。在俯仰方向上可有数百元以上的探测器阵列，可得到更大张角的视场，还可采用特殊的扫描机构，用比通用热像仪慢得多的扫描速度完成 360°全方位扫描以保持高灵敏度。这类器件主要包括 InSb IRFPA、HgCdTe IRFPA、SBD FPA、非制冷 IRFPA 和多量子 IRFPA 等。

3）第三代红外成像技术

第三代红外成像技术采用的红外焦平面探测器单元数已达到 320 × 240 元或更高，其性能提高了近3个数量级。目前，3～5 μm焦平面探测器的单元灵敏度又比8～14 μm探测器高2倍、3倍。因而，基于320×240元的中波热像仪的总体性能指标相差不大，所以3～5 μm焦平面探测器在第三代焦平面成像技术中格外重要。从长远看，高量子效率、灵敏度、覆盖中波和长波的HgCdTe焦平面探测器仍是焦平面器件的首选。

4）非制冷型红外成像技术

由于制冷型红外探测器材料昂贵，探测器的成品率很低，导致探测器制冷型红外成像系统价格昂贵，同时制冷型红外成像系统需要一套制冷设备，增加了系统成本，降低了系统的可靠性。此外，制冷型红外成像系统功耗大、体积大、笨重，难以实现小型化。这些都限制了制冷型红外成像系统的广泛应用。

非制冷型红外焦平面阵列探测器具有室温工作、无须制冷、光谱响应与波长无关、制冷工艺相对简单、成本低、体积小巧，以及易于使用、维护和可靠性好等优点，因此形成了一个新的富有生命力的发展方向，其目的是以更低的成本、更小的尺寸和更轻的质量来获得极好的红外成像性能。近年来，已研制成功3种不同类型的非制冷型红外焦平面阵列探测器，工作的物理机制分别如下。

（1）热电堆。根据赛贝克（Seebeck）效应检测热端和冷端之间的温度梯度，信号形式是电压。

（2）测辐射热计。探测温度变化引起载流子浓度和迁移率的变化，信号形式是电阻。

（3）热释电。探测器温度变化引起介电常数和自发极化强度的变化，信号形式是电荷。

在这3种不同类型的非制冷型红外焦平面阵列探测器器件中，测辐射热计阵列的发展最为迅速，并且取得了令人瞩目的成就。它采用类似于硅工艺的硅微机械加工技术进行制作，为了实现有效的热绝缘，一般采用桥式结构。探测器与硅读出电路之间通过两条支撑腿实现电互连。测辐射热计的灵敏度主要取决于它与周围介质的热绝缘，即热阻，热阻越大，可获得的灵敏度就越高。目前测辐射热计阵列的温度分辨率可达0.1 K。非制冷测辐射热计阵列技术是红外成像技术在过去20年中取得的最重要的进展。2000年，法国Sofradir公司生产出了第一个非制冷型红外焦平面阵列探测器，探测器阵列规模为320×240元，像元中心距为45 μm，填充因子大于80%，噪声等效温差（NETD）达到0.1 K（典型值），器件的性能指标达到了世界先进水平。

1.2 红外成像探测技术军事应用

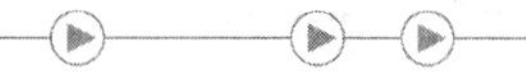

进入20世纪，红外技术首先受到军事部门的关注，因为它提供了在黑夜中观察、探测军事目标自身辐射及进行保密通信的可能性。第一次世界大战期间，为了战争的需要，研制了一些实验性的红外装置，如信号闪烁器、搜捕装置等。第二次世界大战前夕，德国首先研制出了红外变像管，并在战场上应用。美国也大力研究各种红外装置，如红外辐射源、窄带滤光片、红外探测器、红外望远镜等。20世纪50年代以后，美国“响尾蛇”导弹上的寻的制导装置和U-2间谍飞机上的红外照相机代表着当时军用红外技术的水平。1991年，在海湾战争中，美国的红外技术（特别是热成像技术）在军事上的作用和威力得到充分展示。

利用目标和背景辐射特性的差异，红外技术可以识别各种军事目标，特别是能揭示伪装的目标等，这使红外技术成为现代军事技术的一个重要组成部分，在现代军事技术上有广泛的应用。红外技术可用于对远、中、近程军事目标的监视、侦察、告警、预警与跟踪，红外成像的精确制导，武器平台的驾驶、导航，探测隐身武器系统，光电对抗，武器瞄具等。

1）红外夜视

红外夜视有助于人们在黑暗中观察景物，根据不同的需要可制成不同的红外夜视仪器。热成像仪是目前技术最为先进的夜视器材。热成像仪既不依靠夜天光，也无须携带光源，而是通过接收目标的红外辐射来工作，所显示的图像反映了目标与周围环境之间热辐射的差异，即利用热对比度成像。热成像仪的主要特点：一是能实现全被动观察，微光夜视仪需要有星光、月光才能正常工作，在阴云密布的夜间其作用距离迅速下降，主动红外夜视仪需要人工红外光源工作，容易暴露目标，而热成像仪能够在全黑的情况下工作，因此十分隐蔽，不易被对方发现；二是能实现全天候观察，红外线特别是波长在 8 ~ 14 μm 的红外线比可见光在大气中的传输能力强，使热成像仪不仅探测距离远，而且白天黑夜都具有较强的透过浑浊空气和烟雾霾雪进行观察的能力；三是能揭露伪装，由于热成像仪是靠探测目标和背景之间的热辐射差异识别目标，因而具有识别伪装的特殊能力，尤其是能发现隐蔽在树林和草丛中的人员和车辆，通过地表温差的探测还可发现雷场；四是能获得目标的状态信息，热成像仪利用温差成像，不仅能对目标进行探测，还能获得关于目标状态的信息。例如，机场上停放的飞机飞走后，通过停机坪上的热痕迹可以判断曾有几架飞机在此停留过。

此外，红外瞄准仪可供步枪、机枪、火炮等在夜间瞄准用；红外驾驶仪用在各种装甲车辆上，驾驶员可借助这种仪器观察前进道路和地物；红外观察仪可用于夜间军事行动时发现目标等。海湾战争从开始、作战到决胜的整个过程都是在夜间，夜视装备应用的普遍性乃是这次战争的最大特点之一。美国每辆坦克、每个重要武器都配有夜视瞄准具，仅美军第二十四机械化步兵师就装备了上千套夜视仪。多国部队除了地面部队、海军陆战队广泛装备了夜视装置外，美国的 F-117 隐身战斗轰炸机，“阿帕奇”直升机、F-15E 战斗轰炸机，英国的“旋风”GRI 对地攻击机等都装有先进的热成像夜视装备。夜视技术的发展在军事上形成了“制夜权”的概念，拥有夜视技术优势的一方，能在隐蔽处掌握敌方的信息，从而能有效地指挥、联络、打击敌人，并使敌方的夜战能力受到压制。人们从近几次高技术局部战争中认识到，制夜权对于赢得胜利的作用已上升到与制海权、制空权和制天权同等重要的地位。

2）红外预警

不同气体分子在红外波段的吸收光谱不同，利用这一特点可以制成气体分析仪，对环境大气中的有害气体等进行监测。针对武警部队反恐活动中经常遇到的“毒气”恐怖事件，可利用红外吸收法做混合气体组分的定量分析，从而确定混合气体中毒气的含量，为部队采取行动提供可靠的依据。之所以选用红外辐射，是因为气体分子的振动或转动吸收光谱是在红外波段，而且用红外波段测量可以不受日光的干扰，达到时刻预警的目的。

3）红外侦察

利用红外技术能快速、准确地探知敌方的动态或部署。由于任何军事目标与周围环境都存在着温度的差异，根据红外热像图可以进行探测和识别。例如，飞机是否刚发动过，营地炊事点和大炮、卡车的位置。机载前视红外装置能在 1 500 m 的上空探测到人、小型车辆和隐蔽目标，在20 000 m高空能分辨汽车，特别是能探测水下40 m深处的潜艇。海湾战争中，为了躲过轰炸，伊拉克装甲部队将坦克伪装成沙丘，使目视侦察难以发现。但沙土是导体，埋有坦克的沙丘白天升温快，夜间散热慢，与周围真沙丘有明显的温差。在热像仪视野中，假沙丘是亮斑，因此夜航机用导弹和炸弹攻击"亮斑"，使大批伊军坦克被摧毁。另有研究显示，远红外在350 μm、450 μm、620 μm、735 μm和870 μm波长附近存在着相对透明的大气窗口。与微波通信相比，远红外光束较窄，波束方向性好，可实现外差接收，可以作定点保密通信或宽频、大容量的通信系统，因此是将来多媒体传输大容量军用无线通信的希望所在。20世纪80年代美国的"星球大战"计划在发展太空通信设备和雷达时就用了远红外频段；1992年美国航空航天局提出1995—2010年要全面占领远红外技术领域。

4)红外制导

许多军事目标，尤其是一些具有动力装置的目标，如飞机、火箭、坦克、军舰等，都在不断地发射大功率的红外辐射，它们是很强的红外辐射源。红外制导就是利用这些目标自身的红外辐射来引导导弹自动跟踪并接近目标，提高命中率。在各种精确制导体制中，红外制导因其制导精度高、抗干扰能力强、隐蔽性好、效费比高等优点，在现代武器装备发展中占据着重要地位。据报道，20世纪80年代以来的几次局部战争中，被导弹毁伤的飞机有90%是被红外制导的导弹击落的。多国部队利用飞机发射的红外制导导弹在海湾战争中发挥了极大作用，仅在10天内就摧毁伊军坦克650辆、装甲车500辆。制导技术的发展在很大程度上取决于红外探测技术的发展。

红外制导系统包括红外点源(非成像)制导和红外成像制导两大类。红外成像制导主要用于巡航导弹、反舰导弹、空地导弹等。受高技术作战需求的强力推动，近年来红外成像制导技术发展十分迅猛，其发展历程大致如下：

(1)第一代红外成像制导系统出现于20世纪70年代，采用线阵列红外探测器加旋转光机扫描机构，由4 × 4元光导碲镉汞探测器串并扫描成像，工作波长为8 ~ 14 μm。代表型号有发射前锁定目标的AGM-65D"小牛"空地导弹、AGM-65F反舰导弹以及发射后锁定目标的AGM-84E"斯拉姆"空地导弹。

(2)第二代红外成像制导系统出现于20世纪80年代，采用小规模红外焦平面阵列探测器，以串并扫描方式工作。这类制导系统可以连续积累目标辐射能量，具有分辨率高、灵敏度高、信息更新率高的优点，能够对付高速机动小目标、复杂地物背景中的运动目标或隐蔽目标。红外焦平面阵列探测器灵敏度比线阵列器件高1个数量级，成本又比凝视型焦平面器件低，同时结构紧凑、体积小、可靠性高，易于小型化，从而促进了红外成像制导小型战术导弹的发展。代表型号有德、英、法三国联合研制的远程反坦克导弹"崔格特"(Trigat)、美国的高空防御拦截弹(HEDI)。

(3)第三代红外成像制导系统采用了更大规模的焦平面阵列探测器和凝视工作方式，采用电子自扫描取代复杂的光机扫描机构，简化了信号处理和读出电路，可以充分发挥探测器的快速处理能力，其作用距离更远，热灵敏度、空间分辨率更高。20世纪80年代后期，凝视红外焦平面阵列器件发展很快，其中3 ~ 5 μm中波段器件已发展到512 × 512元，锑化铟光伏器件已达256 × 256元，长波8 ~ 12 μm光伏碲镉汞/硅电荷耦合器件(CCD)混合焦平面探测器已达128 × 128元。目前，焦平面探测器正在向着高密集度、多光谱、多响应度、高探测率、高工作温度、低成本的方向发展。因此，国际上新投入研制的红外成像制导系统几乎全部采用了凝视型焦平面阵列技术，典型代表有美国的“海尔法”(Hellfire)、AIM-9X 空空导弹、AAWS-M 反坦克导弹等。

5)红外探测

红外探测就是用仪器接收被探测物发出或反射的红外线，从而掌握被探测物所处位置的技术。雷达是迄今为止最有效的远程探测电子设备，它根据目标对雷达电磁波的散射能量来判断目标的存在并确定目标的空间位置。然而，在现代战争环境下，雷达也存在一些难以克服的弱点，面临低空和超低空突防、综合性电子干扰、目标电磁隐身和反辐射导弹四大威胁。同时，雷达服役时间较长，其工作频段等战术指标的保密性已成问题，在强大的电子干扰环境下，几乎没有任何对抗措施，必将陷入瘫痪。因此，迫切需要一种新型的空防体系，无源或被动探测器跟踪技术是解决这一问题的有效途径，即用红外探测装置阵列替代常规火控雷达完成目标的截获、跟踪、平滑外推和控制武器系统的功能，从而形成被动火控系统，提高防空系统的战场生存能力。近五十年来，世界各国争相发展利用红外线探测目标的技术。在军事上，红外探测技术用于制导、火控跟踪、警戒、目标侦察、武器热瞄准器、舰船导航、空降导航等；在武警部队领域，红外探测技术可广泛用于安全警戒、刑侦、森林防火和消防、大气环境检测等方面；在民用领域，红外探测技术广泛应用于工业设备监控、安全监视、交通管理、救灾、遥感及医学热诊断技术等。

6)红外遥感

遥感技术就是用飞机、卫星等运载工具把传感器带到空中以至太空中去接收和记录各种物体发射和反射的电磁辐射信号，并借助计算机对这些信号进行图像处理和分析判断，最终达到对地物进行识别和监测的目的。对地物进行红外遥感测量的辐射源主要是自然辐射源，即被地物反射的太阳辐射和地球本身发出的红外辐射。太阳辐射能有 99.9% 是集中在 0.217～10.94 μm 的波段，其中约有 50% 的能量在红外区域，地球辐射谱则相当于 300 K 的黑体辐射，其辐射能主要分布在长波远红外区，而红外波段比较宽，这样就能获得较多的地面目标的信息。红外光学遥感器在空间光学遥感器中研制难度最大、用途最广，它集合了光学、精密机械、空间制冷、温度控制、探测器和系统控制等多种领域的技术成果，体现着一个国家的综合实力。红外遥感由于具有保密性好、抗干扰功能强、能昼夜连续工作等优点，因此在空中军事侦察中占有十分重要的地位。

目前，红外技术作为一种高科技技术，与激光技术并驾齐驱，在军事上占有举足轻重的地位。除以上提到的红外技术应用之外，红外成像、红外观瞄、红外监视、红外跟踪、红外对抗、红外伪装、执法缉毒等红外技术的应用，将是现代和未来战争中重要的战略和战术手段。

1.3 红外成像探测技术与应用发展趋势

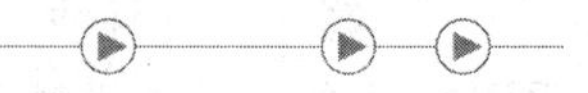

随着科学技术的进步及未来战争需求的推动，武器装备正从机械化向信息化、智能化的趋势发展。由于主要工作在被动的探测模式，红外/光电成像系统可全天候工作，且分辨率高、抗电磁干扰能力强。因此，红外光电成像系统将是信息感知的关键，是信息化武器装备、未来智能化军事变革的重要基础。

1.3.1 红外成像探测技术发展趋势

随着信息化社会人工智能物联网(Artificial Intelligence of Things，AIoT)趋势在各领域的快速普及，红外信息的复合探测和智能处理是红外探测技术向更多领域普及发展的必由之路，红外探测器正在由单一的传感器向多维信息融合成像、片上智能化的红外光电探测器发展。在片上集成光场调控人工微结构的第四代红外光电探测器基础上，通过3D堆叠发展片上红外信息获取、信号处理、智能决策的变革性红外光电探测器。

基于片上集成与智能化处理技术，新型智能化信息处理光电探测器具有片上像元计算、并行输出、基于事件驱动的低功耗特征，可大幅提升特征提取等光电探测系统并行、分步计算、智能化水平。薄片式柔性化超高灵敏度光电成像、全光场信息自适应高灵敏度光电成像、新型智能化信息处理等新概念的光电探测器技术将极大地颠覆目前的传统光电成像探测器技术领域，在情报侦察、夜视观瞄等军用领域和安全监视、资源探测、污染防控、能源利用、交通运输、物流管控、物联网、移动装备、自动驾驶、智能制造等工业、民用领域具有广阔的应用前景。

1. 片上3D集成红外光电探测器

未来图像传感器将继续向高度集成化和智能化方向发展。到目前为止，图像传感器的发展都是在模仿和接近人眼的观测效果。智能化系统的集成将在真正意义上实现图像传感器对人眼的超越。通过将测距、通信、定位、温度传感器及数字信号处理等功能在片上智能化系统的集成，进行图像增强，获取多种人眼无法获取的信息，并实现各单位间的信息实时共享，在夜间单兵作战和协同作战中将发挥巨大作用，在车载导航等民用领域也能大幅提高获取信息的丰富性，让使用者有更加准确的预判，提升驾驶安全性。

美国国防部高级研究计划局(DARPA)在2009年开展了垂直集成传感器阵列(Vertically Integrated Sensor Array，VISA)项目计划，将探测器、模拟集成电路(Integrated Circuit，IC)和数字IC通过三维结构设计，实现焦平面阵列的三维堆叠。

由于在ROIC集成信号处理电路容易对探测器芯片产生散热、噪声等问题，传统红外探测器只能输出芯片所成的原始图像，图像的校正、分析与目标识别都需要输出后再进行处理，对红外探测器的普及应用造成了限制。随着集成电路工艺的进步，为提高红外探测器的灵敏度和信息快速处理能力，高性能、低功耗的片上集成芯片逐渐应用于红外探测器的片上数据处理、智能化分析与决策。

图像信号处理(Image Signal Processing，ISP)芯片最先集成到热成像仪，提供嵌入式的图像处理功能，已在商业产品上获得应用。受红外探测器制造工艺的限制，像元响应率可能出现不均匀分布，所成的原始图像存在严重噪声，需要经过多次校准，ISP芯片可以对原始数据做特定算法处理并同步输出，校正焦平面阵列的像元缺陷、不均匀等问题。集成ISP芯片可以简化探测器组装过程中的校准步骤，降低相关产品的使用门槛。

片上集成系统(System on Chip，SoC)是在红外探测器上集成了稳压电源、时钟信号、模数转换、信号处理等功能的电路模块，一般支持根据不同的红外探测器设置输入信号参数、自定义图像处理算法等复杂的功能。目前大多数基于传统ROIC的红外探测器输出信号为模拟输出，SoC可以将探测器输出的模拟信号进行高速、多通道的片上模数转换，转换的数字信号输入到CPU做进一步处理分析。CPU支持通过自定义算法实现数据缓存、非均匀校正、盲元处理、图像增强、灰度变换、数码变焦等功能，还可以通过人工智能算法实现目标识别等功能，为可穿戴的智能设备提供完整的解决方案。由于减少了数据输出到外部处理器的过程，红外探测器的响应速度和功耗都有一定改善。

2. 曲面红外光电探测器

平面探测器是制约红外成像技术向大视场、高分辨率探测发展的关键问题。对于天文探测等领域，红外探测器的光学系统一般会设计非常大的口径，容易产生像场弯曲。现代大视场、高分辨率红外成像探测需要采用复杂的光学系统以减小像差，提高光学分辨率。额外的光学元件导致高分辨系统体积重量庞大、成本昂贵，限制了探测系统的通用性。

仿生学一直以来都给人类很多的启发，而人眼作为一个极其重要的器官也对探测器有很多的指导意义，促进了曲面红外成像芯片的创新。曲面红外焦平面阵列可以一定程度地校正系统的光学像差、减小光学系统的复杂度，获得更高质量的红外成像。得益于赋形技术的发展，曲面器件在弯曲的情况下仍能保持相同结构平面器件的性能。曲面探测芯片引入了球面曲率这一新的参数，可以按照光学系统的成像效果、Petzval 曲率等设计曲面的焦平面阵列以减小场曲像差，从而允许光学系统采用更加简单和紧凑的设计，同时也允许焦平面阵列继续向更高分辨率发展。

为适应实际光学系统的成像效果、进一步消除像差，焦平面阵列的形状不能用统一的曲率半径描述，甚至不具有很好的旋转对称性，需要通过正交多项式数学模型进行自由曲面设计。国际上大规模曲面型 Si 面阵探测器的研究已取得很大的进展。2012 年，法国从事红外探测器技术研究的 CEA-Leti 研究中心已立项开展曲面型混成红外焦平面探测器技术的研究工作，并在 2014 年演示了碲镉汞曲面红外探测器的成像效果。

3. 柔性红外光电探测器

复杂形状焦平面阵列的制造依赖于导电聚合物单壁碳纳米管(Single-Wall Carbon Nanotube，SWNT)、石墨烯等柔性材料和波浪状、马蹄状等可拉伸的金属互连结构，超表面也可以集成到弯曲基板或柔性材料上，发挥接近平面器件的各种功能。

目前柔性红外探测器主要基于透明基板和有机半导体薄膜材料开发，在柔性有机太阳能电池、有机发光二极管等方面逐渐呈现潜在的应用。柔性有机太阳能电池采用紫外、红外吸收，以及可见光透明的有机材料，可以在日常场景中大范围安装使用而不造成太多影响，甚至直接安装到电子设备表面，显著降低相关产品制造成本。利用柔性有机材料开发的红外探测器已可用于近红外和中红外的红外辐射剂量检测。

在全新的二维光电探测体系中，二维材料的纵向尺度仅为原子级，使其具有柔性、超薄、透明等特点，同时其二维面内超高的载流子迁移速度、室温下高光电转换能效造就了二维材料在非制冷、柔性可穿戴红外探测器技术等未来军事应用领域的发展前景。这种柔性探测器可与各种可穿戴设备、大视场曲面探测系统进行完美结合。

4. 类神经视觉红外芯片

20 世纪 90 年代，美国加州理工学院的 C. Mead 和日本东京大学的石川正俊等人就提出了视觉芯片的概念，视觉芯片将图像处理和图像传感器集成在一起。视觉芯片是一种仿生处理芯片，图像传感器相当于人类视觉系统的视网膜，而图像处理器采用多级异构并行处理架构，类似人类的视网膜以及大脑。视觉芯片符合视觉图像处理特征，因此能够以很高的速度完成图像的获取和处理。最早的视觉芯片采用模拟电路实现，随着 CMOS 工艺和设计技术的不断进步，视觉芯片都采用数字化的方式实现。

随着科学技术的不断进步与发展，红外光电成像器件向着高分辨率、高动态范围、高帧率、三维成像、宽光谱等重要方向发展，红外成像器件的输出数据量呈现指数增长。将红外光电探测器和神经形态的处理器进行集成，就构成了所谓的神经形态视觉红外光电探测器，其核心功能在于红外光电成像后即进行图像大数据的实时处理，需具备片上自主学习甚至自主决策等更多、更复杂的智能化处理功能。在红外成像器件内部进行数据处理，实现片上类神经视觉是未来红外光电成像器件发展的必然趋势。

例如，可见光的人脸识别是图像传感器类神经视觉应用最重要的研究方向，而红外成像提供了更多的光谱信息，同时可以测量目标温度，红外成像与可见光成像结合的人脸识别可以大大提高识别的准确率，特别是在暗光条件下有明显优势。先后有基于偏最小二乘法、深度感知映射技术、耦合神经网络、生成对抗网络、耦合深度卷积神经网络、耦合独立分量分析等框架的可见-红外人脸识别算法提出，在图像增强、人脸特征提取、身份识别等方面取得了大量成果。

1.3.2 军事应用发展趋势

1. 红外导引头多光谱成像制导

目前，主流红外导引头的探测器工作于中远红外波段(3～5 μm、8～12 μm)，多种红外成像制导武器采用多光谱成像技术，某些波段图像丢失不影响对目标的继续跟踪和识别，提高了武器的抗干扰能力和战场适应能力。第四代 FIM92-C“毒刺”防空导弹采用了红外/紫外双色探测器，NSM 反舰导弹采用双波段红外成像导引头，A-Darter、“米卡”红外型、“怪蛇”5 等空空导弹均采用了双色红外探测器，这种探测器增大了探测距离，提高了目标分辨率，从而提高了武器的制导精度。

2. 多平台、多用途应用

多平台、多用途应用是精确制导武器未来的发展方向。目前，多种陆海空应用的红外制导武器都在拓展发射平台，包括地面车辆、直升机、无人机、船只等，满足多种目标攻击需求。

MMP 导弹为步兵设计，也可集成到舰船、直升机和陆地车辆。“标枪”导弹既可肩扛使用，也可以安装在三脚架或轮式/两栖车辆上发射。“毒刺”便携式防空导弹可部署在多种车辆和直升机平台上。NSM 导弹可通过舰艇、岸基平台和飞机发射，与潜射平台的集成正在进行。第五代远程“长钉”2 和增程“长钉”2 导弹系统可用于地面、海上和直升机平台。Stunner 导弹可在陆基、海基和空基多种平台上部署。

3. 发展多模复合制导体制

现代战场环境日趋复杂多变，单一制导体制已很难应对复杂环境作战需求，多模复合制导体制可以利用各种制导体制的优势，是精确制导武器未来的发展趋势。红外导引头在制导精度、抗干扰能力、隐蔽性等方面优势明显，易与电视、激光、毫米波制导技术结合形成多模复合制导体制。“长钉”系列导弹、MMP、Stunner 导弹以及“暴风之锤”制导炸弹是目前世界上典型的包含红外制导的复合制导武器，代表了红外复合制导武器的发展方向。

4. 非制冷型红外制导武器发展前景广阔

目前，中远程红外制导武器的红外导引头大多采用高灵敏度的制冷型红外探测器，

4 km 射程的第五代 MMP 反坦克导弹采用了非制冷型红外成像导引头。正在研制的“海毒液”(Sea Venom)反舰导弹采用非制冷型红外成像导引头，具有先进的图像处理能力，能够自动选择和跟踪目标。近程“长钉”导弹采用 CCD/非制冷型红外双模导引头，并优化跟踪器，可发射后不管。

因灵敏度不高，非制冷型红外导引只能用于导引头作用距离近的武器上，而对于红外成像/毫米波雷达双模复合制导武器而言，毫米波雷达导引头可以保证远距离目标探测，因此非制冷型红外制导体制在此类复合制导武器上具有很大的发展潜力。

5. 模块化、通用化、标准化、系列化发展

现今的红外精确制导武器朝着模块化、通用化、标准化、系列化方向发展。发达国家积极推行标准组件，以实现相同部件在不同武器上通用。

“米卡”空空导弹采用了模块化结构设计，射频型和红外型共用一些部件，除了导引头之外，其他零部件通用程度很高。在此基础上，法国还发展了“米卡”地空、舰空、潜空导弹，形成世界上第一种能在空中、地面、水面、水下作战的导弹系列。JASSM 导弹采用模块化设计，可使用不同的战斗部、导引头，现已发展了 3 种改型，朝着系列化方向发展。即将服役的英法联合研制的“海毒液”反舰导弹同样采用模块化设计，能适配多种直升机平台，增强作战能力。“标枪”“毒刺”导弹均已发展为多型号的导弹系列。

6. 采用人工智能等新技术

近年来，人工智能等新技术越来越多地应用于制导武器，能自主对目标进行识别。红外精确制导武器正采用人工智能等先进技术而得以快速发展，其更加智能化，可进一步提高作战灵活性。远程“长钉”2 导弹配有新型导引头，其非制冷红外传感器带灵巧目标跟踪器，采用人工智能技术，提高了目标识别能力，精度极高。

第2章 红外成像探测原理

红外成像具有被动工作、抗干扰性强、目标识别能力强、全天候工作等特点，已被多数发达国家应用于军事侦察、监视和制导方面。红外成像侦察、监视和制导已成为当代武器技术发展的主流方向之一。本章详细阐述了红外辐射理论与红外成像原理，介绍了几种光学系统设计，通过论证设计了实例。红外辐射是整个电磁频谱中的一个重要组成部分。红外探测系统是依靠探测目标辐射或反射的红外线而工作的，因此广泛了解红外辐射的基本规律、红外探测器的成像原理，总结红外图像的基本特点，是红外图像处理技术研究的基础。

2.1 红外辐射理论

1860—1900年，经过40年的努力，人们建立了完整的红外辐射理论，其核心是包括透射、反射和吸收定律，基尔霍夫定律，普朗克定律在内的三大定律。从实验中总结的维恩位移定律、斯特藩-玻尔兹曼定律实际上是普朗克定律的特殊形式，因此不是独立的定律；热导数也是在上述定律基础上推导出来的，因此不是独立的定律。

2.1.1 红外辐射与红外光谱

在红外辐射理论中经常用到如下名词和概念。

1. 辐射能

在红外辐射理论中，辐射能是指物体发射红外辐射的总能量，符号 Q_e，单位为焦耳(J)。黑体辐射能即为全光谱能量的总和，选择性发射体辐射能为进行发射率修正的有效红外辐射能量的总和，激光辐射能则为对应某一波长的辐射能量。

2. 辐射能密度

辐射能密度是物体在单位体积中发射的红外辐射能，符号 w_e，定义

$$w_e = \partial Q_e / \partial V \tag{2-1}$$

单位为焦耳每立方米(J/m^3)。

3. 辐射能通量

辐射能通量是物体在单位时间中发射或接收的红外辐射能，简称辐射通量，符号 Φ_e，定义

$$\Phi_e = \partial Q_e / \partial t \tag{2-2}$$

单位为瓦(W)。

4. 辐射通量密度/出射度/辐照度

辐射通量密度、出射度、辐照度是物体在单位面积发射或接受的红外辐射能通量，单位为瓦每平方米(W/m^2)，习惯上在描述物体发射时采用出射度，符号 M_e，定义

$$M_e = \partial \Phi_e / \partial A \tag{2-3}$$

在描述物体接收时采用辐照度，符号 E_e，定义

$$E_e = \partial \Phi_e / \partial A \tag{2-4}$$

辐射通量密度是一个从定义上描述这个概念的一般性名词。一般而言，物体的辐射出射度是温度和波长的函数。

5. 辐射强度

辐射强度是红外辐射源在单位立体角发射的红外辐射通量，符号 I_e，定义

$$I_e = \partial \Phi_e / \partial \omega \tag{2-5}$$

单位为瓦每球面度(W/sr)，表征红外辐射源发射红外辐射的本领。

6. 辐射亮度

辐射亮度是在与红外辐射源表面法线夹角为 θ 时，红外辐射源单位立体角、单位面积发射的红外辐射通量，符号 L_e，定义

$$L_e = \partial I_e / \partial A\cos\theta \tag{2-6}$$

单位为瓦每球面度平方米[$W/(sr \cdot m^2)$]，表征红外辐射源发射红外辐射集中的程度。物体的辐射亮度也是温度和波长的函数。

上述所有物理量加下角标后，则成为描述红外辐射某一个波长的物理量。

红外辐射入射到物体上，将发生吸收、反射、透射等现象。此外，该物体也要发射红外辐射。对这些物理现象用下述概念和名词描述。一般来说，物体的吸收率、反射率、透射率、发射率等均为波长和温度的函数。不仅对不同物体，而且对不同状态的(如温度、表面光洁度等)同一物体，其吸收率、反射率、透射率、发射率可能都是不同的。

7. 吸收本领/吸收率

吸收本领表示物体对入射到其上的红外辐射的吸收能力，用数字表示吸收本领就是吸收率 a。吸收率无量纲，为吸收量和入射量之比。因吸收率为波长和温度的函数，所以有光谱吸收率 $a_{\lambda T}$ 和平均吸收率 a_T。

8. 反射本领/反射率

反射本领表示物体对入射到其上的红外辐射的反射能力，用数字表示反射本领就是反射率 ρ。反射率无量纲，为反射量和入射量之比。因反射率为波长和温度的函数，所以有光谱反射率 $\rho_{\lambda T}$ 和平均反射率 ρ_T。

9. 透射本领/透射率

透射本领表示物体对入射到其上的红外辐射的透射能力，用数字表示透射本领就是透

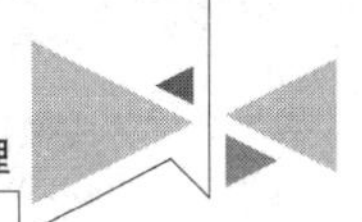

射率 τ。透射率无量纲，为透射量和入射量之比。因透射率为波长和温度的函数，所以有光谱透射率 $\tau_{\lambda T}$ 和平均透射率 τ_T。

10. 发射本领/发射率

发射本领表示物体发射红外辐射时的发射能力，用数字表示发射本领就是发射率 ε。发射率无量纲，为某一物体发射的红外辐射量与相同温度的黑体红外辐射发射量之比。因发射率为波长和温度的函数，所以有光谱发射率 $\varepsilon_{\lambda T}$ 和平均发射率 ε_T。对黑体，光谱发射 $\varepsilon_{\lambda T}$ 率等于1，故平均发射率 ε_T 也等于1。

11. 红外光谱

红外线是位于可见光中红色光以外的光线，是一种人眼看不见的光线，但这种光和其他任何光一样，也是一种客观存在的物质。红外线与可见光、紫外线、X 射线、γ 射线和微波等无线电磁波一起，构成了一个无限连续的电磁波波谱，如图 2-1 所示。

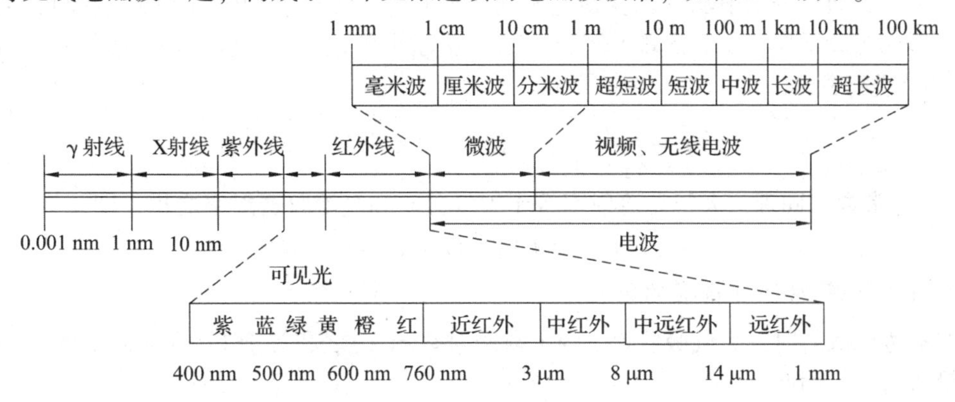

图 2-1　电磁波波谱

2.1.2　红外辐射的传输和衰减

1. 地球大气对红外辐射的消光

在大气中，水汽和二氧化碳在 2.5 ~ 3 μm、5 ~ 7.5 μm、14 μm 以后有强烈的吸收，因此大致将红外辐射分为 1 ~ 2.5 μm、3 ~ 5 μm、8 ~ 14 μm 共 3 个透射率高的“大气窗口”。实际上，即使在这 3 个大气窗口中，水汽和二氧化碳也还有相当复杂的吸收峰。

红外辐射经地球大气传播后的衰减作用称为消光。消光作用的强弱与空气密度、传播路程、大气中的气溶胶、气象条件等多种因素密切相关。红外辐射的消光作用服从以下两条基本定律：指数吸收定律和线性叠加定律。

1）指数吸收定律

假设大气是均匀的，其成分不随时间变化，大气的消光作用与辐射强度、大气密度无关，大气中的粒子彼此独立地散射红外辐射，此时大气对红外辐射的消光作用与红外辐射入射通量 $\Phi(\lambda, s)$、大气密度 ρ 及路径 ds 成正比，即

$$\mathrm{d}\Phi(\lambda, s) = -\gamma(\lambda, s)\Phi(\lambda, s)\rho \mathrm{d}s \tag{2-7}$$

式中，$\gamma(\lambda, s)$ 为光谱消光系数。对式(2-7)积分得红外辐射在大气中按指数吸收的规律

$$\Phi(\lambda, s) = \Phi_0(\lambda, 0)\exp\left[-\int_0^{\lambda}\gamma(\lambda, s)\rho \mathrm{d}s\right] \tag{2-8}$$

式中，$\Phi_0(\lambda, 0)$ 为红外辐射入射通量的初始通量。

2）线性叠加定律

大气不同成分与不同物理过程造成的消光作用服从线性叠加定律，即大气总消光系数等于大气分子的吸收、散射和气溶胶的吸收、散射之和，即

$$\gamma(\lambda, s) = \alpha_m(\lambda, s) + k_m(\lambda, s) + \alpha_P(\lambda, s) + k_P(\lambda, s) \tag{2-9}$$

式中，$k(\lambda, s)$ 为散射系数；角标 m 表示与大气分子相关的量；角标 P 表示与气溶胶相关的量。

但在很多情况下，吸收作用和散射作用往往只有一个起主导作用，只有在某些情况下，吸收作用和散射作用才是同样重要的。掌握这个规律后，可以简化计算工作。

从式（2-8）可以得到大气透射率 τ_a，即

$$\tau_a = \exp[-\gamma(\lambda, s)\rho s] \tag{2-10}$$

实际上，当红外辐射功率密度超过大气分子电离阈值时（约 10^7 W/cm^2 量级），大气产生电离形成等离子体，从而出现“饱和吸收”。为求大气在某一波段的平均透射率，需要对式（2-10）进行积分，即

$$\bar{\tau} = \frac{c}{\lambda_2 - \lambda_1}\int_{\lambda_1}^{\lambda_2} \exp[-\gamma(\lambda, s)\rho s]\mathrm{d}\lambda \tag{2-11}$$

式中，c 为常数。同理，大气总透射率等于大气分子和气溶胶透射率之积，即

$$\tau_a = \tau_m(\lambda, s)\tau_P(\lambda, s) \tag{2-12}$$

2. 地球大气对红外辐射的吸收

在不考虑散射时，大气吸收率 $a(\lambda)$ 与透射率 $\tau(\lambda)$ 之和等于 1，在实际的测量中更容易测量透射率，因此有

$$a(\lambda) = 1 - \tau(\lambda) \tag{2-13}$$

气体的吸收带是由很多条吸收线组成的，如果将吸收带中的每一条吸收线的吸收率求出，就可以精确地得到吸收带的吸收率。一般描述单条吸收线形状的模型有 3 种（式中的波长均用波数表示）。

1）洛伦兹（Lorentz）模型

$$\alpha_L(v) = \frac{I \cdot v_L}{\pi^2 (v - v_0)^2 + v_L^2} \tag{2-14}$$

式中，v 是波数；I 为与分子能带分布有关的吸收线强度；v_0 为吸收线的中心波数；v_L 为吸收峰的半宽度，也称为洛伦兹半宽度，该值正比于气压和温度的平方根。

2）多普勒（Doppler）模型

$$\alpha_D(v) = \frac{I}{v_D\sqrt{\pi}}\exp\left[-\frac{(v - v_0)^2}{v_D^2}\right] \tag{2-15}$$

式中，v_D 为吸收峰的半宽度，也称为多普勒半宽度，该值与温度的平方根成正比。

3）混合模型

将洛伦兹模型与多普勒模型结合在一起，组成混合模型，即

$$\alpha(v) = \frac{I_y}{v_D\sqrt{\pi^3}}\int_{-\infty}^{\infty} \frac{\exp(-t^2)}{y^2 + (x - t)^2}\mathrm{d}t \tag{2-16}$$

式中，$x = (v - v_0)/v_D$；$y = v_L/v_D$；t 是任意积分变量。

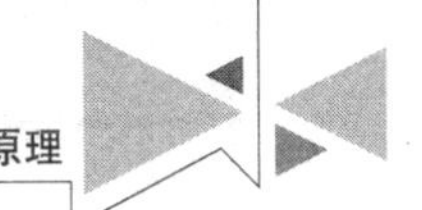

但上述3种方法的计算量大，使用不便，因此人们又提出直接计算吸收带的模型，最简单的有两种。

1）埃尔萨塞（Elsasser）模型

假设某一吸收带中各条吸收线的吸收强度、间隔和吸收峰的半宽度均等，则吸收率就是该吸收带的平均值，即

$$\bar{\tau} = 1 - \mathrm{sh}\beta\int_0^y \exp^{-y\mathrm{ch}\beta} J_0(i,\ y)\mathrm{d}y \tag{2-17}$$

式中，$\beta = 2\pi v/d$，d 为吸收线的中心距；$J_0(i,\ y)$ 为虚宗量零阶贝塞尔函数；$y = m/\mathrm{sh}\beta$，$m = IW/d$，W 是传播光程上的气体质量。

在强吸收线近似时，即当 $a_L(v_0)W$ 之积远大于1时，式(2-17)简化成

$$\bar{\tau} \approx 1 - \sqrt{\frac{2LW}{\pi}} \tag{2-18}$$

其中，L 为广义吸收系数。在弱吸收线近似时，即当 $a_L(v_0)W$ 之积远小于1时，式(2-17)简化成

$$\bar{\tau} \approx 1 - \frac{IW}{\mathrm{d}} \tag{2-19}$$

埃尔萨塞模型及其强吸收线近似可用于二氧化碳的吸收计算，并与实验结果符合较好，但用于水汽、臭氧的吸收计算则与实验结果偏差较大，原因是吸收线分布不均匀，线与线之间的吸收强度相差很大。

2）古迪（Goody）模型

假设吸收带足够宽且其中有足够多的吸收线，这些吸收线在吸收带内等概率分布，吸收强度符合泊松（Poison）分布，则平均吸收率为

$$\bar{\tau} = \exp\left(-\frac{\bar{I}W}{D}\sqrt{\frac{\pi v_L}{\pi v_L + \bar{I}W}}\right) \tag{2-20}$$

式中，$\bar{I}$ 为吸收带内吸收线强度的平均值；$D = \Delta v/n$，n 为吸收带内吸收线数量。

在强吸收线近似时

$$\bar{\tau} \approx \exp\left(-\sqrt{\frac{LW}{2}}\right) \tag{2-21}$$

在弱吸收线近似时

$$\bar{\tau} \approx \exp\left(-\frac{\bar{I}W}{D}\right) \tag{2-22}$$

从上面模型的最终结果可以看到，吸收与直观的物理图像一致，即光程上气体质量增加，或是吸收线的平均强度增加，或是吸收线数量增加，或是气压增加进而引起气体分子的密度增加，或是温度降低引起气体分子的密度增加等。总的结果就是导致平均透射率下降。

大气中的水汽对红外辐射有多个吸收带，人们采用更为简单的方法计算水汽的吸收。先计算传播路径内的水汽含量，将其等效成相同截面积的水层厚度，即所谓的“可凝水量”，单位为mm/km，而每千米路径内大气的可凝水量在数值上正好等于大气的绝对湿度。得到“可凝水量”后，可直接查表或用经验公式求出红外辐射经水汽吸收后的透射率。

用类似方法，可以计算大气中某种不凝结的气体成分的红外辐射吸收，即先计算传播路径内的该气体成分的含量，将其等效成相同截面积在标准状态(标准压力、标准温度)下的厚度，即所谓的“大气厘米数”，单位为 atm · cm。得到“大气厘米数”后，可直接查表求出红外辐射穿过该气体后的透射率。

在计算实际的大气透射率时，还要注意红外辐射传播路径所处的高度和角度(如从空中看地面)，并进行相应的修正。

3. 地球大气对红外辐射的散射

对红外光散射作用起决定性因素的是大气中散射中心的尺寸在大气窗口红外光的波长范围，即 1 ~ 14 μm。因此，仔细地研究大气对红外光的散射同样是一个很复杂的问题。在均匀介质中，光只能沿折射方向传播，不会发生散射。在均匀介质中，如果无规则地弥散着一些尺寸与光波长相当的质点，在这种介质系统中所引起的光散射称为廷德尔(Tyndall)散射，但即使在均匀的介质中，仍然能观察到散射光，只是其强度不及上述介质系统引起的散射，后者是由分子引起的散射，称为瑞利(Rayleigh)散射。在实际大气中，存在气流运动造成的不均匀的部分，存在气体分子、气溶胶粒子、细小的固体悬浮物等散射中心，因此红外光在穿过大气时会发生复杂的散射。一般情况下，都将大气的光散射作为弹性散射处理。

指数吸收定律同样适用于大气散射，即

$$\tau = \exp[-K(\lambda,\ s)s] \tag{2-23}$$

式中，s 为红外光传播路径的长度。

在均匀的大气中，散射系数 K 与路径无关，但与散射粒子的浓度 n 有关，两者的关系为

$$K(\lambda) = \sigma(\lambda)n \tag{2-24}$$

式中，$\sigma(\lambda)$ 为一种粒子的散射截面，单位为 cm^2。

当大气中有 m 种散射粒子时，散射系数为

$$K(\lambda) = \sum_{i=1}^{m} \sigma_i(\lambda) \tag{2-25}$$

仔细计算每一种散射作用的散射系数是很复杂的，在一般气象条件下，可以用以下经验公式计算大气散射的透射率 τ_S，即

$$\tau_S = \exp\left[\frac{3.91R(0.55/\lambda)^q}{V_R}\right] \tag{2-26}$$

$$q = 0.585\sqrt[3]{V_R} \tag{2-27}$$

式中，R 为红外光传播路程；V_R 为能见度距离。

1)瑞利散射

当大气中的散射中心尺寸远小于光波长，即 $d \ll \lambda$ 时，散射是瑞利散射，无论气体中有无其他的散射粒子。因为本质上瑞利散射是由气体分子的局部密度在平均密度附近的起伏造成的。

在瑞利散射中，总散射系数为

$$K(\lambda) = \frac{8\pi^3}{3}\frac{(n^2-1)^2}{N\lambda^4} \tag{2-28}$$

式中，n 为散射介质的折射比。

从式(2-28)可以看出，散射系数与波长的 4 次方成反比，而中波、长波段的红外光的波长比可见光的波长大 1 个数量级，因此红外光的瑞利散射可以忽略。但大气分子对可见光有比较强的散射作用。在未受污染散射的大气中，可见光中短波长的蓝光散射最强，因此天空呈现令人愉快的天蓝色。日出、日落时，阳光要穿过更厚的大气层，短波长的光被更多的散射，因此人们看到的就是发出更多长波成分的太阳，一个金色的太阳。

2)米(Mie)散射

当红外光的波长与大气中的散射中心尺寸 d 满足 $\pi d > (0.1 \sim 0.3)\lambda$ 时，散射是米散射。米散射主要用于描述气溶胶粒子的散射。

大气中气溶胶粒子的存在，使其折射率大于周围的空气。一般用复折射率 m 表示气溶胶粒子引起的吸收和散射，即

$$m(\lambda) = n_{\mathrm{r}}(\lambda) - \mathrm{i}n_{\mathrm{i}}(\lambda) \tag{2-29}$$

式中，$n_{\mathrm{r}}(\lambda)$ 表示散射的实部；$n_{\mathrm{i}}(\lambda)$ 表示吸收的虚部。

米散射系数的计算需要确定散射的效率因子 $Q_{\mathrm{M}}(a, m)$，相应的散射截面与效率因子 $Q_{\mathrm{M}}(a, m)$ 的关系为

$$\sigma_{\mathrm{M}}(r, \lambda, m) = \pi r^2 Q_{\mathrm{M}}(a, m) \tag{2-30}$$

a 为尺度参数，表示为

$$a = \frac{2\pi r}{\lambda} \tag{2-31}$$

式中，r 为散射中心半径。

由于气溶胶粒子的尺寸分布 $N(r)$ 不同，计算米散射系数时需要对所有不同尺寸的粒子引起的散射求和，即

$$K = \pi\int_0^{\infty} Q_{\mathrm{M}}(a, m)N(r)r^2\mathrm{d}r \tag{2-32}$$

地面景物向空中辐射的中波、长波红外光因漫散射和其他散射的存在，成为大气背景红外光的一部分。

3)漫散射

当大气中的散射中心尺寸远大于红外辐射的波长，即 $d \gg \lambda$ 时，散射就是无选择性的漫散射。实验证明，在白天和夜间，从短波、中波、长波的红外成像上，从不同的角度都能看见天空中的云层，主要原因是云层散射环境的红外光。其中在短波红外成像中，云层最清晰，说明云层对短波红外光的漫散射最强。在长波红外成像中，云层的对比度最差，对薄云甚至是透明的，这说明云层对长波红外光的漫散射比较弱。中波红外成像的云层对比度界于短波、长波之间。

由于云、雾中水滴、冰晶的尺寸都比太阳可见光波长大得多，对可见光各种波长成分的散射相同，因此云层、雾气等呈白色。当云层很厚时，云层对阳光向上的漫散射很大，使穿透到云层下方的阳光很少，因此从下方看有时云层就是灰色的，甚至是黑色的。

云、雾、雨均对红外光有漫散射作用，其中计算雨对红外光的散射系数有经验公式：

$$K_{\mathrm{r}} = 0.248V^{0.67} \tag{2-33}$$

式中，V 为降雨速率，单位为 mm/h。

无论何种吸收和散射，其最终的影响都反映在指数衰减定律的消光系数上。因此，可

以假设不同的消光系数，计算出消光系数-透射率表供工程计算用；或是在实验中测出消光系数，通过查表确定透射率；或是通过已知红外系统测量已知目标的作用距离，反过来确定大气的消光系数。

地球大气的折射率大于1，但很接近1。因此，对战术应用和一般民用领域的红外系统，大气折射对红外光传播的影响可以忽略不计。

2.1.3 红外辐射基本定律

1. 投射、反射和吸收定律

一般来说，当温度一定时，入射到一个物体表面的红外辐射将发生吸收、反射、透射3种物理现象。按能量守恒原则有光谱吸收率 $a_{\lambda T}$、光谱反射率 $\rho_{\lambda T}$ 和光谱透射率 $\tau_{\lambda T}$ 之和为1，即

$$\alpha_{\lambda T} + \rho_{\lambda T} + \tau_{\lambda T} = 1 \tag{2-34}$$

如果入射到物体的红外辐射全部被吸收，则 $\tau_{\lambda T} = 0$，则 $a_{\lambda T} + \rho_{\lambda T} = 1$。如果将物体吸收率、反射率和透射率对入射红外辐射各种波长求得平均值，则其吸收率 a_T、反射率 ρ_T 和透射率 τ_T 之和仍然为1，即

$$a_T + \rho_T + \tau_T = 1 \tag{2-35}$$

其中

$$\alpha_T = \frac{\int_{\lambda_1}^{\lambda_2} M_\alpha(\lambda, T)\mathrm{d}\lambda}{\int_{\lambda_1}^{\lambda_2} M_i(\lambda, T)\mathrm{d}\lambda} \tag{2-36}$$

$$\rho_T = \frac{\int_{\lambda_1}^{\lambda_2} M_\rho(\lambda, T)\mathrm{d}\lambda}{\int_{\lambda_1}^{\lambda_2} M_i(\lambda, T)\mathrm{d}\lambda} \tag{2-37}$$

$$\tau_T = \frac{\int_{\lambda_1}^{\lambda_2} M_\tau(\lambda, T)\mathrm{d}\lambda}{\int_{\lambda_1}^{\lambda_2} M_i(\lambda, T)\mathrm{d}\lambda} \tag{2-38}$$

2. 基尔霍夫定律

1860—1862年，基尔霍夫在深入研究了物体热辐射的吸收与发射，引入发射本领和吸收本领的概念并定义了吸收率 a 和发射率 ε，建立了“绝对黑体”(简称黑体)模型的基础上，发表了具有严格定量形式的基尔霍夫定律。

基尔霍夫定律可表述为：物体发射本领和吸收本领的比值仅与辐射波长和温度有关，与物体的性质无关，该比值是对所有物体的普适函数。不同物体的辐射出射度 $M_{\lambda T}$（下标波长 λ 和温度 T 表示辐射出射度是波长和温度的函数）和吸收率(下标的意义同前)是不同的。因此，可将基尔霍夫定律表示为

$$M_{\lambda T}/\alpha_{\lambda T} = M_{\mathrm{b}\lambda T}/\alpha_{\mathrm{b}\lambda T} = M_{\mathrm{b}\lambda T} = f(\lambda, T) \tag{2-39}$$

式中，$M_{\mathrm{b}\lambda T}$ 和 $a_{\mathrm{b}\lambda T}$ 为黑体的光谱出射度和光谱吸收率。

对于黑体，所有光谱的发射率等于光谱吸收率(等于1)，故上述普适函数就是黑体的

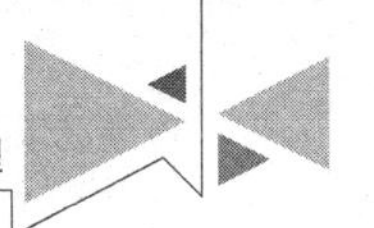

辐射出射度 $M_{b\lambda T}$。如果获得黑体的辐射出射度的具体数学表达式，就构成了最基本的红外辐射定律。

3. 普朗克定律

1895—1901 年，卢梅尔、普林舍姆和库尔鲍姆等人系统地测量了黑体辐射，在仔细研究了黑体辐射的实验数据后，1900 年，普朗克(Planck)提出了量子论和黑体辐射理论。

普朗克应用微观粒子能量不连续的假说——量子概念，并借助于空腔和谐振子理论，导出了以波长 $\lambda(\mu m)$ 和温度 $T(K)$ 为变量，确定黑体辐射出射度 $M_{b\lambda T}$ $[W/(m^2 \cdot \mu m)]$ 的公式，即

$$M_{b\lambda T} = \frac{c_1 \lambda^{-5}}{\exp\left(\dfrac{c_2}{kT}\right) - 1} \tag{2-40}$$

式中，$k = 1.380\,7 \times 10^{-23}$ J/K 为玻尔兹曼常量；$c_1 = 2\pi hc^2 = 3.741\,8 \times 10^{-16}\ W \cdot m^2$ 为第一辐射常量；$c_2 = hc/k = 1.438\,8 \times 10^{-2}\ m \cdot K$ 为第二辐射常量。

普朗克定律就是基尔霍夫定律要求的普适函数，与透射、反射和吸收定律一起，构成了红外物理理论基础的三大定律。图 2-2 表示了不同温度的黑体光谱辐射出射度分布曲线。分析普朗克定律有如下特点：

(1)普朗克定律揭示了物体受热自发发射电磁辐射的基本规律，其波长范围从紫外光、可见光、红外光到毫米波。从广义上讲，物质分子、原子因热运动产生的辐射都可以称为热辐射。

(2)从普朗克定律看，只要物体的温度没有达到绝对零度，物体就有电磁辐射发射。热力学第三定律表明，绝对零度不可能达到。量子力学表明，即使达到绝对零度，原子仍有二分之一的零点振动能。由于地球上的一切物体都有温度，这意味着所有物体都在发射各种长波的红外辐射，在红外波段，地球本身就是很好的光源，与有无太阳光照不直接相关。地球的热量来自太阳能和地球自身的能量。

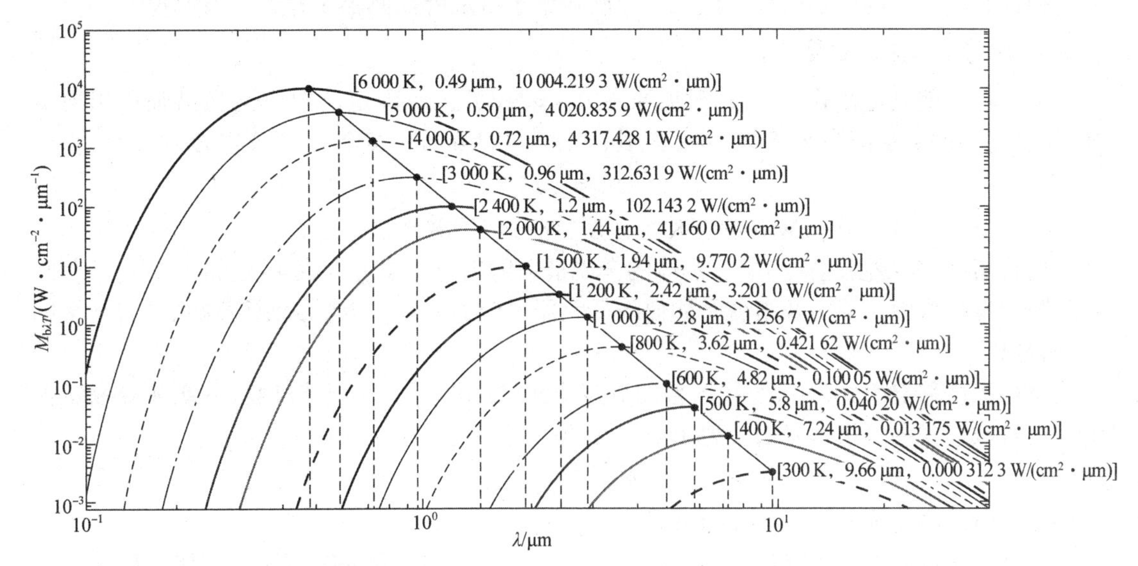

图 2-2　不同温度的黑体光谱辐射出射度分布曲线

(3)从黑体 $M_{b\lambda T}-\lambda$ 曲线族看，各条 $M_{b\lambda T}-\lambda$ 曲线互不相交，每条曲线下所围的面积代表该温度的全光谱辐射出射度。温度越高，所有波长的光谱辐射出射度越大，该温度的全光谱辐射出射度也越大。

(4)从黑体 $M_{b\lambda T}-\lambda$ 曲线族看，随温度升高，除黑体辐射的峰值波长从长波向短波方向移动外，各个波长的光谱辐射出射度也随之增加。因此，就总能量来讲，在相同的波长处，高温黑体的长波红外辐射要比低温黑体的强。

(5)从黑体 $M_{b\lambda T}-\lambda$ 曲线族看，随温度升高，除黑体辐射的峰值波长向短波方向移动外，辐射中包含的短波成分也随之增加。

(6)从黑体 $M_{b\lambda T}-\lambda$ 曲线族看，辐射出射度 $M_{b\lambda T}$ 随波长连续增加，到达一个极大值后又连续减小。在极大值短波一侧的光谱辐射出射度的变化率比长波一侧的大。

(7)黑体 $M_{b\lambda T}-\lambda$ 曲线族的极大值的连线是一条直线，这条直线方程就是维恩位移定律。

此外，黑体辐射是非偏振的，辐射面是朗伯散射面，即辐射角分布服从余弦定律。目前，在实验上建立精确的黑体光谱辐射出射度的计量标准还很困难，因此在实际应用中，黑体光谱辐射出射度的定量数值是用普朗克公式进行数值计算获得的。

普朗克定律与黑体辐射实验的数据完全一致，奠定了量子力学的实验与理论基础。爱因斯坦重新推导了普朗克定律，提出受激辐射的概念，由此发明了激光。因此，普朗克定律在近代物理的发展中占有极其重要的地位。

4. 维恩位移定律

1893 年，维恩(Wien)研究了黑体辐射的实验数据，提出了描述黑体辐射分布的峰值波长与温度关系的定律，即维恩位移定律，也称为维恩定律，其公式为

$$\lambda_m T = 2\ 897.79\ \mu\text{m}\cdot\text{K} \tag{2-41}$$

如果将普朗克定律式(2-40)对波长求导数并取零值，就可以得维恩位移定律。图 2-2 中的虚直线就是不同温度的黑体 $M_{b\lambda T}-\lambda$ 曲线族峰值点的连线。在红外技术中，用维恩位移定律计算出某一温度下的峰值波长，以确定量子型红外探测器工作的峰值波长。

5. 斯特藩-玻尔兹曼定律

如果将普朗克定律式(2-40)对波长从 0 ~ ∞ 积分，所确定的黑体全光谱辐射出射度 M_b 与温度 T 的关系即为斯特藩-玻尔兹曼(Stefan-Boltzmann)定律，其公式为

$$M_b = \sigma T^4 \tag{2-42}$$

式中，$\sigma = 5.670\ 3\times10^{-8}\ \text{W}/(\text{m}^2\cdot\text{K}^4)$ 为斯特藩-玻尔兹曼常量。

斯特藩-玻尔兹曼定律指出，黑体的全光谱辐射出射度与温度成 4 次方的关系。因此，在红外隐身技术中，第一要素就是如何降低武器平台的温度，以最大限度地减少向环境的红外辐射能。

将维恩位移定律式(2-41)代入普朗克定律式(2-40)，就可导出斯特藩-玻尔兹曼定律的一个特殊形式——黑体光谱辐射出射度峰值的表达式，即

$$M_{b\lambda_m} = BT^5 \tag{2-43}$$

式中，$B = 1.286\ 7\times10^{-11}\ \text{W}\cdot\text{m}/(\mu\text{m}\cdot\text{K}^5)$ 为常量。

从该公式可以看出，降低武器平台的温度后，其红外辐射的峰值波长的辐射出射度将按温度 5 次方的关系向长波方向偏离。根据降低的温度数值，可以具体计算武器平台红外

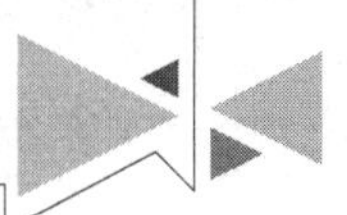

辐射的峰值是否移出红外探测器的探测范围，进而评估红外隐身的效果。

6. 红外辐射源的光谱辐射效率

定义黑体辐射在某一波长上的光谱辐射效率为

$$\eta_\lambda = \frac{M_{b\lambda T}}{M_b} = \frac{c_1}{\lambda^5}\frac{1}{\sigma T^4}\frac{1}{\exp\left(\frac{c_2}{\lambda T}\right) - 1} \tag{2-44}$$

将式(2-44)对温度 T 求导数取极值后可导出下式

$$\lambda_e T_e = b_e = 3\ 669.73\ \mu m \cdot K \tag{2-45}$$

该式表明，对于给定的波长 λ_e，有一个对应光谱辐射效率最大的温度 T_e。可将该式称为黑体辐射光谱辐射效率公式，简称效率公式。

7. 目标与背景的辐射对比度

用辐射对比度 C 描述目标与背景辐射的差别，目标与背景之间的辐射对比实际上就是目标对背景辐射的调制度，因此定义

$$C = \frac{M_T - M_B}{M_T + M_B} \tag{2-46}$$

M_T 为目标在红外波段 λ_1 — λ_2 内的辐射出射度，即

$$M_T = \int_{\lambda_1}^{\lambda_2} M_\lambda(T_T)\,d\lambda \tag{2-47}$$

M_B 为背景在相同波段内的辐射出射度，即

$$M_B = \int_{\lambda_1}^{\lambda_2} M_\lambda(T_B)\,d\lambda \tag{2-48}$$

式中，T_T 和 T_B 分别为目标和背景的温度值。

作为例子，设目标温度 $T_T = 310$ K，背景温度 $T_B = 300$ K，计算在 $\lambda = 0 \sim \infty$ μm 全光谱辐射对比度。由于是全光谱辐射，所以直接利用斯特藩-玻尔兹曼定律。将目标温度视为叠加在背景温度上的一个变量，因此对斯特藩-玻尔兹曼定律式(2-42)求温度的导数得

$$\frac{\partial M_b}{\partial T} = 4\sigma T^3 \tag{2-49}$$

将式(2-42)和式(2-49)代入式(2-46)得全光谱辐射对比度为

$$C_{0\sim\infty} = \frac{1}{\sigma}\frac{\frac{\partial M_b}{\partial T}\Delta T}{T_B + (T_B + \Delta T)^4} \approx \frac{2\Delta T}{T_B + 2\Delta T} \tag{2-50}$$

代入上述数值，求出全光谱辐射对比度为 $C_{0\sim\infty} \approx 0.062\ 5$，同时上下限取 2.5 μm 和 1 μm、5 μm 和 3 μm、12 μm 和 8 μm，分别代入式(2-47)和式(2-48)，计算得到 M_T 和 M_B 的值，再将计算结果代入式(2-46)，算出 3 种不同波段的辐射对比度。

上述计算数据表明：在相同的目标温度和背景温度条件下，全光谱波段的辐射对比度比短波红外、中波红外、长波红外波段的对比度差；波长较长、带宽较宽的长波红外波段的对比度比波长较短、带宽较窄的红外波段的对比度差；短波红外与中波红外辐射对比度之比为 1.822，短波红外与长波红外辐射对比度之比为 4.003，中波红外与长波红外辐射对比度之比为 2.197。通常，如果能同时获得相同景物短波红外、中波红外和长波红外的图像，则短波红外图像有最好的对比度，中波红外的热图像有比长波红外好的对比度。

8. 光谱微分出射率(热导数)

定义光谱辐射出射度对温度的导数为光谱微分出射率或热导数，根据普朗克定律可得

$$\frac{\partial M_\lambda}{\partial T}=\frac{\frac{c_1c_2}{\lambda^6T^2}\exp\left(\frac{c_2}{\lambda T}\right)}{\left[\exp\left(\frac{c_2}{\lambda T}\right)-1\right]^2} \tag{2-51}$$

如果，$\exp[c_2/(\lambda T)]\gg 1$，则可得近似关系式为

$$\frac{\partial M_\lambda}{\partial T}=\frac{c_2M_\lambda}{\lambda T^2} \tag{2-52}$$

若再将 $\partial M_\lambda/\partial T$ 对波长求极值，则有

$$\lambda_cT_c=2\ 410.26\ \mu\mathrm{m}\cdot\mathrm{K} \tag{2-53}$$

式(2-53)的物理意义是为对给定温度的黑体，有一个相应的波长使光谱微分出射率达到最大值。可将该式称为黑体光辐射对比度公式，简称对比度公式。

9. 维恩位移定律与效率公式、对比度公式讨论

式(2-45)、式(2-53)与维恩位移定律式(2-41)具有相同的形式，式(2-45)和式(2-53)也可以视为维恩位移定律的特殊形式。3个公式既有联系，又有区别。其共同点是都是普朗克定律的导出公式，是普朗克定律在不同条件下的特殊形式，其差别有以下3点。

(1)物理意义不相同。维恩位移定律一般性地描述了黑体辐射温度与峰值波长的关系。式(2-45)描述了黑体辐射光谱辐射效率最大的温度与峰值波长的关系，式(2-53)描述了黑体辐射光谱微分出射率最大的温度与峰值波长的关系。

(2)应用情况不相同。在忽略大气吸收，红外探测系统是点热源探测系统时，红外系统要最大限度地接收目标的红外辐射，对量子型探测系统要求两者的峰值波长相等，利用维恩位移定律，根据目标温度就可以计算出红外系统所需的峰值波长。在考虑物体最有效的发射或吸收红外辐射时，利用效率公式，根据物体温度就可以计算出相应的辐射效率最大的峰值波长，或根据所需要的峰值波长，计算出物体最佳的工作温度。在忽略大气吸收，红外探测系统是成像探测系统时，要分辨目标的细节，除需要红外系统有足够的热灵敏度外，还需要有足够的温度分辨能力。利用对比度公式，根据目标温度就可以计算出红外成像系统在最佳温度分辨能力时的峰值波长。

(3)对应相同的温度，计算出的波长数值不相同。表2-1给出了用上述公式计算的不同温度下的峰值波长。

表2-1 维恩位移定律、效率公式和对比度公式的温度与峰值波长的计算值

温度/K	峰值波长(维恩位移定律)/μm	峰值波长(效率公式)/μm	峰值波长(对比度公式)/μm
100	28.98	36.70	24.10
140	20.70	26.21	17.22
200	14.49	18.35	12.05
273	10.61	13.44	8.83
400	7.24	9.17	6.03

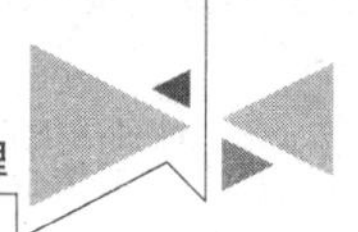

续表

温度/K	峰值波长(维恩位移定律)/μm	峰值波长(效率公式)/μm	峰值波长(对比度公式)/μm
600	4. 83	6. 12	4. 02
800	3. 62	4. 59	3. 01
1 000	2. 90	3. 67	2. 41
2 000	1. 45	1. 83	1. 21
3 000	0. 97	1. 22	0. 80
4 000	0. 72	0. 92	0. 60
5 000	0. 58	0. 73	0. 48
6 000	0. 48	0. 61	0. 40

在计算热像仪性能的噪声等效温差(NETD)和最小可分辨温差(MRTD)时，都要计算目标光谱微分出射率。只是当热像仪光谱波段 $\lambda_1 \sim \lambda_2$ 足够宽时，计算其热灵敏度才直接用在工作波段内的辐射出射度的积分值。

10. 实际物体的红外辐射

普朗克定律及其导出公式正确地描述了黑体辐射的基本规律。由于实际物体的红外辐射与表面状态密切相关，因此在使用上述公式时，需要对表面发射率进行修正。一般来说，实际物体的表面发射率也是波长与温度的函数，定义其光谱辐射出射度 $M_{\lambda T}$ 与黑体辐射出射度 $M_{\mathrm{b}\lambda T}$ 之比为其光谱发射率 $\varepsilon_{\lambda T}$，即

$$\varepsilon_{\lambda T} = \frac{M_{\lambda T}}{M_{\mathrm{b}\lambda T}} \tag{2-54}$$

因此，实际物体的光谱辐射出射度 $M_{\mathrm{P}\lambda T}$ 为

$$M_{\mathrm{P}\lambda T} = \varepsilon_{\lambda T}\sigma T^4 \tag{2-55}$$

实际物体在某一红外波段的辐射出射度 $M_{\mathrm{P}T}$ 为

$$M_{\mathrm{P}T} = \int_{\lambda_1}^{\lambda_2}\int_{\lambda_1}^{\lambda_2}\varepsilon(\lambda,\ T)M_{\mathrm{P}T}(\lambda,\ T_{\mathrm{P}T})\,\mathrm{d}^2\lambda \tag{2-56}$$

此处 $\varepsilon_{\lambda T} = \varepsilon(\lambda,\ T)$。定义相应的全光谱辐射发射率 ε_T 为

$$\varepsilon_T = \frac{M(T)}{M_{\mathrm{b}}(T)} \tag{2-57}$$

则实际物体的全光谱辐射出射度 $M_{\mathrm{P}T}$ 为

$$M_{\mathrm{P}T} = \varepsilon_T\sigma T^4 \tag{2-58}$$

此处 ε_T 为 $\varepsilon(\lambda,\ T)$ 在全光谱区的积分平均值。测量出一个实际物体发射率与波长、温度的关系，再利用上述红外辐射的基本公式就能准确地计算其红外辐射相关物理量。

2.2 红外成像原理

由于人眼不能响应 0.4 ~0.7 μm 波段以外的光，因此在夜间无自然可见光照射的情况下，人眼看不到周围景物。长期以来，人们不断地寻求某种装置，希望能够将景物的自然红外辐射转换成可见光图像，从而使人的眼睛在夜间看东西就像白天一样。

2.2.1 红外成像基本原理

红外成像系统就是能实现上述转换的一种装置。它将自然景物各部分的温度差异及发射率差异转换成电信号，再将此种特殊的电信号转换成可见光图像，这种成像转换技术常称为热成像技术，其装置称为热像仪(也是红外传感器)。它是一种二维热图像成像装置，其系统利用目标与环境之间由于温度辐射与发射率的差异所产生的热对比度不同，将红外辐射能量密度分布探测并显示出来。

红外图像的成像机理与可见光图像不同，它是通过将红外探测器接收的场景，包括其中的动态目标、静态目标以及背景的红外辐射映射成灰度值，转化为红外图像，场景中某一部分的辐射强度越大，反映在图像中的这一部分的灰度值越高，也就越亮。除此之外，大气的状态，包括大气辐射、环境辐射以及辐射在传输过程中的衰减也会对成像产生很大的影响。不同波长的红外辐射在大气中的透射率有很大的差异，大气中对几个波段具有较高的透射率。目前在讨论红外成像时，一般讨论 3 ~ 5 μm 和 8 ~ 14 μm 两个红外窗口。

红外传感器主要由光学系统、红外探测器、视频信号放大器 3 部分组成。它的工作过程是红外辐射(目标、背景以及各种干扰辐射)经过大气衰减到达传感器的光学系统，经光学系统对红外辐射进行聚焦后进入红外探测器。红外探测器是红外成像系统的核心部件，起着将辐射通量转换成电信号的作用。探测器输出的电信号是相当微弱的，必须经过视频信号放大器的放大处理，最终将电信号转化为显示器上的灰度图像。红外成像系统的工作过程如图 2-3 所示。

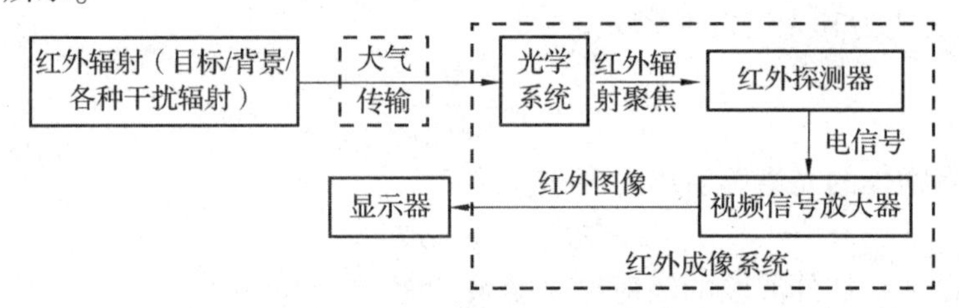

图 2-3 红外成像系统的工作过程

在红外成像系统中，探测器是核心部件。红外成像探测器的成像方式可分为红外光学机械扫描成像和红外凝视焦平面阵列式成像两种。

1. 红外光学机械扫描成像

光学机械扫描成像的扫描过程是逐行进行的，与人们看书的过程差不多。红外探测器“视线”的摆动和移动是由光学镜头和精密机械的动作来实现的。因此，这种成像方法叫作红外光学机械扫描成像。这种成像的形式又可以分成多种，但它们的基本原理是相同的。

红外光学机械扫描成像方式有两个主要缺点：其一是扫描机构比较复杂，抗振动能力差，有相当的易损性；其二是成像速度慢，不利于跟踪超高速目标。因此，20 世纪 70 年代产生了一种新型的也最受人们重视的红外凝视焦平面阵列式成像方式。

2. 红外凝视焦平面阵列式成像

在焦平面阵列中，“单元探测器”的数目大大增加，使整个视场背景都可以被同时记录下来，形成视场内的红外成像。目标空间的分辨元(像素)都直接在镶嵌而成的探测器阵列上成像，面阵中的每个探测元对应物空间的相应单元，整个面阵对应整个被观察的背景空

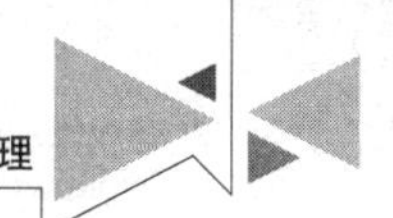

间。焦平面阵列的成像原理十分类似于照相方式，即把整个目标空间都同时录在胶片上，或录在固态成像装置上。采用采样接收技术，将面阵各探测元接收的景物信号依次送出。这种用面阵探测器大面积摄像，并经采样而对图像进行分割的方法就叫作固态自扫描系统，也叫作凝视(Staring)系统。这种系统是20世纪70年代中期以后伴随红外电荷耦合器件的出现而产生的，对热成像技术产生了巨大的影响，导致了新一代小体积、高性能、低功耗、无光机扫描及无电子束扫描的红外成像系统的出现。

2.2.2 红外成像系统的特点

与雷达系统和可见光系统相比，红外成像系统具有以下特点：

(1)红外的环境适应性优于可见光，尤其在夜间和恶劣气候下的工作能力。

(2)红外辐射透过雾、霾的能力比可见光强，因此红外成像可克服部分视觉上的障碍而探测到目标，抗干扰能力较强。

(3)与雷达波相比，红外的波长较短，可得到具有很高分辨率的目标图像。

(4)由于依靠目标和背景之间的温差和辐射率差进行探测，因而识别伪装目标的能力优于可见光，且具有一定的辨别真伪的能力。

(5)隐蔽性好，红外传感器可被动地接收景物的热辐射，比雷达和激光探测安全且保密性强。

(6)红外系统的体积小，功耗低，弹载方便。

由于红外成像系统具有以上优势，因此将红外成像系统应用于下视和前视景象匹配等，可较好地解决可见光图像在景象匹配时存在的夜间工作效果较差，对雾、霾等恶劣气候适应性差的问题，能较好地提高景象匹配系统在夜间和恶劣气候条件下的工作能力。

2.2.3 现代红外探测器

将入射的红外辐射转变成电信号输出的器件称为红外探测器，它是红外系统的核心器件。从不同的角度，可以把红外探测器分为不同类型。

1. 从制造原理的角度划分

根据制造原理的不同，红外探测器可以分为利用热效应制成的热敏型红外探测器和利用固体的光子效应制成的光子(光电)型红外探测器两大类。热敏型红外探测器应用较早，至今也还有使用。现在常用的探测器大部分都是光子型红外探测器。

2. 从工作波段的角度划分

按照工作波段可以把红外探测器分为3种类型：SWIR(短波红外)探测器，工作于1～2.5 μm短波红外波段；MWIR(中波红外)探测器，工作于3～5 μm中波红外波段；LWIR(长波红外)探测器工作于8～14 μm长波红外波段。显然，这些工作波段是由红外辐射的“大气窗口”波段所决定的。

SWIR探测器由于其工作波段的限制，不适用于军事领域，发展的速度较慢，主要应用于天文科学领域。

由于受到探测单元灵敏度的限制，MWIR探测器近年来得到了突飞猛进的发展，特别是在军事领域的应用。较高温度的目标在3～5 μm波段有很强的辐射，MWIR探测器适用于观察和跟踪空中目标；在潮湿或大气水分高的地区，3～5 μm波段的大气透射要优于8～

14 μm 波段；此外，对红外热像仪整机系统来说，在光学衍射限制和同一分辨角的情况下，3～5 μm 波段的光学口径要比 8～14 μm 波段的小一半。这对降低红外热成像系统的体积与质量，有显而易见的贡献，符合今后热像仪小尺寸、轻质量的发展趋势。

因为在探测单元数较少（小于 103 甚至不到 200），探测单元灵敏度较低的情况下，LWIR 探测器的总体性能要优于 MWIR 探测器，所以 LWIR 波段以前是各种红外系统首选的工作波段。地球表面温度在 300 K 左右，其辐射正好位于 8～14 μm，是地表目标热成像的主要区域。长波红外影像可穿透烟雾，分辨率高，空间分辨能力更可达 0.1 mrad；在常温下，8～14 μm 波段的入射光子数要比 3～5 μm 波段高几十倍，对红外焦平面阵列（IRFPA）探测器来说，其读出电路易出现饱和状态，这就需要降低探测器单元的响应积分时间。同时，在应用方面，高背景使对长波焦平面探测器各探测单元均匀性的要求变得更高；此外，由于长波 HgCdTe 探测器材料固有的特性及制备技术方面的问题，长波 HgCdTe 焦平面探测器比中波 HgCdTe 焦平面探测器在价格上贵很多。

3. 从工作方式的角度划分

按照总的发展趋势和工作方式，又可以将红外探测器件划分为两代：第一代红外探测器的特点是只将红外辐射信号转换成电信号，进一步的信号处理是由红外系统中的器件完成的；第二代红外探测器，即红外焦平面阵列探测器，其特点是采用 IC（集成电路）技术将光敏元件以阵列形式与信号读出，集成电路（ROIC）、信号处理芯片连接在一起，通过 ROIC 多路传输，将探测器阵列的信号从空域变换到时域。ROIC 中集成了具有多种功能，如 TDI（时间延迟积分）、信号分割、撇除、缺陷元剔除、探测元性能优化、增益控制、改变扫描方向、视窗、变帧频等功能的信号处理电路，可以实现电信号的原位处理。

第二代 IRFPA 探测器在探测速度、探测范围、成像质量等方面比第一代红外探测器性能优越得多，已经从扫描型发展到凝视型。由于第二代红外探测器的明显优势和迅速发展，其正在大量研制、装备，对目标进行热成像探测成为发展趋势。一般来说，多元线列与 4N（NX4）系列多用在大视场红外行扫描仪（IRLS）的红外搜索/跟踪系统（IRST）中，凝视型则多用于高灵敏分辨、识别热像仪（TI）与机动跟踪前视红外系统（FLIR）中。

2.2.4 红外探测器的性能参数

探测器的性能参数有响应率、噪声等效功率、探测率、比探测率、光谱响应特性、响应时间、响应频率、噪声等，其中最为重要的是比探测率和噪声。

1. 红外探测器的噪声

红外系统的探测性能受其噪声的限制，红外焦平面阵列探测器的噪声包括瞬态噪声和空间噪声。瞬态噪声包括光子噪声、暗电流噪声等器件本身的噪声，以及读出电路的噪声等；空间噪声是由红外焦平面阵列各个像元的响应特性不一致造成的。这里所讨论的噪声主要是指探测器和电路元件产生的噪声。

探测器的总噪声包括探测器内部固有噪声和背景光子噪声。到达探测器表面的背景光子通量的随机起伏，最终表现为探测器输出电压值或电流值的随机变化，这种噪声称为光子噪声。背景光子噪声决定红外光子探测器性能的极限。

探测器内部固有的噪声有约翰逊（Johnson）噪声、$1/f$ 噪声、产生-复合（G-R）噪声，散弹（Shot）噪声等类型。这些噪声的产生机理、频谱各有不同，在不同频段，对探测器性能起主要影响作用的噪声也不一样。

1)约翰逊噪声

约翰逊噪声也称热噪声。热噪声是由电荷载流子与晶格原子碰撞产生的，它与晶格温度有关，而与探测器工作点的偏置状态无关。热噪声存在于所有探测器中，其噪声电压 U_n 和谱密度可表示为

$$\begin{cases} U_n = (4kT_dR_d\Delta f)^{1/2} \\ \dfrac{U_n^2}{\Delta f} = 4kT_dR_d \end{cases} \tag{2-59}$$

式中，k 为玻尔兹曼常量；T_d 为响应元热力学温度；R_d 为响应元电阻；Δf 为电子带宽，也称噪声等效带宽。

热噪声电压与响应元电阻、温度有关。由于热噪声电压与等效带宽的平方根成正比，热噪声的谱密度与频率无关，故称为白噪声。

2)$1/f$ 噪声

$1/f$ 噪声也称为调制噪声或闪烁噪声，产生的物理机理尚不清楚。$1/f$ 噪声产生于非欧姆接触晶体表面或晶体本身。$1/f$ 噪声对低频段影响较大，可用 $1/f^n$ 来表征其功率谱，n 取 0.8～2。

3)产生-复合噪声

由于晶格的振动原子之间的相互作用，自由载流子的产生率和复合率是随机起伏的，由此产生的噪声称为产生-复合噪声。产生-复合噪声的噪声电压为

$$U_n = R_dI \cdot \left[\frac{4\tau \cdot \Delta f}{\overline{N}(1 + 4\pi^2 f^2 \tau^2)}\right]^{1/2} \tag{2-60}$$

式中，$\overline{N}$ 为响应元的平均载流子数；τ 为载流子寿命。

产生-复合噪声存在于所有光子探测器中。对于光伏探测器，由于只有自由载流子产生率的起伏对噪声有贡献，因此光伏探测器的 U_n 值要比自由载流子的产生率和复合率同时起伏时的值小 30%（为 $1/\sqrt{2}$）。这也是光伏探测器在理论上能达到的最大探测度比光电导探测器要大 40% 的原因。

4)散弹噪声

自由电子和空穴是以微电流脉冲的形式非连续地流过 P-N 结的，在外电路中表现为随机的噪声电流或噪声电压，即为散弹噪声。散弹噪声通常存在于光伏探测器和薄膜探测器中，光电导探测器由于没有 P-N 结，所以不存在散弹噪声。

散弹噪声的噪声电压为

$$U_n = R_d(2qI\Delta f)^{1/2} \tag{2-61}$$

式中，I 为通过 P-N 结的直流电流；q 为电子电量；Δf 为噪声等效带宽。

探测器的总噪声是以上各种噪声的均方根，不同类型探测器，在不同频率段，起主导作用的噪声也不同。

2. 探测器其他性能参数

1)响应率

红外探测器的目的就是将入射的红外辐射信号转换为可以定量化测量的物理量。对于

红外光电探测器，就是将入射的红外辐射信号转换为可测量的电信号。

为了描述红外光电探测器接收的入射红外信号与输出的电信号之间的对应关系，引入了红外探测器的响应率这一性能指标。红外探测器的响应率定义为单位辐射功率入射到探测器上产生的信号输出。红外探测器的响应率分为电压响应率和电流响应率两种。

电压响应率为探测器产生的电压信号与其接收的入射辐射功率之比，即

$$R_U = \frac{U_s}{H \cdot A_d} = \frac{U_s}{P} \tag{2-62}$$

式中，U_s 为探测器输出的电压值，单位为 V；H 为探测器单位面积感应照度，单位为 W/cm^2；A_d 为探测器的光敏元面积，单位为 cm^2。

电流响应率为探测器产生的电流信号与其接收的入射辐射功率之比，即

$$R_I = \frac{I_s}{H \cdot A_d} = \frac{I_s}{P} \tag{2-63}$$

式中，I_s 为探测器输出的电流值，单位为 A。

2）噪声等效功率

响应率反映了红外光电探测器将入射的红外辐射信号转换为电信号的能力。响应率越大，说明探测器对入射红外辐射信号的响应程度越强烈，但是这并不能说明该探测器的探测能力或是灵敏度就越高。因为探测器的灵敏度不仅取决于对入射辐射信号的敏感程度，还取决于探测器自身的噪声大小，而噪声等效功率则将探测器的噪声和对入射辐射信号的敏感程度综合起来评价。

将探测器输出信号等于探测器噪声时，入射到探测器上的辐射功率定义为噪声等效功率，单位为 W。由于信噪比为 1 时，功率测量不太方便，因此可以在高信号电平下测量，再根据下式计算噪声等效功率（NEP）

$$P_{NE} = \frac{H \cdot A_d}{U_s/U_n} = \frac{P}{U_s/U_n} = \frac{U_n}{R_U} \tag{2-64}$$

式中，U_n 为探测器的噪声电压；R_U 为探测器的电压响应率。

必须指出，噪声等效功率可以反映探测器的探测能力，但不等于系统无法探测强度弱于噪声等效功率的辐射信号。如果采取相关接收技术，即使入射功率小于噪声等效功率，由于信号是相关的，噪声是不相关的，也是可以将信号检测出来的，但是这种检测是以增加检测时间为代价的。此外，强度等于噪声等效功率的辐射信号，系统并不一定能可靠地探测。在设计系统时，通常要求最小可探测功率（灵敏度）数倍于噪声等效功率，以保证探测系统有较高的探测概率和较低的虚警率。

3）探测率

噪声等效功率被用来度量探测器的探测能力，但是噪声等效功率最小的探测器的探测能力却是最好的，很多人不习惯这样的表示方法。Jones 建议用噪等率表示探测能力，称为探测率，这样较好的探测器有较高的探测率。因此，探测率可表示为

$$D = \frac{1}{P_{NE}} = \frac{R_U}{U_n} \tag{2-65}$$

4）比探测率

实际上，由式（2-65）定义的探测器探测率与诸多测量因素有关，包括入射辐射的波长、探测器温度、调制频率、探测器偏流、探测器光敏元面积、探测器电路的噪声等效带

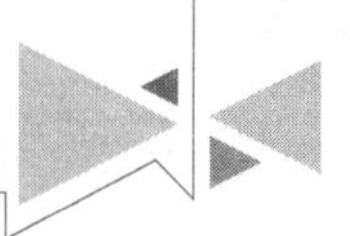

宽等，这不利于各种不同类型和工艺的探测器之间的性能比较。为此，人们引入了比探测率 D^*，其定义式如下：

$$D^* = D \cdot (A_d \Delta f)^{1/2} = \frac{(A_d \Delta f)^{1/2}}{P_{NE}} = \frac{(A_d \Delta f)^{1/2} \cdot R_U}{U_n} \tag{2-66}$$

D^* 的物理意义可理解为 1 W 的辐射功率入射到光敏面积 1 cm^2 探测器上，并用带宽为 1 Hz 电路测量所得的信噪比。D^* 是归一化的探测率，称为比探测率。用 D^* 来比较两个探测器的优劣，可避免探测器面积或测量带宽不同对测量结果的影响，此 D^* 可以反映不同探测器工艺的优劣。比探测率和前面介绍的探测率定义上是有区别的，但由于探测率未对面积、带宽归一化，确实没有多大实用意义，很少使用，所以一般文献报告中将 D^* 直接称作探测率。

2.3　光学系统

2.3.1　红外光学整流罩设计与分析

1. 整流罩的作用

整流罩又称头罩，位于红外仪器的最前部，是仪器光学系统的一部分。整流罩可以起 3 种作用：一是保护红外光学系统仪器免受大气、灰尘、水分等的影响；二是校正光学系统的像差；三是提供良好的空气动力学特性。在气流中高速飞行的红外装置常处于极为恶劣的工作环境，所以特别需要用整流罩。

2. 整流罩对材料的要求

因为整流罩是安装在飞机、导弹、飞船等高速飞行体光学系统的前部。由于空气动力加热，整流罩的温度是很高的，因此要求整流罩的熔点、软化温度要高，并且材料的热稳定性要好，要能经受得住热冲击。在探测器响应波段内，整流罩必须有很高的透过率，自辐射也应很小，以免产生假信号。有些材料在室温时有很好的透过率，但在高温时，由于自由载流子吸收增加，透过特性显著恶化。例如锗，这种材料就不能做整流罩。整流罩的硬度要大，这样一方面便于加工、研磨和抛光，另一方面不致被飞扬的尘土和砂石所擦伤。整流罩的化学稳定性要好，要能够防止大气中的盐溶液或腐蚀性气体的腐蚀，并且不易潮解。应当特别注意的是，整流罩的尺寸往往很大，直径为几十到几百毫米，并且折射率要均匀分布，以免发生散射。因此，整流罩通常用单晶或折射率在晶粒间界没有突变的均匀的多晶制成。

3. 整流罩的结构

如前所述，整流罩既是红外光学系统的保护装置，又是系统校正像差的元件。

整流罩的结构多数采用同心球面，其厚度是内外表面曲率半径之差，具体数值可由仪器强度要求来决定。在不影响强度的条件下，整流罩的厚度通常都选得很薄，这样可减小热应力和温差的影响，同时也不至于显著改变入射光的行进方向和引起严重的吸收。整流罩的曲率半径要根据平衡主镜球差来确定。对于小视场、大孔径的物镜系统，球差和彗差是主要像差，若把光阑(即主镜的框)放在整流罩的球心上，则整流罩本身不产生彗差和像散。当整流罩内外半径中有一个确定之后，根据厚度的要求，另一个曲率半径也随之而定。整流罩口径的确定如图 2-4 所示。

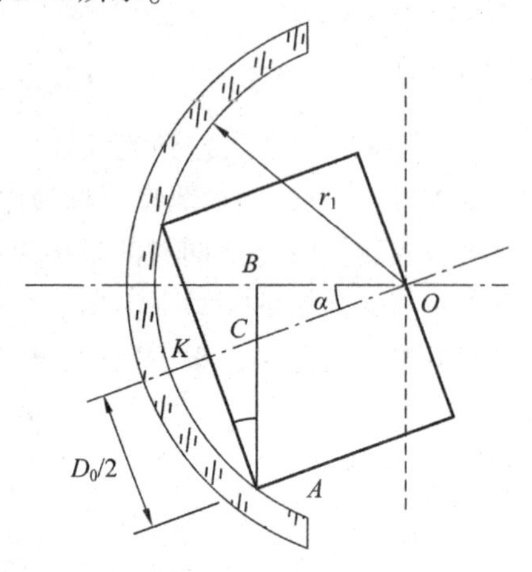

图 2-4　整流罩口径的确定

整流罩的口径根据主镜转动最大角度 α(即方位扫描角)和主镜口径，以及整流罩曲率半径决定。如图 2-4 所示，可得

$$D = 2AB = 2(AC + BC) \tag{2-67}$$

而

$$AC = \frac{D_0}{2\cos\alpha} \tag{2-68}$$

$$BC = OC\sin\alpha = (OK - KC)\sin\alpha \tag{2-69}$$

其中

$$OK = \sqrt{r_1^2 - \left(\frac{D_0}{2}\right)^2} \tag{2-70}$$

$$KC = \frac{D_0}{2}\tan\alpha \tag{2-71}$$

将以上各式代入式(2-67)，得

$$\begin{aligned} D &= 2\left[\frac{D_0}{2\cos\alpha} + \sqrt{r_1^2 - \left(\frac{D_0}{2}\right)^2}\sin\alpha - \frac{D_0}{2}\tan\alpha\sin\alpha\right] \\ &= D_0\cos\alpha + \sqrt{4r_1^2 - D_0^2}\sin\alpha \end{aligned} \tag{2-72}$$

实际设计中，整流罩口径应比按式(2-72)计算的值要大一些，即应加上一个安装时必要的裕量。因此，整流罩的实际口径应该为

$$D = D_0\cos\alpha + \sqrt{4r_1^2 - D_0^2}\sin\alpha + D' \tag{2-73}$$

球面形整流罩加工容易，这是优点，其缺点是空气动力特性不好，飞行阻力大，速度过高，会因过热或机械力的作用而损坏。作音速飞行时，会在整流罩的前方形成稠密的冲击波，导致折射率变化而改变光线的行进方向，产生定位误差。为此也出现了圆锥形和棱锥形的整流罩，它们的空气动力特性比球面形罩好，但加工不如球面形罩容易，且会引起附加的像差。

2.3.2　光学成像系统设计与分析

1. 红外成像光学系统的设计原则

设计红外光学系统时，应遵循下列原则：

(1) 光学系统应对所工作的波段有良好的光学性能，即具有高的光学透过率或反射率。

(2) 光学系统在尺寸、像质和加工工艺许可的范围内，应使接收口径尽可能大，F 数尽可能小，以保证系统有高灵敏度。

(3) 光学系统应对噪声有较强的抑制能力，以提高信噪比。

(4) 光学系统的形式和组成应有利于充分发挥探测器的效能。

(5) 光学系统和组成元件力求简单，以利于减少能量的损失，降低制造成本。

2. 光学系统的主要参数

1) 光学孔径和聚光能力

(1) 孔径光阑。

红外光学系统主要用于接收红外辐射信号，类似于雷达系统中的“天线”，主要完成一定口径范围内目标红外辐射信号的收集。在光学系统中，能够无遮挡接收入射光束的最大直径称为该光学系统的有效通光口径。相应地限制光学系统有效通光口径大小的物体就是该光学系统的孔径光阑。构成光学系统的光学零件、金属框等均有可能成为孔径光阑，如图 2-5 所示。

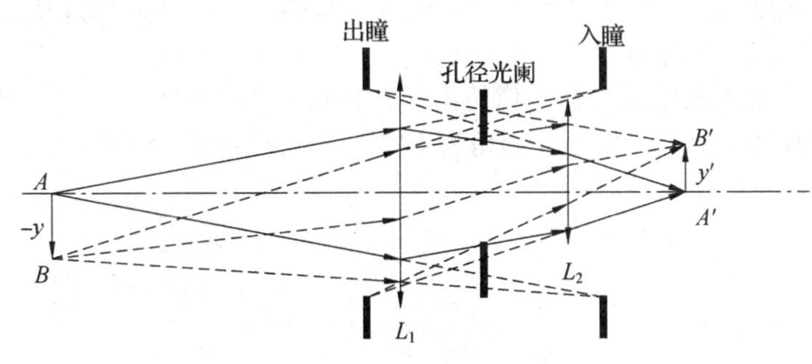

图 2-5　实际光学系统

孔径光阑对设置在前面的光学元部件所成的像称为该光学系统的入瞳，而孔径光阑对设置在其后面的光学元部件所成的像称为该光学系统的出瞳。

实际上光学系统的入瞳孔径就是光学系统的有效通光孔径，也被称为光学孔径。

(2) F 数和数值孔径。

光学系统对辐射的会聚能力用光学系统的 F 数或数值孔径来表述。

F 数定义为系统的等效焦距与入瞳直径(有效孔径)之比，记作 F 或 f/D，即

$$F = \frac{f}{D} \tag{2-74}$$

式中，f 为光学系统的焦距；D 为光学系统的光学孔径。

F 数的倒数也称为相对孔径。

数值孔径定义为

$$\mathrm{NA} = n'\sin U' \tag{2-75}$$

式中，n' 为最后一个光学表面与后焦点间介质(像方空间介质)的折射率；U' 为会聚在焦点

的光束的孔径角，即会聚光束与光轴的夹角。

数值孔径 NA 和 F 数都可以用来表示光学系统的聚光能力，通常物在有限远时，如显微系统，较多使用数值孔径 NA；物在无穷远时，如望远系统，较多使用 F 数。

若光学系统在空气中使用，$n' = 1$，利用近轴光学理论做近似处理，如图 2-6 所示，可以得出光学系统的 F 数和数值孔径的转换关系公式为

$$F = \frac{f}{D} \approx \frac{1}{2\sin U'} = \frac{1}{2 \cdot \mathrm{NA}} \tag{2-76}$$

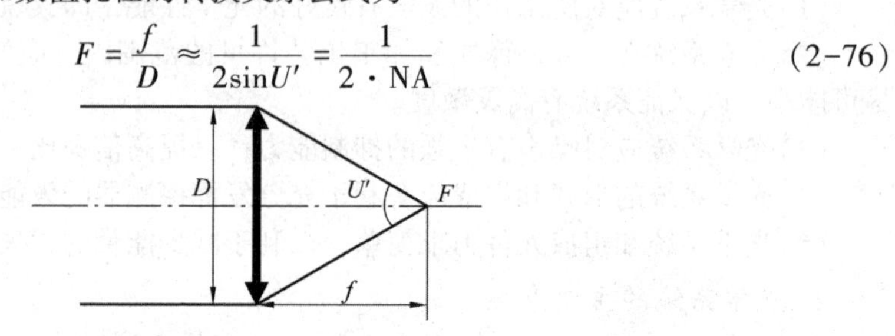

图 2-6　F 数和数值孔径

通常数值孔径 NA 越大，即 F 数越小的光学系统的聚光能力越强。从式(2-76)可知，理论上光学系统的 F 数最小值为 0.5，其物理意义是在焦点形成的光锥具有 180°的角度。由于像质太差，F 数为 0.5 的光学系统是没有实用价值的。

(3)轴上点的像面照度。

要评价光学系统作为信号收集的“天线”性能，重点是要看其聚光能力，主要是计算在一定的目标信号强度下，光学系统像面上接收的信号强度——像面照度值，而光轴上点的像面照度是很重要的一个评价指标。

在图 2-7 中，轴上点附近的物、像的小面元分别为 dA 和 dA'，系统的光学效率为 τ_0，成像光束的物方孔径角为 U，像方孔径角为 U'，目标的辐射亮度为 N。

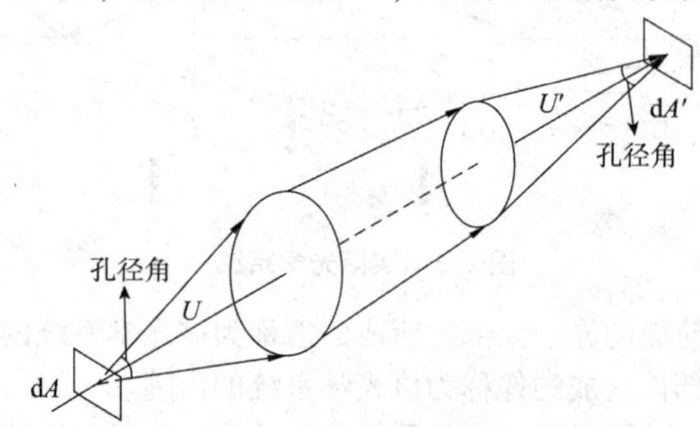

图 2-7　轴上点的像面照度计算模型

物面元 dA 在物方孔径角 U 内发出的辐射功率为

$$P = \pi N \mathrm{d}A \sin^2 U \tag{2-77}$$

从而光学系统像面元 dA' 的辐射照度为

$$H' = \frac{\tau_0 P}{\mathrm{d}A'} = \frac{\tau_0 \cdot \pi N \sin^2 U \mathrm{d}A}{\mathrm{d}A'} = \frac{1}{\beta^2}\tau_0 \pi N \sin^2 U \tag{2-78}$$

根据垂轴放大率可得

$$H' = \frac{n'^2}{n^2}\tau_0 \pi N \sin^2 U' = \frac{\tau_0 \pi N \cdot (\mathrm{NA})^2}{n^2} \xrightarrow[n\,=\,1]{F\,=\,1/(2 \cdot \mathrm{NA})} H' = \tau_0 \pi N \cdot \left(\frac{1}{2F}\right)^2 = \frac{\pi \tau_0 N}{4F^2} \tag{2-79}$$

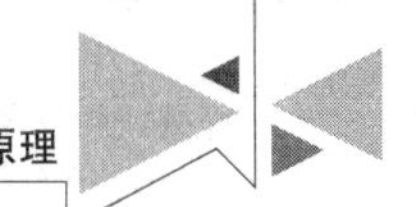

式(2-76)就是面源目标在光学系统轴上像点处产生的辐射照度的计算公式，从公式可以看出：当光学系统的探测对象为面源辐射体时，轴上物所对应的像面辐射照度与探测距离无关，只与光学系统数值孔径 NA 的平方成正比，或者说与光学系统 F 数的平方成反比。因此，光学系统的 F 数或数值孔径 NA 可以描述光学系统辐射信号的聚光能力。

2)光学系统的视场

(1)视场和视场光阑。

光学系统的视场定义为光学系统可以成像的物空间的范围。可以用物空间的几何尺寸表示，如显微成像系统等；也可以用物空间对光学系统所张的角度(视场角)来表示，如望远系统等。

在光学系统中，限制其视场大小的光阑被称为该光学系统的视场光阑。

视场光阑对设置在其前面的光学元部件所成的像称为该光学系统的入窗，而视场光阑对设置在其后面的光学元部件所成的像称为该光学系统的出窗。

在光学系统中，入瞳中心对入窗边缘所张的夹角叫作物方视场角，出瞳中心对出窗边缘所张的夹角称为像方视场角。物点出发的通过孔径光阑中心的光线称为物点出发光束的主光线。

必须指出，视场光阑限定成像范围是对主光线而言的，视场内物点的主光线能通过系统，并不等于轴外光束的所有光线都能无遮拦地通过系统。视场内物点出发的充满入瞳的光束中仍有部分光线会被其他光阑遮挡，这种现象称为渐晕。渐晕会减小像面上轴外点的照度，为消除渐晕，除了使入射窗和物面重合外，还应使其他光阑和透镜框做得足够大。

(2)光学视场和瞬时视场。

对于望远光学系统而言，像面位于焦平面上，光学系统的光学视场由光学系统的焦距和像面的大小(实际上是探测器的大小)决定。假设一个光学系统的焦距为 f'，像在高度方向上的尺寸为 l(且相对于光轴对称)，则该光学系统在物的高度方向的视场角 2ω 满足

$$\tan 2\omega = \frac{l}{2f'} \tag{2-80}$$

即光学系统的视场角为

$$2\omega = \arctan\left(\frac{l}{2f'}\right)$$

通常光学系统的探测器都是由一系列的最小探测单元(像素)组成的，如图 2-8 所示。所谓光学系统的光学视场，就是指以整个探测器的光敏面尺寸作为像的尺寸，计算出的光学系统视场角。所谓光学系统的瞬时视场，就是指以最小探测单元(即像素或称为像元)的光敏面尺寸作为像的尺寸计算出的光学系统的视场角。通常光学系统的像元都是矩形，设其在垂直方向和水平方向上的尺寸分别为 a 和 b，则该光学系统在垂直方向和水平方向的瞬时视场分别为

$$\mathrm{IFOV_V} = \alpha = 2\arctan\frac{a}{2f'} \approx \frac{a}{f'} \tag{2-81}$$

$$\mathrm{IFOV_H} = \beta = 2\arctan\frac{b}{2f'} \approx \frac{b}{f'} \tag{2-82}$$

需要指出的是，上面瞬时视场的计算公式是在近轴光学理论下的近似计算。通常光学系统的像元尺寸相对于光学系统的焦距都要小很多，也就是说瞬时视场角是一个很小的值(通常在毫弧度甚至是微弧度量级)，采用近轴光学理论近似是可行的。

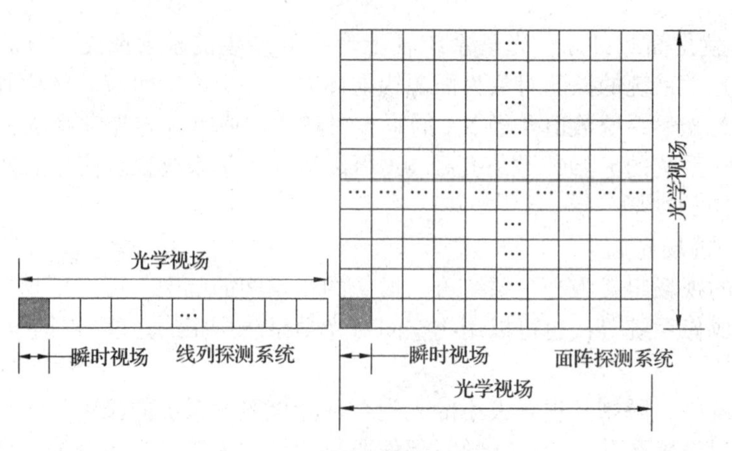

图 2-8　光学系统的探测器

(3)扫描视场。

从图 2-8 可知，光学系统的光学视场等于该维度上各个像元瞬时视场的累加，即假设该维度上探测器包含的像元数量为 N，则光学系统的光学视场 W 与瞬时视场 $\Delta\varphi$ 之间满足如下关系式

$$W = N \cdot \Delta\varphi \tag{2-83}$$

通常受探测器(尤其是红外焦平面探测器)制造工艺限制，探测器的阵列模式是有限的，也就是说像元数量 N 是一定的，不能根据需要随意调整，而为了保证光学系统具有足够高的空间分辨率，往往要求其瞬时视场 $\Delta\varphi$ 尽可能小，则根据式(2-83)可得光学系统光学视场必然受到限制。也就是说，对于红外光电探测器，受红外光学材料和红外探测器集成度限制，红外光学系统很难同时满足大视场和高分辨率的需求。采用光学机械扫描、固体自扫描和利用仪器平台运动扫描是红外光学系统常用的扩大探测视场，同时确保高空间分辨率的有效方法。

光学系统在各种扫描方式下形成的对物空间的覆盖视场称为光学系统的扫描视场。如图 2-9 所示，线列探测系统和面阵探测系统的扫描视场、光学视场和瞬时视场的对应关系是不同的。同时，扫描视场主要取决于光机扫描的方式，与光学系统本身无直接关系。

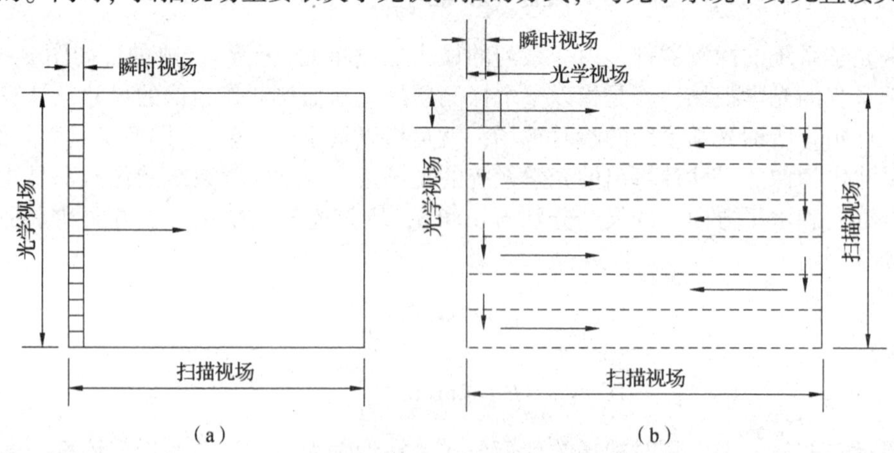

图 2-9　光学系统的各种视场示意

(a)线列探测系统；(b)面阵探测系统

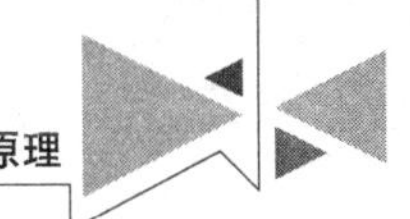

3）轴外点的像面照度

前面已经计算了光学系统轴上点的像面照度，对于面源目标而言，其与探测距离无关，只与光学系统数值孔径 NA 的平方成正比，或者与光学系统 F 数的平方成反比。下面计算轴外点的像面照度。

如图 2-10 所示，ω 为轴外像点 M 的主光线与光轴的夹角，即该点的像方视场角，U' 和 U_M' 分别为轴上像点 A 和轴外像点 M 的像方孔径角（其对出瞳张的平面角），D' 为出瞳直径，l' 为像面到出瞳的距离。

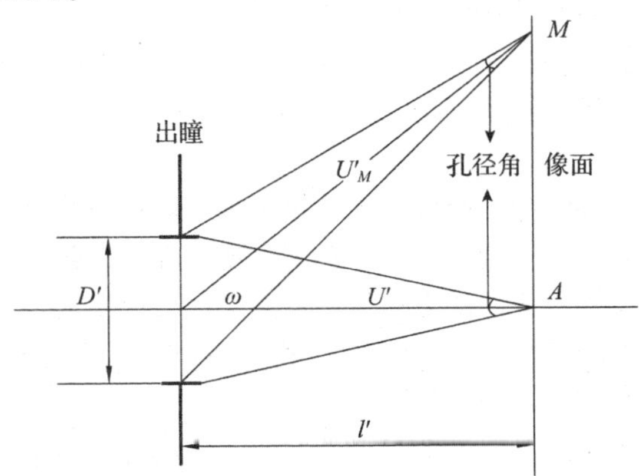

图 2-10 轴外点的像面照度计算模型

假设物面亮度 N 均匀，则根据式（2-79）可以得出轴上像点 A 处的辐射照度为

$$H_A' = \frac{n'^2}{n^2}\tau_0 \pi N \sin^2 U' \tag{2-84}$$

采用与轴上像点辐射照度计算公式相同的推导方法，可以得到轴外像点 M 处的辐射照度为

$$H_M' = \frac{n'^2}{n^2}\tau_0 \pi N \sin^2 U_M' \tag{2-85}$$

当像方孔径角 U_M' 很小时，根据近轴光学理论有

$$\sin U_M' \approx \tan U_M' = \frac{(1/2)\cdot D' \cdot \cos\omega}{l'/\cos\omega} = \frac{D' \cdot \cos^2\omega}{2l'} \approx \sin U' \cdot \cos^2\omega \tag{2-86}$$

将式（2-86）代入式（2-85）可以得出

$$H_M' = \frac{n'^2}{n^2}\tau_0 \pi N \sin^2 U' \cos^4\omega = H_A' \cos^4\omega \tag{2-87}$$

可见，随着像方视场角 ω 的增加，由于轴外点的像方孔径角 U_M' 减小，轴外点的像面照度将按视场角 $\cos\omega$ 的 4 次方的关系减小。

3. 红外光学材料的选择

随着红外技术的迅速发展，红外光学材料的种类已能制造出上百种，但是常用的只有 10 余种，大概可分为玻璃、晶体、热压多晶、透明陶瓷、塑料 5 类。一般来说，红外光学材料的透过波段和透过率与材料内部结构，特别是能级结构及化学键有密切关系。了解红外光学材料的性质，对设计和制造红外光学元件乃至红外系统本身都十分重要。

对于红外光学材料，应当考虑其一系列的光学性能和理化性能，其光学性能有：①光谱透过率和它随温度的变化；②折射率和色散以及二者随温度的变化；③自辐射特性。其理化性能有：①机械强度和硬度；②密度；③热导率和热膨胀系数；④比热；⑤弹性模量；⑥软化温度和熔点；⑦抗腐蚀、抗潮解能力。

2.4 设计实例

1. 设计实例：大视场红外扫描成像光学系统

对于大视场红外扫描成像光学系统的实现途径而言，一般可分为大视场光学系统加长线阵红外探测器的推扫成像方式和小视场光学系统加短线阵红外探测器的扫描成像方式两种。

由于目前长线阵红外探测器的获取存在一定困难，而且高分辨率大视场红外光学系统的设计、加工与集成也存在较大难度，所以对于大视场红外成像系统而言，一般采用扫描成像的方式实现。扫描镜摆扫成像的方式虽然也能实现大视场成像，但是随着成像系统分辨率的提高以及扫描角度的增加，反射镜的尺寸随之线性增大，给扫描镜制作及扫描控制系统的研制带来一定的难度。

针对长焦距、大视场成像需求，通过与旋转扫描镜和消像旋系统配合实现大视场成像，孔径光阑二次成像光学系统具有大视场、高冷屏效率、消旋系统尺寸小(孔径光阑一次像处)且位于平行光路等特点，可以与长线阵红外探测器配合实现高分辨率成像。

大视场扫描成像系统采用长线阵红外探测器，以扩大扫描幅宽、降低扫描速度，最终提高成像系统的温度分辨率；扫描镜绕光轴旋转扫描，实现垂直航向的大视场成像；扫描成像光学系统中增加相应的消旋系统，用以消除扫描镜旋转扫描所带来的像旋问题。

2. 光学系统指标

(1)工作波长：8～10 μm；

(2)通光口径：200 mm；

(3)焦距：520 mm；

(4)视场角：垂直扫描方向 1.4°，水平扫描方向 72°；

(5)光学系统 $F/\#$：2.6；

(6)光学系统 MTF：0.3(18 lp/mm)；

(7)冷屏效率：100%。

3. 光学系统原理

图 2-11 所示为典型的孔径光阑二次成像光学系统原理，该光学系统由望远光学系统(包括主光学系统和中继光学系统)与成像光学系统两部分组成。光学系统的出瞳位于焦面前一定距离，并与探测器组件冷屏重合。望远光学系统的主要作用：对入射光束进行口径压缩后，以平行光的形式出射，并在中继光学系统与成像光学系统之间形成孔径光阑的一次像；成像光学系统的作用：把望远光学系统出射的平行光以一定的光焦度聚焦成像，并把孔径光阑二次成像到探测器组件的冷屏处，形成整个光学系统的聚像、成像过程，最终与探测器组件的冷屏完全匹配。

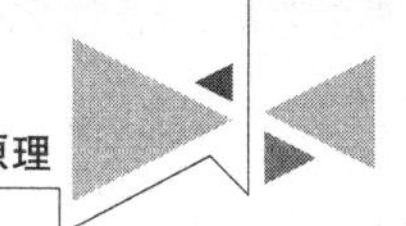

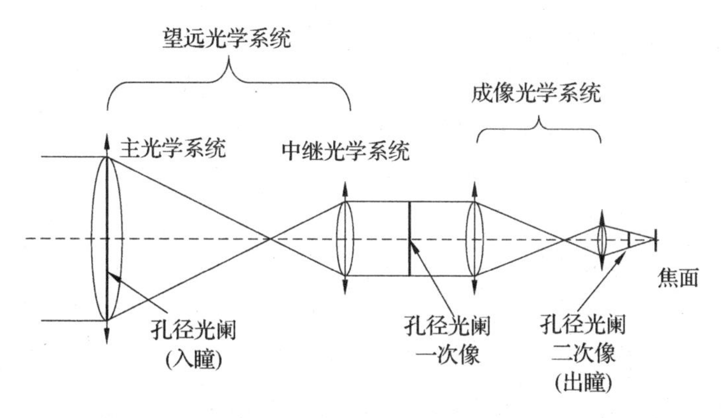

图 2-11 典型的孔径光阑二次成像光学系统原理

4. 光学系统组成

大视场红外扫描成像光学系统的组成如图 2-12 所示，系统组成及各部分的功能如下：

(1)旋转扫描镜：绕光学系统的光轴旋转，实现垂直于飞行方向的大视场扫描；

(2)主光学系统：收集地物目标的光辐射信号并聚焦到主焦面上；

(3)中继光学系统：把主光学系统收集的光束转化为平行光，并且在消像旋系统处形成孔径光阑的一次像，这样有利于减小消像旋系统的外形尺寸；

(4)消像旋系统：在平行光路中旋转，可以消除旋转扫描镜绕光轴旋转所带来的像旋；

(5)成像光学系统：采用二次成像的系统形式对中继光学系统出射的平行光进行聚焦，成像到探测器焦平面处，并把孔径光阑二次成像在探测器前形成出瞳，实现冷屏的 100% 匹配，降低光机系统背景辐射影响。

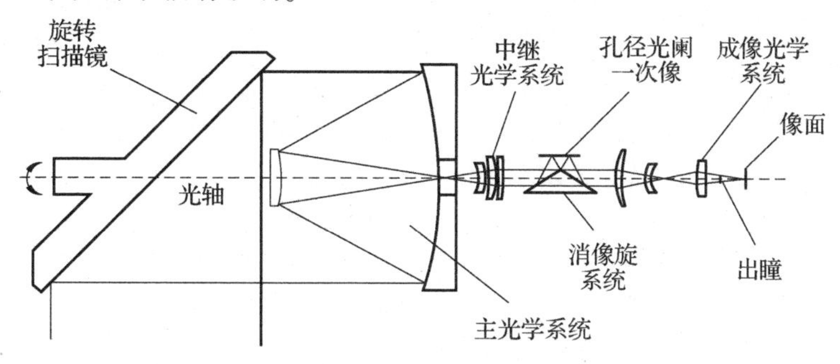

图 2-12 大视场红外扫描成像光学系统的组成

2.5 参考文献

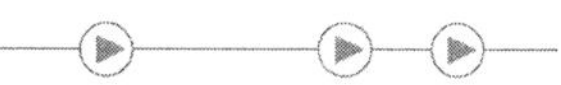

[1]徐南荣，卞南华. 红外辐射与制导[M]. 北京：国防工业出版社，1997.

[2]李小文. 多角度与热红外对地遥感[M]. 北京：科学出版社，2001.

[3]吴诚，苏君红，潘顺臣，等. 对中波与长波红外焦平面热成像的一些探讨[J]. 红外技术，2002，24(2)：6-8.

[4]崔胜利. 红外成像光学系统设计[D]. 重庆：重庆大学，2008.

[5]李正直. 红外光学系统[M]. 北京：国防工业出版社，1986.

[6]刘辉. 红外光电探测原理[M]. 北京：国防工业出版社，2016.
[7]赵秀丽. 红外光学系统设计[M]. 北京：机械工业出版社，1986.
[8]邱民朴. 大视场红外扫描成像光学系统设计[J]. 红外技术，2012，34(11)：648-651.

第3章 红外图像处理与目标检测技术

3.1 概 述

红外成像是一种能够全天候捕获来自物体的红外辐射，并将其转换成可供人眼观察的图像处理技术。近年来，在民用领域的应用有科学成像、安全警戒、森林防火和消防、交通管理、医学成像、遥感、自动驾驶、航天、搜索或跟踪天空中的流星、卫星或其他运动目标、城市红外污染分析、海面人员搜救和卫星大气红外云图分析等；在军事领域应用有预警系统、精确打击武器、导弹制导等。红外成像在这些领域得到了迅速的发展，受到人们广泛的关注和重视。红外图像处理成为21世纪信息化社会构建和国防建设中最重要的支撑技术之一，具有十分广阔的发展和应用前景。

一方面，从总体上来说，红外图像具有对比度低、边缘模糊、信噪比低、成分复杂等缺点；另一方面，信息技术的迅猛发展及在军事领域中的广泛应用，使复杂战场环境中目标的灵活性、机动性不断提高，伪装和隐身能力不断增强；同时受大气热辐射、远作用距离等因素影响，成像传感器探测到的目标局部细节的灰度差异不明显，特别是在检测到的信号相对较弱、背景有非平稳起伏干扰的情况下，目标边缘有可能被大量杂波、噪声所淹没，从而导致图像信噪比降低、形状和结构的信息不足，使目标检测识别变得更加困难。除此之外，受现有制造工艺的限制，红外焦平面阵列各个探测单元的光电转换效率不一致，导致探测器输出的红外图像中存在严重的非均匀性。因此，红外图像的处理和目标检测就成为红外成像及其应用中的关键且热点的课题。红外成像具有被动工作、抗干扰性强、目标识别能力强、全天候工作等特点，已被多数发达国家应用于军事侦察、监视和制导方面。红外成像侦察、监视和制导已成为当代武器技术发展的主流方向之一。

军事领域中，比如侦察监视系统对军事目标(如导弹、飞机、坦克、舰船等)的检测、跟踪，导弹制导，高技术武器系统及其模拟训练器对目标进行捕获、跟踪测量等均应用了目标检测与跟踪技术，以提高武器系统的攻击性能及作战指标。因此，针对目标检测与跟踪的研究具有重要的理论价值和广阔的应用前景。

在3.2节“红外图像预处理”中，详细阐述了红外图像去噪、红外图像增强和红外图像融合三大模块。红外图像去噪模块分析了环境因素对去噪的影响，针对红外图像的非理想因素——图像噪声进行讨论，分别介绍了帧间降噪和帧内降噪两种方法。红外图像增强模块介绍了图像增强的两种方法——空域滤波增强方法和变换域增强方法，引出了美国FLIR公司的红外图像细节增强技术(Digital Detail Enhancement，DDE)。空域滤波增强方法介绍了线性滤波和非线性滤波两种方式的特点和几种常用的滤波器。变换域增强方法介绍了傅里叶变换和小波变换，对两种方法进行了对比分析。红外图像融合模块论述了单一传感器获取图像的缺点，以及红外图像融合在各个领域的需求；提出了基于多尺度变换的融合方法和基于稀疏表示的融合方法以及其他几种方法。基于多尺度变换的融合方法有金字塔变换方法和小波变换方法，对两种方法进行了分析并得出结论。对基于稀疏表示的融合方法进行了详细介绍。

在3.3节“红外目标检测”中，重点阐述了红外目标成像的数学模型、红外目标的跟踪前检测算法和红外目标的检测前跟踪算法。简述了红标目标检测技术产生的背景、红外目标检测系统；分析了远距离目标检测的技术难点。针对弱小目标建立模型，对红外弱小目标检测算法进行了概述。介绍了跟踪前检测算法的基本思想，分析了此算法的特点；针对单帧图像处理算法划分为空域滤波方法和频域滤波方法，分别对两种方法进行阐述。介绍了红外目标的检测前跟踪算法的基本思想、管道滤波方法、贝叶斯估计及粒子滤波方法和高阶相关方法。

在3.4节“红外目标跟踪”中，构建了基于贝叶斯滤波的目标跟踪框架。针对粒子滤波采样效率低、计算量大的问题，提出了一种基于粒子群优化的辅助粒子滤波跟踪方法，可以对视场中快速移动的红外小目标进行稳健跟踪。算法首先采用辅助粒子滤波采样粒子，然后利用粒子群优化移动粒子到后验概率密度模式处，解决了粒子滤波采样时由没有利用观测值造成粒子不能完全覆盖在目标位置附近的问题，同时大大降低了计算量，有效提高了跟踪性能。

在红外目标跟踪中，利用均值漂移理论对红外目标进行快速准确跟踪，提出了一种前视红外目标的鲁棒分层跟踪方法，将均值漂移算法与特征匹配方法相结合，在均值漂移算法得到红外目标坐标之后，利用特征匹配方法对该坐标进行有效修正，并充分利用均值漂移跟踪算法的高效性与特征匹配方法的精确性，实现了对红外目标地有效实时跟踪。此外，提出了核带宽自动更新的改进均值漂移算法，可以对红外成像制导跟踪过程中不断增大尺寸的目标进行有效的跟踪。

在3.5节“深度学习”中，介绍了红外图像增广技术、卷积神经网络和目标检测算法，简述了深度学习的发展历程和不同方式的学习方法。红外图像增广技术模块介绍了自编码器、生成式对抗网络和卷积神经网络模型。卷积神经网络模块阐述了卷积网络的定义、结构层级的功能；介绍了LeNet、VGGNet和ResNet 3种不同的神经网络。目标检测算法模块介绍了两类深度学习算法，引出了RPN、YOLO、SDD 3种新兴的神经网络。

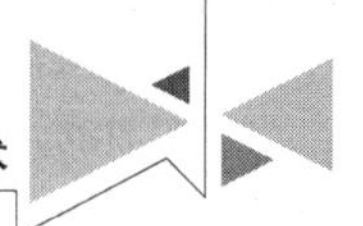

3.2　红外图像预处理

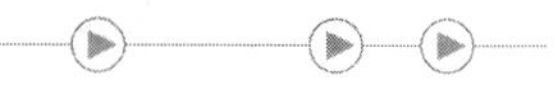

3.2.1　红外图像去噪

红外图像具有噪声强、对比度低和边缘模糊的特点。在雾霾、雨天等非理想的情况下，图像质量还会大打折扣。红外图像降噪能够减少因为噪声引起的图像质量下降，提升图像的信噪比，但是降噪后的红外图像仍然对比度较低、细节模糊，往往很难从中提取有用信息，通常还需要使用图像增强技术对图像进行进一步的处理，从而显著地改善红外图像的视觉效果，提高目标图像与背景之间的对比度，着重突显目标，弱化一些无用的背景信息。由于图像增强算法不可避免地会对红外图像中较强的噪声或多或少有一定放大作用，而好的图像降噪算法能够在图像增强时减少噪声对增强图像的影响，因此在红外图像增强处理之前，一般也需要先对红外图像进行降噪处理，使面向红外图像的增强算法能够具有更好的性能。

当前，红外焦平面阵列是获取红外图像最重要的方式。红外图像噪声的来源复杂、信噪比较低，限制了红外成像系统的应用。红外图像中最重要的两种非理想因素是非均匀性与图像噪声。产生红外图像非均匀性的因素大致可以分为两类：一类是器件自身的非均匀性，这部分非均匀性主要由器件材料与制造工艺决定；另一类是器件在工作状态时引入的非均匀性，这部分非均匀性主要与工作时温度的非均匀性以及红外探测单元与电荷耦合器件驱动信号的非均匀性有关。

红外图像非均匀性与制造工艺有关，校正效果更加依赖于工艺的改进，基于场景的校正算法目前还难以达到定标校正方法的效果，只能在一些要求不是很精确的场合使用，这里不做重点讨论。

下面讨论另外一种红外图像的非理想因素——图像噪声。红外图像噪声主要分为以下几种：

(1)背景噪声：能辐射红外线的自然辐射源(如空气和云，大气抖动)引起的噪声。该噪声与频率无关，是一种典型的白噪声。

(2)放大器噪声：由放大器内部自由电子的热运动形成的噪声，具有很宽的频谱，也是一种白噪声。

(3)探测器噪声：$1/f$ 噪声、产生-复合噪声和热噪声等。这类噪声也近似为白噪声。

由以上分析可知，红外焦平面成像除了非均匀性之外，其他噪声基本都符合高斯分布，这样就可以根据噪声性质对其进行抑制。一种理想的降噪算法应该能够在对图像原始信息损失尽量少的情况下，对噪声进行尽可能的抑制。一种典型的图像降噪方法对原始图像、加噪图像、降噪图像进行处理的效果对比如图 3-1 所示。

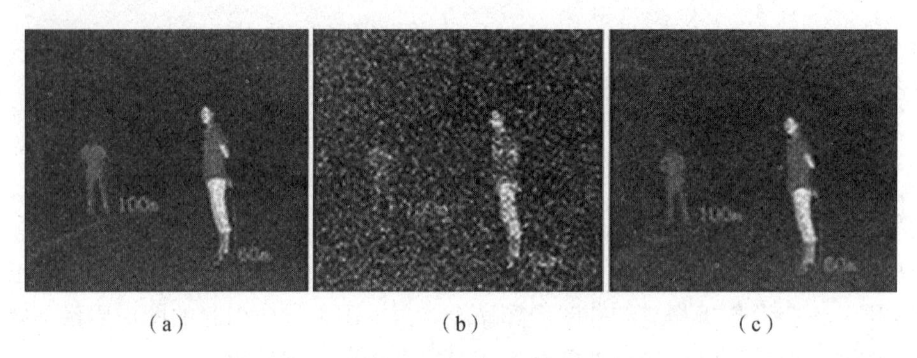

(a)　　(b)　　(c)

图 3-1　一种典型的图像降噪方法的效果对比

(a)原始图像；(b)加噪图像；(c)降噪图像

经典的红外图像噪声抑制的方法主要分为帧间降噪与帧内降噪两大类。

1. 帧间降噪

图像序列信号具有连贯性，相邻帧间的时域相关性大于空域图像的邻域相关性，且空域图像的降噪往往对图像自身的细节有一定的劣化影响。因此，为保护图像边缘，常常利用帧间滤波的方式对红外图像中具有的白噪声进行抑制。帧间滤波最简单的方式是帧平均滤波，但当图像出现运动时，帧平均往往会导致图像的模糊，或者出现重影拖尾现象。文献《一种基于运动估计的视频降噪算法》提出了基于运动轨迹进行帧平均的算法，即计算每一帧与上一帧的最佳匹配，这样在时域上获得物体的运动轨迹，沿着物体的运动轨迹进行帧间平均来降低噪声，能够在较好降低噪声的同时防止出现重影拖尾的现象。但由于该方法需要进行图像匹配的操作，计算复杂度高，难以实时实现。文献《一种基于时空联合的实时视频降噪算法》提出了基于运动检测的时域加权均值滤波方法，将图像分为若干子块，并对每一子块进行运动判定。若子块为运动子块，则不做时域滤波处理；对静止区域的子块，采用时域加权滤波来抑制噪声。该算法通过区分图像的运动区域与静止区域分别进行滤波处理，相对于一种基于运动估计的视频降噪算法，牺牲了部分降噪性能来避免复杂的图像匹配，大大降低了算法计算量，使其能够在满足实时性的前提下，有效抑制时域高斯白噪声，提高图像序列的信噪比，同时也能够避免重影拖尾的现象。

2. 帧内降噪

由于红外图像噪声强度大、种类多、信噪比低，帧间降噪也只能对时域噪声进行抑制，这就需要使用帧内降噪算法作为帧间时域降噪算法的补充。经典的算法有均值滤波、高斯滤波和中值滤波等经典空域滤波器。这些滤波器的特点是算法简单、易于实现，但对图像噪声进行抑制的性能并不够优秀，且可能带来图像模糊和细节丢失等现象。

为了避免这些降噪算法的副作用与局限性，有学者提出了基于动态滤波算子的方法，如双边滤波、各向异性扩散、非局部均值滤波和引导滤波等。这类方法能够根据滤波像素点的邻域信息，自适应地在图像的各个区域建立不同的滤波算子，从而在追求降噪性能的同时得到更好的边缘保持效果。

3.2.2　红外图像增强

图像增强是为了特定的某种应用目的，突出图像中的目标，并改善图像视觉质量，使图像更适合于人的视觉特性或机器识别系统的信息处理方法，其主要目的是使处理后的图

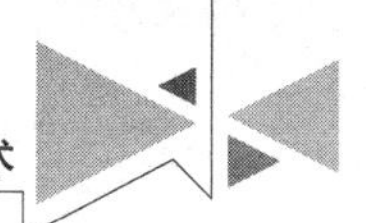

像对某种特定的应用来说，比原来图像更加适用。由于红外传感器本身固有的特性，红外图像普遍存在信噪比低、对比度较差和边缘模糊等缺点，再加上目标距传感器较远，形状、大小、纹理特性较差，目标检测比较困难，更加需要对红外图像进行增强处理。

图像增强方法可根据其处理空间的不同分为两大类：空域滤波增强方法和变换域增强方法。空域滤波增强方法是在图像的像素空间直接进行处理，以每个像素点为操作对象，通过改变像素灰度值来达到增强的目的，如对图像的直方图处理、灰度变换和空域滤波处理等。变换域增强方法是以图像在某种变换域(如傅里叶变换域、小波变换域)内为基础的处理，通过对变换域中参数的修改来实现对某一特征的增强效果，最终经反变换得到处理后的图像。随着红外成像的广泛应用，广大学者也对红外图像的增强技术开展了大量的研究工作。

这里利用局部均衡算法对 ASL 数据集中 FLIR 的红外图像数据库中的图像 Sempach-5 进行了增强，效果对比如图 3-2 所示。

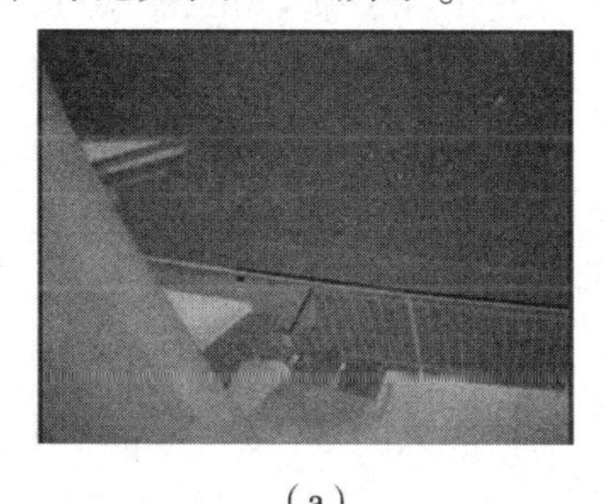

(a)

(b)

图 3-2　一种典型的图像对比度增强方法的效果对比

(a)原始图像；(b)对比度增强图像

近年来，全球红外热成像仪设计、制造及销售领域的代表厂家，美国 FLIR 公司提出了红外图像细节增强技术(Digital Detail Enhancement，DDE)。该方法能够在有效压缩红外图像动态范围的同时，很好地保留场景中弱小目标的细节信息，提高人眼对图像内容的观测能力以及对关键信息的获取能力，是一种较为优秀的图像增强方法。一种 DDE 算法的实现效果对比如图 3-3 所示。

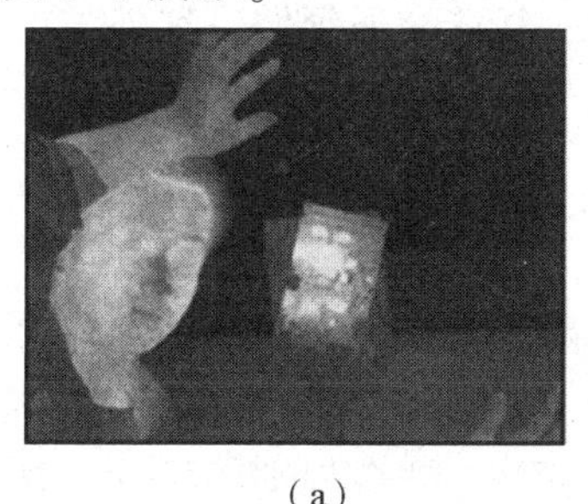

(a)

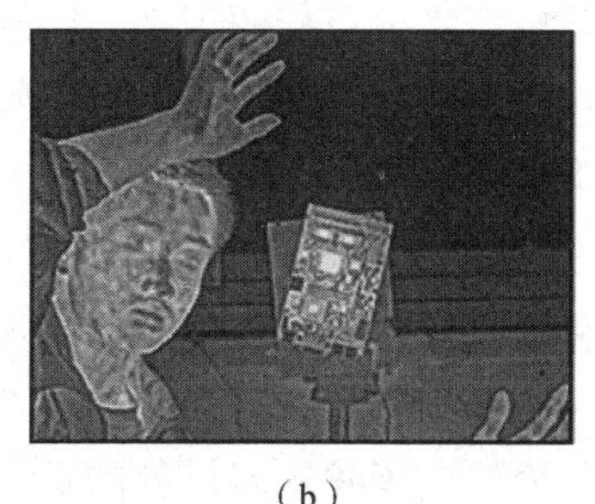

(b)

图 3-3　一种 DDE 算法实现效果对比

(a)原始图像；(b)DDE 算法处理后的图像

1. 空域滤波增强

空域滤波主要包括线性滤波和非线性滤波两种。线性滤波的优点是计算复杂度低，但容易造成细节边缘模糊；非线性滤波能够较好地保持图像边缘，高效去除信号中的噪声。图像处理中常用的空域滤波器主要有均值滤波器、高斯滤波器、中值滤波器、形态学滤波器和多项式滤波器等。空域滤波器能够实现图像的平滑与锐化，是常用的红外图像处理算法。由于其实现简单，且性能能够满足基本的图像处理要求，在实际场合中常常通过选择合适的空域滤波器，在对应的场合下得到较好的增强效果。

2. 变换域增强

基于傅里叶变换的频域增强方法的主要思想都是利用二维离散傅里叶变换将图像从空间域变换至频域，对频域参数进行修改来对图像中某些频率的信息进行增强或者抑制，之后再通过反变换得到增强后的图像。但如果仅简单地对图像高频部分进行提升或是对低频部分进行抑制，会出现“振铃”的现象，影响图像的主观效果。基于小波变换的图像增强算法的基本原理与傅里叶变换增强类似：利用小波变换在变换域内设定不同的变换尺度，从而分离源图像中相异分辨率的图像特征，将各种图像特征转变为对应的小波分量，再使用适当的变换函数对各个分量进行变换处理，以增强相异分辨率的图像特征。小波变换的基是各向同性的，适合表示点奇异的信号。然而面对各向异性的线奇异或者面奇异高维信号，如图像的边界以及线状特征等，小波变换不能最优地表示，从而会影响增强效果，且这类算法的执行效率不高，实时实现也相对困难，工程上用得并不多。

3.2.3 红外图像融合

在图像处理领域中，单一传感器获取的图像通常只具备某一方面的信息，已无法满足市场需求，因此图像融合技术应运而生。红外图像主要依靠物体自身的热辐射进行成像，突出背景中隐藏的热目标，其不受光照条件、天气的影响，但对比度较低，纹理细节不丰富。可见光图像通过反射可见光进行成像，纹理细节和对比度更适合人类的视觉感知，但可见光图像在烟雾、夜间等条件下的成像效果差。基于此，两者融合后能够获得一幅既有可见光图像边缘、细节信息，又有红外热辐射目标信息的互补融合图像。随着目标检测与识别、军事监视等应用需求的不断提高，红外与可见光图像的融合技术成为该领域研究的热点方向。安防领域，红外与可见光融合图像可准确识别黑暗环境、化妆打扮、佩戴眼镜等条件下的人脸，为商业应用、公安执法等提供便利需求；军事领域，红外与可见光融合图像可实现恶劣环境下隐藏目标的识别与跟踪；智能交通领域，红外与可见光融合图像应用于行人检测、车辆识别与车距检测、道路障碍物分类；农业生产领域，红外与可见光融合图像可应用于水果的成熟度检测等。

1. 基于多尺度变换的融合方法

通过分辨率分解方法，基于变换域的图像融合方法可获取一系列包含不同层次的子图像，以保留更多的图像细节信息。多尺度变换是应用最为广泛的基于变换域的融合方法，其融合方法主要分为两个步骤：多尺度的正逆变换；融合规则的设计。基于多尺度变换的融合方法有金字塔变换方法和小波变换方法两种，具体介绍如下。

1)金字塔变换方法

金字塔变换将图像分解成不同尺度且呈金字塔状的子带图像进行融合。拉普拉斯金字塔(Laplacian Pyramid，LP)变换是最早提出的基于金字塔变换的融合方法，基于 LP 变换的成功应用，比率低通金字塔、对比度金字塔(Contrast Pyramid，CP)、形态学金字塔和可控金字塔等融合方法相继被提出。LP 变换基于高斯金字塔获取的一系列差值图像虽然凸显了高频子带图像的细节特征信息，但存在图像对比度低、信息冗余等问题。基于彩色参考图像的假彩色融合以及具备优越边缘表达能力的模糊逻辑可改善 LP 变换的不足，增强图像融合效果。此外，具备人眼视觉系统图像感知特性的 CP 变换，可弥补 LP 变换图像对比度低的缺陷。但 CP 变换不具备方向不变性，可结合方向滤波器予以解决。CP 变换的改进还可从图像融合规则入手，如基于改进区域能量的对比度金字塔算法。

2）小波变换方法

小波变换的概念最早由 Grossman 和 Morlet 于 1984 年提出，之后 Mallat 根据信号分解和重建的塔式算法建立了基于小波变换的多分辨率分解理论。小波变换具体包括离散小波变换（Discrete Wavelet Transform，DWT）、双树离散小波变换（Dual Tree Discrete Wavelet Transform，DTDWT）、提升小波变换、四元数小波变换和谱图小波变换等。DWT 通过滤波器组合实现源图像的多尺度分解，各尺度间独立性高，纹理边缘信息保留度高。但 DWT 存在一些缺陷，具体包括振荡、移位误差、混叠以及缺乏方向选择性等。DTDWT 利用可分离的滤波器组合对图像进行分解，解决了 DWT 缺乏方向性的问题，且具有冗余信息少、计算效率高的优势。但作为第一代小波变换，DTDWT 不适用于非欧氏空间。提升小波变换是构造第二代小波变换的理想方法，可完全视为空间域的变换，其具有自适应设计强、可不规则采样等优点，融合视觉效果较好。

与金字塔变换相比，小波变换不会产生图像块效应，具有高信噪比。此外，小波变换还具有完备的图像重构能力，降低了图像分解过程中的信息冗余。然而，其表达的是源图像中部分方向信息，仍会造成图像细节信息的丢失。

2. 基于稀疏表示的融合方法

稀疏表示与传统多尺度变换的图像融合方法相比有两大区别：一是多尺度融合方法一般都是基于预先设定的基函数进行图像融合，这样容易忽略源图像某些重要特征；基于稀疏表示的融合方法是通过学习超完备字典来进行图像融合，该字典蕴涵丰富的基原子，有利于图像更好地表达和提取。二是基于多尺度变换的融合方法是利用多尺度的方式将图像分解为多层图像，再进行图像间的融合，因此分解层数的选择就尤为关键，一般情况下，为从源图像获取丰富的空间信息，设计者都会设置一个相对较大的分解层数，但随着分解层数的增加，图像融合对噪声和配准的要求也越来越严格；基于稀疏表示的融合方法则是利用滑窗技术将图像分割成多个重叠小块并将其向量化，可减少图像伪影现象，提高抗误配准的鲁棒性。

基于稀疏表示的图像融合方法虽然能够改善多尺度变换中特征信息不足和配准要求高的问题，但其自身仍存在一些不足，主要体现在：①超完备字典的信号表示能力有限，容易造成图像纹理细节信息的丢失；②Max-L1 融合规则对随机噪声敏感，这会降低融合图像信噪比；③滑窗技术分割出的重叠小块，降低了算法的运行效率。

3. 其他方法

红外与可见光图像还可使用基于子空间的融合方法，如主成分分析法、鲁棒主成分分析法、独立成分分析法、NMF 等。一般而言，大部分源图像都存在冗余信息，基于子空间的融合方法，通过将高维的源图像数据投影至低维空间或子空间中，以较少的计算成本，获得图像的内部结构。混合模型通过结合各方法的优点以提高图像融合的性能，常见的混合模型有多尺度变换与显著性检测、多尺度变换与 SR、多尺度变换与 PCNN 结合等。多尺度变换与显著性检测相结合的图像融合方法，一般是将显著性检测融入多尺度变换的融合框架中，以增强感兴趣区域的图像信息。显著性检测的应用方式主要有两种，即权重计算和显著目标提取。权重计算是在高低频子带图像中获得显著性图，并计算出对应权重图，最终将其应用于图像重构部分。目标检测与识别等监视应用中常会采用显著目标提取，较有代表性的是 Zhang 等人在 NSST 融合框架的基础上，利用显著性分析提取红外图像的目标信息。

3.3 红外目标检测

目标检测与识别在军事上对于战场监视和侦察具有重要作用，是现代高科技战争中赢得战争胜利的关键因素之一。目前各国对目标检测与识别的研究都十分重视。

红外目标检测技术主要利用背景和目标之间的红外辐射差异来进行目标识别，它的载体为红外目标检测系统。该系统的主要组成部分有扫描与伺服控制器、信息处理器、光学系统、红外探测器、信息输出的接口、中心计算机、显示装置等。它的工作过程：首先由红外探测器接收目标和背景的红外辐射信号；然后由信号处理器将接收的信号转换为电信号，并将其校正、放大并转换；随后利用目标检测算法提取目标；最后在显示设备上实时显示检测到的目标及状态。

衡量红外目标检测算法性能主要体现在对红外弱小目标的检测能力上。以红外检测系统为例，当待检测的目标距离检测器很远时，目标的光谱能量经过大气传输，在大气扰动、光学散射和衍射等影响下，检测器靶面接收目标信号的光谱辐照度很小，导致目标的信噪比很低。此外，由于目标距离检测器很远，因此目标在检测器靶面上的成像面积也很小，远距离目标的检测非常困难。

随着时代的发展，弱小目标检测的需求已从红外波段扩展到几乎整个波段，其应用也越来越广泛。在军事领域，弱小目标检测技术在预警系统、精确打击武器和防空系统等领域中发挥重要作用。在民用领域，这项技术的应用领域有科学成像、安全警戒、刑侦、森林防火和消防、交通管理、医学成像、遥感、机器人、自动驾驶、航天、搜索或跟踪天空中的流星和卫星以及其他运动目标、城市红外污染分析、海面人员搜救和卫星大气红外云图分析等。

3.3.1 红外目标成像的数学模型

随着精确制导武器的不断发展，远程精确打击技术逐渐成为影响战争进程的主导因素，防空预警系统越来越受到各国军工部门的重视。在防空预警系统中，红外成像技术凭借隐蔽性强、探测距离远、全天候、抗电磁干扰以及机动性强等优势占据重要地位。但在实际应用场景中，由于探测距离远，红外图像中的目标通常存在尺寸小、亮度弱、缺乏结构和纹理信息等问题，且成像会受到大气衰减、恶劣天气和噪声等影响，因此红外小目标极易淹没在复杂背景杂波中。如图 3-4 所示，图(a)和图(c)为两幅实际红外图像中的弱小目标。为清晰显示，放大这两幅图像中弱小目标的局部区域，然后调节其对比度，最后将其分别标注于图像的右上角。图(b)和图(d)分别为这两幅图像中弱小目标的三维强度分布。通过观察可知，图中弱小目标的形状为中心对称、向四周辐射的形状，与二维高斯函数非常相似。

使用二维高斯函数对弱小目标进行建模，模型如下

$$f_{\mathrm{T}}(r)=f_{\mathrm{T0}}(x,\ y)=\lambda\exp\left\{-\frac{1}{2}\left[\left(\frac{x}{\sigma_x}\right)^2+\left(\frac{y}{\sigma_y}\right)^2\right]\right\} \tag{3-1}$$

式中，σ_x 和 σ_y 为横向和纵向的尺度参数；λ 为目标的灰度幅值；$f_T(r)$ 为该弱小目标的空间分布灰度函数。

根据 SPIE 的定义，成像尺寸小于 81 个像素(即 256×256 的 0.12%)的目标为弱小目标。基于上述弱小目标数学模型就可以对弱小目标检测算法进行理论分析。

红外弱小目标检测算法可以分为两类：第一类是基于单帧图像的跟踪前检测算法(Detect Before Track，DBT)；第二类是基于序列图像的检测前跟踪算法(Track Before Detect，TBD)。

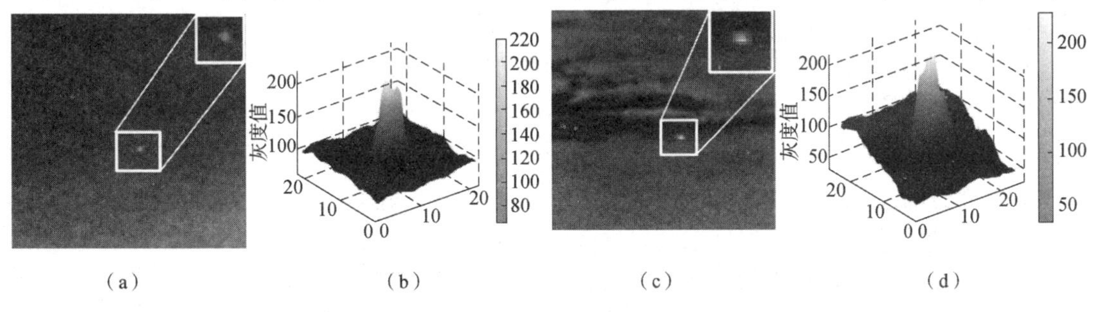

图 3-4 实际红外图像中的弱小目标及其三维强度分布

(a)，(c)图像中弱小目标的局部放大；(b)，(d)图像中弱小目标的高斯建模

3.3.2 红外目标的跟踪前检测算法

跟踪前检测算法的基本思想：首先对序列图像中的每幅图像都进行预处理、分割，获得众多疑似目标；然后根据目标运动规律的先验知识和灰度分布形式对目标进行确认。此算法逻辑清晰，实现简单。但是，当目标的信噪比较低时，分割出的疑似目标中很可能不包含真实目标，导致算法失效。因此，这类算法只有在目标信噪比较高的条件下有效(SNR>10 dB)。

复杂背景的低频部分为缓慢变化的背景，而高频部分为弱小目标、随机噪声以及景象边缘等信号。DBT 方法首先对图像进行预处理，目的是抑制平缓变化的背景，然后利用人工设定的阈值分割图像，获取众多疑似目标，最后在序列图像上进行目标确认。

目前对单帧图像的处理算法很多，一般可以分为两大类：一类是空域滤波方法；另一类是频域滤波方法。这两类算法的不同之处在于：前者是在空域上对图像进行处理，后者是在频域上对图像进行处理；这两类算法的相同之处在于：从本质上来说，它们都是通过高通滤波抑制平缓变化的背景。

1. 空域滤波方法

空域滤波方法首先通过背景预测的方式对图像的背景信号进行估计，然后利用估计的背景与原始图像进行差分运算，最后对差分图像进行阈值分割，并检测弱小目标。其中，背景估计的过程为对图像上每个像素点取局部区域，综合利用此局部区域上的灰度信息，估计该像素点的背景强度值，遍历图像上每个像素点获得背景预测图。传统的空域滤波方法有高通模板滤波方法、中值滤波方法、基于形态学的方法等。

1)高通模板滤波方法

高通模板滤波方法是一种背景估计的方法。这种方法通过高通模板对原始图像做卷积运算，在理论上等价于对图像在频域上进行高通滤波，该方法相比频域滤波的优势在于运算速度较快、实时性较好。滤波模板的设计方式为中间值大于0，周围值小于0。易知，利用这种模板对图像进行处理，图像上孤立的噪声点和实际目标点受到的影响很小，而平缓变化的背景受到的抑制效果非常明显。可见，处理的效果可达到抑制背景并且保留目标的目的。

2)中值滤波方法

中值滤波方法是一种经典的图像非线性空域滤波方法。这种滤波方法同样可以将复杂背景中的目标信号去除，对图像中平缓变化的背景进行预测。具体做法为首先对图像上每个像素点取一个矩形邻域，然后对每个像素点的灰度值都进行排序，取中间值为该像素点的预测值。以此方法遍历整幅图像，获得背景预测图像。将预测图像与原始图像进行差分，在差分图像上进行弱小目标检测。这种滤波方法处理简单，较易实现，但是这种方法受模板尺度影响较大。

2. 频域滤波方法

以上介绍的基于空间域的背景抑制方法实时性较好，已经被广泛应用于工程实践中。但是随着时代的进步、计算机技术的发展和算法执行效率的提高，基于频域滤波算法的实时性也可以保证，于是基于频域滤波的方法也逐渐开始应用于工程实践中。这类方法的具体过程为首先通过傅里叶变换将图像变换到频域上，然后对其进行高通滤波，最后进行逆傅里叶变换得到结果图像。这种方法可抑制缓慢变化的背景，同时保留弱小目标、随机噪声和景象边缘。

1)经典频域高通滤波器

介绍3种经典频域高通滤波器，它们是理想高通滤波器、Butterworth 高通滤波器和高斯高通滤波器。理想高通滤波器为阶跃滤波器。Butterworth 高通滤波器的滤波效果介于理想高通滤波器与高斯高通滤波器之间。

图3-5显示了这3种经典频域高通滤波器，其中图(a)、图(d)为理想高通滤波器，图(b)、图(e)为 Butterworth 高通滤波器(二阶)，图(c)、图(f)为高斯高通滤波器。图(a)、图(b)、图(c)为这些滤波器的一维变化曲线(从频谱中心出发到频谱边缘的频谱幅值变化曲线)，图(d)、图(e)、图(f)为这些滤波器的频谱幅值函数的三维显示。

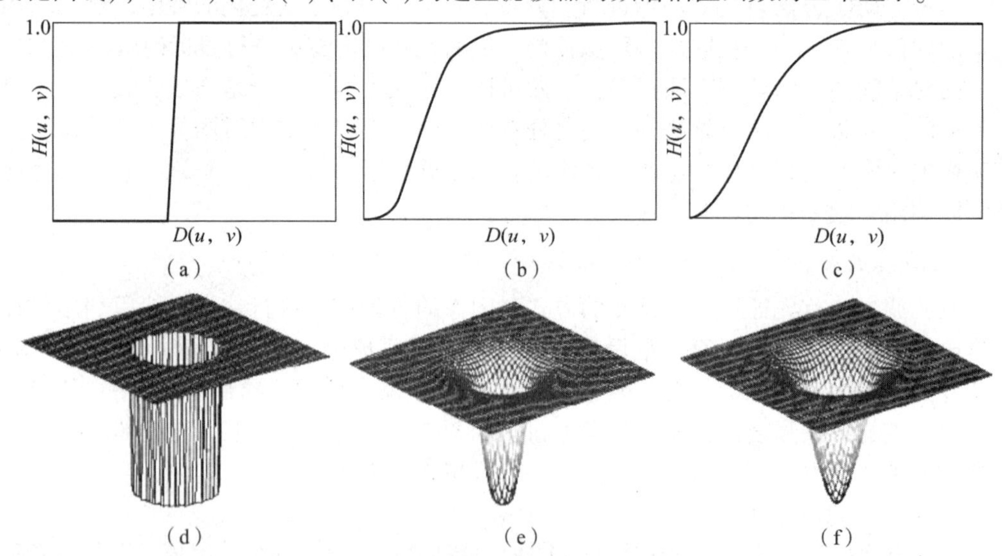

图3-5　3种经典频域高通滤波器

(a)，(d)理想高通滤波器；(b)，(e)Butterworth 高通滤波器(二阶)；(c)，(f)高斯高通滤波器

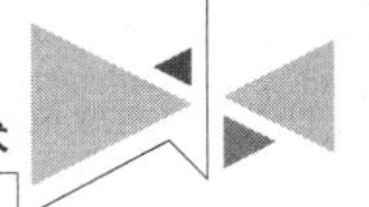

虽然理想高通滤波器滤波效果最好，但是存在明显的“振铃”效应，滤波后弱小目标附近出现大量虚警点，对弱小目标检测干扰很大。高斯高通滤波器虽然滤波效果不如理想高通滤波器，但是“振铃”效应微弱，对目标检测影响较小。Butterworth 高通滤波器可以在这两者之间取得一个平衡，既保证滤波效果良好，同时“振铃”效应又可以接受。实验结果表明，二阶 Butterworth 高通滤波器效果最好，可以用于背景预测。

2) 小波滤波器

由小波变换的性质可知，高斯白噪声的小波变换后在频谱上依然是高斯分布的噪声，而目标信号仅仅分布于频谱的某些频带上。因此，可以通过构造特定的小波变换提取仅含有弱小目标及噪声的图像。这种方法不仅可以凸显图像上的感兴趣特征，而且可以抑制噪声，进而提高图像上目标的信噪比。

1998 年，Boccignone 等人最早将小波变换应用于弱小目标检测。他们利用不同小波分解下的 Renyi 信息熵，对弱小目标进行检测。李秋华等人提出一种基于多尺度特征融合的弱小目标检测方法，首先提取目标在子带图像上的多个特征，然后进行信息融合获取目标检测置信度图，最后在此图上进行目标检测。温佩芝等人提出一种基于小波变换的复杂海面背景红外小目标检测方法，首先对图像进行基于正交小波的多尺度分解，提取各种空间分辨率和各个方向的子图像，然后利用低频部分确定海天线，垂直和水平方向的高频信号确定目标区域。荣健等人提出一种基于小波变换和支持向量回归的红外弱小目标检测方法，首先利用小波变换抑制背景杂波，然后利用基于支持向量回归的自适应滤波器对高频小波系数进行处理，提高目标的信噪比，最后基于序列图像中目标的轨迹信息进行处理，以进一步提高检测性能。王文龙等人提出一种基于 Donoho 的小波变换方法，采用新的阈值求取方法对目标进行检测。

3.3.3 红外目标的检测前跟踪算法

检测前跟踪算法的基本思想：首先根据目标运动规律的先验知识对序列图像进行搜索，然后根据判定准则获取疑似目标运动轨迹，最后根据新输入的序列图像进行真实目标运动轨迹确认。这类方法对目标信噪比的要求不高，在搜索目标轨迹时，一旦搜索到正确的目标轨迹，就有可能检测到目标。

1. *管道滤波方法*

管道滤波方法是一种时空域滤波算法。该方法认为目标在图像上进行连续运动。首先定义三维时空域空间 $O-xyt$，如图 3-6 所示，然后对首帧图像进行检测，得到一些候选目标点。创建几条固定半径的管道，管道的初始位置为候选目标点位置，管道的半径(圆形管道)为目标邻域大小，管道的长度代表图像帧数。随后在管道中进行目标出现次数的检测，若目标出现次数大于设定的阈值，就认为管道中存在目标。

当检测过程中目标在图像上移动的距离很长时，就需要使用移动管道滤波的方式进行检测，具体方法：每输入一帧图像，就在管道内检测目标，当管道内检测不到目标时，沿用上一帧图像的目标位置。当检测到目标时，若目标的位置不变，管道的位置也不变；若目标的位置发生变化，位置变化权值加一，管道的位置不变，于是获得位置变化权值，当此权值超过设定的阈值时，相应地改变管道的位置。

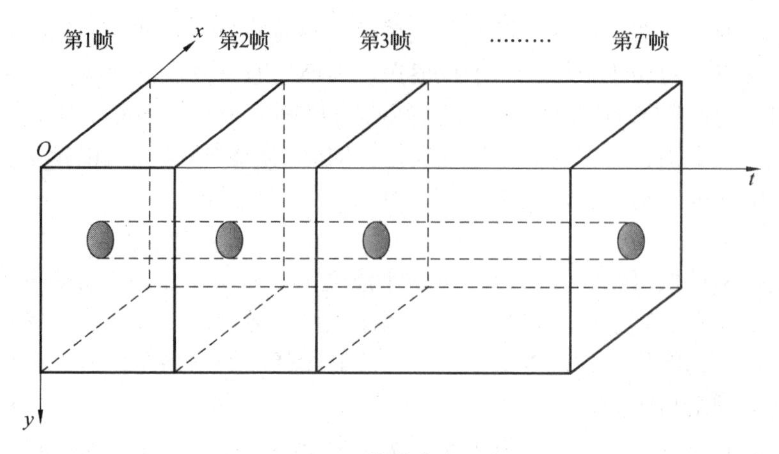

图 3-6　管道滤波示意

2. 贝叶斯估计及粒子滤波方法

1999 年，Stone 等人首次提出基于贝叶斯估计的弱小目标检测算法。这种算法的核心思想是利用最新输入的观测量和先验信息估计目标的状态量。由于这种处理方式为输入一帧图像处理一帧图像，所以计算量很小，在工程实践上很容易实现。然而，最优贝叶斯估计的解析解只存在于理论上。在实际条件下，很难推导出其解析表达式。在线性模型、加性噪声和状态量的分布符合高斯分布的条件下，贝叶斯估计的最小均方差解即为卡尔曼滤波。对于实际的系统，一般都无法得到解析解，只能得到近似解。在这种情况下，可以采用扩展卡尔曼滤波(Extended Kalman Filter，EKF)进行解算。该方法在自变量小范围定义域上将非线性函数进行泰勒展开，然后取一阶近似项，最后采用高斯概率函数对后验概率进行估计。但是这种方法的精度比较差，算法结果有可能发散。

3. 高阶相关方法

1993 年，Liou 等人提出一种基于高阶相关的算法以检测弱小目标。该算法利用目标航迹的连续性，在序列图像上计算其高阶相关响应图，然后在响应图上检测目标。当响应图上某点的能量超过一定阈值时，判断其为目标。

具体方法：输入一批序列图像，对第一帧图像进行阈值分割，在该图上检测到众多疑似目标点。然后取其中一个疑似目标点并以该点为中心在其邻域检测下一帧图像上的目标。若下一帧图像上依然可以检测到目标，就保留该点；若没有检测到目标，则舍弃该点。以此类推，遍历这些疑似目标点，获得待检测结果。在该图上进行阈值分割以检测目标，分割阈值由人工设置。他们还提出一种基于神经网络的高阶相关算法，对目标运动特征添加很多约束，不仅可以提高算法对背景的抑制能力，而且可以提高算法的计算效率。

3.4　红外目标跟踪

3.4.1　基于粒子滤波的红外目标检测

1. 基于贝叶斯滤波的目标跟踪

目标跟踪的目的就是在连续的图像帧中，确定目标在每一帧中的运动参数，包括位

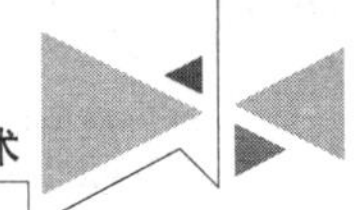

置、速度和加速度等。从概率跟踪的角度，目标跟踪问题可以转换为在贝叶斯理论框架下，已知目标状态的先验概率，在获得新的观测后，不断求解目标状态的最大后验概率的过程。事实上，该过程是一个基于离散非线性动态系统的系列概率推理问题，通常利用动态状态空间模型(Dynamic State Space Model，DSSM)来描述该系统，采用状态空间法来解决该推理问题，实现目标跟踪。

DSSM用系统方程来描述状态随时间演变的过程，并用观测方程来描述与状态有关的噪声变量，可以用两个一般性的数字方程来描述动态系统，即

$$\boldsymbol{x}_{k+1}=f(\boldsymbol{x}_k,\ v_k)\text{（状态方程）} \tag{3-2}$$

$$z_{k+1}=h(\boldsymbol{x}_k,\ w_k)\text{（观测方程）} \tag{3-3}$$

式中，$\boldsymbol{x}_k$为k时刻的状态向量；v_k为状态噪声；z_k为观测向量；w_k为观测噪声；$f(\cdot)$和$h(\cdot)$为有界非线性映射函数。

对于红外序列图像中的目标跟踪问题而言，系统状态变量表示红外目标的各种参数，包括位置、速度、大小和姿态等，系统观测则表示从图像中提取的各种特征，包括灰度、纹理和轮廓等。确定DSSM之后，跟踪问题则转化为从初始时刻到k时刻的所有观测数据$z_{1:k}=\{z_1,\ z_2,\ \cdots,\ z_k\}$中推理出$k$时刻的状态$\boldsymbol{x}_k$。值得指出的是，由于后验概率密度$p(\boldsymbol{x}_k \mid z_{1:k})$构成了序列概率推理问题的所有解，通过$p(\boldsymbol{x}_k \mid z_{1:k})$可以计算出状态的任意估计。因此，问题归结于如何通过观测量迭代求出后验概率密度$p(\boldsymbol{x}_k \mid z_{1:k})$。

贝叶斯滤波理论基于上述动态状态空间模型的递推结构，提供了基于概率分布形式的估计方法，其实质是试图用所有已知信息来构造系统状态变量的后验概率密度，即用系统状态转移模型预测状态的先验概率密度，然后使用最近的观测值进行修正，得到后验概率密度。这样，通过观测数据$z_{1:k}$来递推计算状态$\boldsymbol{x}_k$取不同值时的置信度和后验概率密度，由此获得状态的最优估计，其基本步骤分为预测和更新两步。

假设已知概率密度的初始值$p(\boldsymbol{x}_0 \mid z_0)=p(\boldsymbol{x}_0)$，并定义$\boldsymbol{x}_k$为系统状态，$z_k$为系统观测，则递推过程通过如下两步骤完成。

(1)预测。在未获得k时刻的观测值时，根据系统的状态转移模型，由$k-1$时刻的后验概率$p(\boldsymbol{x}_{k-1} \mid z_{1:k-1})$得到$k$时刻的先验概率$p(\boldsymbol{x}_k \mid z_{1:k-1})$。

假设在$k-1$时刻，已知后验概率$p(\boldsymbol{x}_{k-1} \mid z_{1:k-1})$和系统状态转移概率$p(\boldsymbol{x}_k \mid \boldsymbol{x}_{k-1})$，对于一阶马尔可夫过程，根据Chapman-Kolmogorov方程，得

$$p(\boldsymbol{x}_k \mid z_{1:k-1})=\int p(\boldsymbol{x}_k \mid \boldsymbol{x}_{k-1})p(\boldsymbol{x}_{k-1} \mid z_{1:k-1})\mathrm{d}\boldsymbol{x}_{k-1} \tag{3-4}$$

即得到k时刻的先验概率。

(2)更新。在获得k时刻的观测值z_k后，求得后验概率$p(\boldsymbol{x}_k \mid z_{1:k})$

$$p(\boldsymbol{x}_k \mid z_{1:k})=\frac{p(z_k \mid \boldsymbol{x}_k)p(\boldsymbol{x}_k \mid z_{1:k-1})}{p(z_k \mid z_{1:k-1})} \tag{3-5}$$

式中，$p(z_k \mid \boldsymbol{x}_k)$为似然性，代表着系统状态由$\boldsymbol{x}_{k-1}$转移到$\boldsymbol{x}_k$后观测值的相似程度；$p(\boldsymbol{x}_k \mid z_{1:k-1})$为预测过程所求得的先验概率，$p(z_k \mid z_{1:k-1})$称为证据，一般为归一化常数。

2. 粒子滤波方法

1)蒙特卡罗方法

蒙特卡罗方法又称为随机模拟方法，其基本思想是用随机样本近似积分。具体来说，就是首先建立概率模型，使其参数等于所要解决问题的解，通过对模型的观察来计算所求

参数的统计特征，最后给出所求解的近似值。

假设从后验概率密度 $p(\boldsymbol{x}_{0:k} \mid z_{1:k})$ 采样得到 N 个样本，则后验概率密度可通过下式近似表示：

$$\hat{p}(\boldsymbol{x}_{0:k} \mid z_{1:k}) \approx \frac{1}{N}\sum_{i=1}^{N}\delta(\boldsymbol{x}_{0:k} - \boldsymbol{x}_{0:k}^{i}) \tag{3-6}$$

式中，$\boldsymbol{x}_{0:k}^{i}$ 表示从后验概率分布中采样所得粒子(样本)；δ 为 Dirac Delta 函数。

由上式，函数 $f(\boldsymbol{x}_{0:k})$ 的条件期望为

$$E[f(\boldsymbol{x}_{0:k})] = \int f(\boldsymbol{x}_{0:k})p(\boldsymbol{x}_{0:k} \mid z_{1:k})\mathrm{d}\boldsymbol{x}_{0:k} \tag{3-7}$$

其可近似表示为

$$\hat{E}[f(\boldsymbol{x}_{0:k})] \approx \frac{1}{N}\sum_{i=1}^{N}\int f(\boldsymbol{x}_{0:k})\delta(\boldsymbol{x}_{0:k} - \boldsymbol{x}_{0:k}^{i})\mathrm{d}\boldsymbol{x}_{0:k} \approx \frac{1}{N}\sum_{i=1}^{N}f(\boldsymbol{x}_{0:k}^{i}) \tag{3-8}$$

根据大数定律，当粒子数 N 趋于无穷时，近似期望收敛于真实期望，即

$$\lim_{N\to\infty}\hat{E}[f(\boldsymbol{x}_{0:k})] = E[f(\boldsymbol{x}_{0:k})] \tag{3-9}$$

2)序贯重要性采样

序贯重要性采样(Sequential Importance Sampling，SIS)算法是一种通过蒙特卡罗模拟来实现递推贝叶斯滤波的技术，是粒子滤波的基础。其核心思想是利用随机样本的加权和表示所需的后验概率密度，进而得到状态的估计值。从前一部分可知，后验概率密度可以由来自该密度的独立同分布粒子近似，粒子数越多，近似的后验密度就越逼近真实后验密度。但实际上，往往不可能直接从后验密度采样粒子。

3)重采样

SIS 算法有一个致命的缺陷，经过若干次迭代递推后，除了少数粒子具有较大权值外，其余粒子的权值可忽略不计，从而使大量计算浪费在几乎不起任何作用的小权值粒子上，甚至最后只剩下一个权值很大的有效粒子，而其他粒子的权值几乎为 0，这称为粒子退化问题(Degeneracy Problem)。当退化现象发生时，粒子集不能有效地表示后验概率密度。解决退化问题可以采用重采样策略。重采样的核心思想是保留或复制权值较大的粒子，剔除权值小的粒子。经过重采样步骤后，许多粒子繁殖了多次，而有些粒子被淘汰，这样就减小了粒子的多样性，对于表示后验概率密度很不利，应设立一个准则决定是否实施重采样。

3. 基于粒子群优化的辅助粒子滤波追踪方法

对于红外小目标追踪问题，当摄像机发生抖动或是目标进行机动时所表现出来的就是目标在场景中的快速移动，反映在图像中就是目标在单位时间内移动较大的范围。粒子滤波要处理这种快速变化，必须使用大量且具有多样性的粒子，才能实现对运动目标的有效跟踪，但这大大增加了计算负担，且由于粒子滤波本身的退化问题，必然导致跟踪算法性能大大降低。因此，提出了一种基于粒子群优化(Partilce Swarm Optimization，PSO)的辅助粒子滤波算法。该算法首先采用辅助粒子滤波采样粒子，然后利用粒子群优化移动粒子到后验概率密度模式处，解决了粒子滤波采样时由没有利用观测值造成粒子不能完全覆盖在目标位置附近的问题，同时大大降低了计算量，实现了红外小目标的有效准确跟踪。

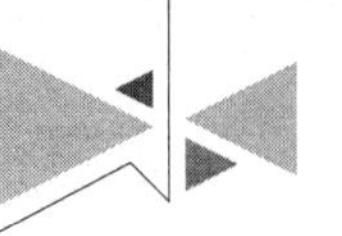

1)辅助粒子滤波

采样重要性重采样(Sampling Importance Resampling，SIR)算法虽然简单易求，但是由于其仅仅从粒子运动和历史时刻的状态中随机采样，而没有考虑当前状态，因而可能会使大量的低权值粒子丢失，最终导致更高的蒙特卡罗方差，使滤波性能更差。辅助粒子滤波(Auxiliary Particle Filter，APF)可以有效提高其性能，以SIS为基础，通过引入一个重要性密度函数，考虑粒子的一步预测似然，结合最新观测值，利用一步预测似然大的粒子来进行状态转移。

2)粒子群优化

粒子群优化算法是Kennedy和Eberhart等人于1995年提出的一类模拟群体智能行为的优化算法。粒子群优化算法可表示为：随机初始化一个粒子数量为m粒子群，其中第i个粒子在n维空间的位置表示为$X_i=(x_{i1},\ x_{i2},\ \cdots,\ x_{in})$，速度为$V_i=(v_{i1},\ v_{i2},\ \cdots,\ v_{in})$。在每一次迭代过程中，粒子通过两个极值来更新自身的位置和速度。一个是粒子本身从开始到当前迭代次数搜索产生的最优解，称为个体极值$P_i=(p_{i1},\ p_{i2},\ \cdots,\ p_{in})$。另一个是种群目前的最优解，称为全局极值$G_i=(g_1,\ g_2,\ \cdots,\ g_n)$。在找到这两个最优值后，每个粒子根据下式来更新其速度和位置

$$V_i = w \cdot V_i + c_1 \cdot \mathrm{Rand}() \cdot (P_i - X_i) + c_2 \cdot \mathrm{Rand}() \cdot (G_i - X_i) \tag{3-10}$$

$$X = X_i + V_i \tag{3-11}$$

式中，Rand产生(0，1)之间的随机数；w为惯性系数；c_1和c_2称为学习因子。

通常，w较大，则算法具有较强的全局搜索性能；w较小，则算法具有较强的局部搜索性能。

将粒子群优化算法嵌入粒子滤波方法中，进行采样优化。通过优化，使粒子集在权重值更新前，更加趋向于高似然区域，从而使粒子匮乏问题得到一定程度的解决。同时，优化过程使远离真实状态的粒子移动到高概率区域，提高了粒子的作用效果，因此大大减少了进行精确估计所需的粒子数量。

3)跟踪算法

在红外目标跟踪中，状态转移模型刻画了红外目标在两帧之间的运动特性，然而精确的状态转移模型往往是难以建立的。在粒子滤波中，由于粒子随机样本的多假设性，使基于粒子滤波的红外目标跟踪算法不能很好地构建精确的状态转移模型。一般常用的简单状态转移模型有一阶或二阶自回归模型。当目标只有平移运动时可采用一阶模型，而当目标运动具有加速度时采用二阶模型。根据红外小目标的运动特性，系统状态转移采用二阶自回归模型，即

$$x_{t+1} = 2x_t - x_{t-1} + bu_t \tag{3-12}$$

式中，b为常数；红外目标的状态定义为$x_t=\{x,\ y,\ \dot{x},\ \dot{y}\}$，$(x,\ y)$表示红外目标的中心，$(\dot{x},\ \dot{y})$表示红外目标的运动速度。

观测模型是使用观测量对系统状态转移的结果进行验证，实际上是相似性量度的过程。每个粒子都代表目标状态的一个可能性，系统观测的目的就是使接近真实状态的粒子的权值最大，而与实际情况相差较大的粒子获得的权值变小。观测量，最直观的是指当前时刻获得的图像，可以是灰度图像，也可以是经过处理后从图像中提取的各种特征量，如颜色、轮廓这种底层特征，也可以是纹理、形状等具有语义性质的特征。由于红外图像是

灰度图像，一般只有灰度信息，因此选择灰度分布描述红外目标。通过比较目标样本与目标模板的灰度分布，建立系统观测模型。同时，目标的灰度分布描述是一种比较稳健的目标描述策略，能有效减小目标部分遮挡、旋转和变形对跟踪算法的影响。

3.4.2 基于均值漂移的红外目标跟踪

随着导弹与目标距离的减小，目标在场景中成像越来越大，目标像素在场景中所占的比重也不断增加，此时基于模板匹配的跟踪方法中模板图像尺寸也需相应地增大，但模板图像尺寸的增大必定会使模板匹配算法的计算量显著增加，因而此时基于模板匹配的跟踪方法就很难满足目标跟踪的实时性要求。同时，成像序列中存在平移、伸缩、旋转、抖动等变换，而基于模板匹配的跟踪方法不能很好地适应目标和背景的复杂变化。由于均值漂移跟踪算法能很好地适应目标和背景的复杂变化，同时计算简单有效，因此本节基于均值漂移理论，实现了对红外面目标的稳健跟踪。

1. 均值漂移理论

1)核密度估计

从随机过程的角度出发，许多计算机视觉问题可以归结为由给定样本求随机变量的分布概率密度函数问题。这是一个概率统计学的基本问题，主要解决方法可分为两大类：参数估计和无参估计。参数估计可分为参数回归分析和参数判别分析。在参数回归分析中，通常假定数据分布符合某种规律，进而建立参数模型，然后求解模型中的未知参数。然而，由于很多基于参数模型的方法需依赖于人的先验知识来对参数进行猜测，一旦参数不合适就极易得到错误的结果，其主要原因在于参数模型的基本假定与现实世界里的实际物理模型之间常常存在较大的差距，很少有符合给定概率密度形式的情况。此外，参数化方法的另一个缺点就是估计的结果有可能收敛到局部最优点，不一定是全局最优点。

与参数化方法不同，非参数化方法抛弃了关于数据分布规律的假设，不对数据分布附加任何假定，而是直接从数据样本本身出发研究数据分布特征。目前最常用的非参数化方法是核密度估计(Kernel Density Estimation，KDE)。核密度估计的原理和直方图法有些类似。对于一组采样数强，把数据的值域分成若干相等的区间，每个区间称为一个 bin，数据就按区间分成若干组，每组数据的个数与总参样个数的比率就是每个 bin 的概率值。与直方图法不同的是，KDE 多了一个用于平滑数据的核函数。

2)均值漂移

均值漂移(Mean Shift，MS)是一种非参数的、迭代的搜索密度模式的方法，它首先是 Fukunage 等人于 1975 年在一篇关于概率密度函数梯度的估计中提出来的，其最初含义就是偏移的均值向量。在这里均值漂移是一个名词，指代的是一个向量。MS 算法一般是指一个迭代步骤，即先算出当前点的偏移均值，移动该点到其偏移均值，然后以此为新的起始点，继续移动，直到满足一定条件结束。

均值漂移向量始终指向密度增加最大的方向，因此沿着均值漂移向量方向逐步搜索，可以得到密度的局部极大值。均值漂移算法通过反复将数据点朝着矢量方向移动，直至收敛。当迭代结束时，核中心的位置对应概率密度的极值。

2. 基于均值漂移和特征匹配的红外目标跟踪

由于红外图像系统固有的成像特点，红外图像通常存在噪声大、目标和背景之间的灰

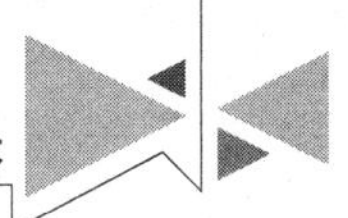

度差小、边缘较模糊等特点，这将直接影响到红外运动目标的准确跟踪。

Comaniciu 将均值漂移算法应用到目标跟踪领域中，极大地减少了跟踪算法的计算量，获得了很好的实时跟踪效果，同时考虑图像的空间信息和像素范围信息，采用二阶空间直方图对头部目标进行描述，取得了比一般均值漂移算法更稳定的结果。有学者提出了一种空域特征空间中的相似性量度方法，通过直接定义目标图像与模板图像之间的分布相似性，扩展了均值漂移跟踪算法的应用范围。也有学者通过对目标区城的颜色信息进行聚类分析，提出了一种新的目标颜色模型，提高了均值漂移算法的跟踪性能。然而，上述研究都是在颜色空间中对目标进行跟踪。对于红外灰度图像而言，灰度直方图所包含的信息单一，导致均值漂移算法的跟踪精度不高，因此提出了一种前视红外目标的鲁棒分层跟踪方法，将均值漂移算法与特征匹配方法相结合，在均值漂移算法得到红外目标坐标之后，利用特征匹配方法对该坐标进行有效修正，充分利用均值漂移跟踪算法的高效性与特征匹配方法的精确性，实现了对红外目标的有效实时跟踪。

1)基于均值漂移的红外目标跟踪

首先采用灰度直方图对红外目标进行描述。假定$\{x_i, i=1, 2, \cdots, n\}$表示红外目标区域内的像素坐标，则目标模型的概率密度为

$$\hat{q}_u(x_0) = C\sum_{i=1}^{n} k\left(\left\|\frac{x_0 - x_i}{h}\right\|^2\right)\delta[b(x_i) - u] \tag{3-13}$$

式中，$u=1, 2, \cdots, m$ 为目标特征值 bin；$k(x)$为核函数的轮廓函数；h 为核函数的带宽；x_0 为目标区域的中心位置；$\delta(x)$为 Kronecker delta 函数；$b(x_i)$ 为像素点到像素特征的映射关系；C 为归一化常数，使 $\sum_{u=1}^{m}\hat{q}_u = 1$。

核函数 $k(x)$的作用是对目标区域的像素设置权值，使远离目标区域中心像素设置较小的权值，而靠近目标中心的像素设置较大的权值。

相应地，候选目标可表示为

$$\hat{p}_u(y) = C_h\sum_{i=1}^{n_h} k\left(\left\|\frac{y - x_i}{h}\right\|^2\right)\delta[b(x_i) - u] \tag{3-14}$$

式中，y 是候选目标区域的中心位置；n_h 为候选目标区域的像素总数。

在红外目标表观模型构建之后，跟踪问题即转化为在下一帧红外图像中寻找与目标模型 $\hat{q}$ 最相似的候选目标 $\hat{p}(y)$。

2)红外目标的特征匹配修正定位

在颜色空间中，均值漂移算法获得了很大的成功。然而，对灰度直方图而言，由于灰度直方图所包含的图像信息单一，缺乏足够的信息来描述红外目标，因此目标描述并不稳健。在灰度空间中建立的目标灰度概率密度分布易受噪声影响，容易导致跟踪结果与目标实际位置相偏移。因此，利用特征区配对均值漂移算法所得的跟踪结果进行修正，有效消除跟踪误差，避免跟踪失效。首先对目标模板和候选区域进行 Harris 特征点提取，然后采用改进的 Hausdorff 距离对特征点进行匹配，最终实现目标的准确定位。

(1)Harris 特征点提取。

Harris 算子是一种有效的点特征提取算子，并只涉及灰度的一阶导数，计算简单，提取的点均匀而且合理，在纹理信息丰富的区域可以提取大量有用的特征点。即使图像中存在旋转、灰度变化、噪声影响和视点的变换，Harris 也是最稳定的一种点特征提取算子。

Harris 算子采用了与自相关函数相联系的矩阵 $\boldsymbol{M}$。矩阵 $\boldsymbol{M}$ 的特征值是自相关函数的一阶曲率，如果自相关函数的两个一阶曲率值都很高，那么就认为该点是 Harris 特征点。Harris 特征点检测的过程可按如下步骤进行。

计算图像 I 在 x 和 y 方向的导数 I_x 和 I_y，通过计算图像与高斯核的微分来实现，即

$$I_x(x, \sigma) = I(x) * G_x(x, \sigma) \tag{3-15}$$

$$I_y(x, \sigma) = I(x) * G_y(x, \sigma) \tag{3-16}$$

$$I_xI_y(x, \sigma) = I_x(x, \sigma)I_y(x, \sigma) \tag{3-17}$$

式中，σ 为高斯核的标准离差。

构造自相关矩阵 $\boldsymbol{M}(x, \sigma)$，即计算在 x、y 和 xy 方向的图像导数与高斯核的卷积，公式如下：

$$\boldsymbol{M}(x, \sigma) = \begin{bmatrix} G(x, \sigma') \otimes I_x^2(x, \sigma) & G(x, \sigma') \otimes I_xI_y(x, \sigma) \\ G(x, \sigma') \otimes I_{xy}(x, \sigma) & G(x, \sigma') \otimes I_y^2(x, \sigma) \end{bmatrix} \tag{3-18}$$

如果矩阵 $\boldsymbol{M}$ 有两个都很小的特征值，则该点位于图像灰度的平缓区；若 $\boldsymbol{M}$ 有一大一小两个特征值，则该点在边缘处；若 $\boldsymbol{M}$ 有两个比较大的特征值，则该点就是 Harris 特征点，即

$$C(x) = \det(\boldsymbol{M}(x, \sigma) - \alpha \cdot \mathrm{tr}(\boldsymbol{M}(x))^2) > t \tag{3-19}$$

式中，α 是固定的参数；det 为矩阵的行列式；tr 为矩阵 $\boldsymbol{M}$ 的迹；t 为设定的阈值，通过调整 t 的大小可以控制特征点的数目。

由于噪声和背景的影响，提取的 Harris 特征点中总是难免存在一些不属于目标的所谓的“杂点”，会影响匹配结果。因此，下一步的工作就是采用一种 Hausdorff 距离量度算法，弃除杂点，匹配目标特征点。

(2)改进的 Hausdorff 距离量度。

Hausdorff 距离是描述两组点集之间相似程度的一种量度，即集合之间距离的一种定义形式。若给定两组有限像素集合 $A=\{a_1, a_2, \cdots, a_m\}$ 和 $B=\{b_1, b_2, \cdots, b_m\}$，则 Hausdorff 距离定义为

$$H(A, B) = \max(h(A, B), h(B, A)) \tag{3-20}$$

式中，$h(A, B)=\max\limits_{a\in A}, \min\limits_{b\in B}\|a-b\|$，其中 $\|a-b\|$ 为 a 与 b 之间的欧氏距离；$h(A, B)$ 称为 A 和 B 间的正向 Hausdorff 距离。

在图像匹配中，Hausdorff 用来衡量两幅图像之间的相似度，与大多数的匹配方式不同，这种方法不强调图像中的匹配点对，点与点之间的关系是模糊的，比如集合 B 中可以有一个以上的点与 A 中的同一个点对应。如果集合 A 的形状与集合 B 的形状是相似的，但是集合 A 中有一部分点是干扰点，那么计算出来的 Hausdorff 距离会很大。因此，Huttenlocher 等提出了部分 Hausdorff 距离的概念，在有比较严重遮掩或者退化的图像应用中产生了很好的效果。Dubuisson 和 Jain 在匹配被噪声污染的综合图像时，提出了基于平均距离值的 MHD(Mean Hausdorff Distance)。这种匹配方法在有零均值高斯噪声的图像中可以估计出最佳的匹配位置，而且不需要参数。但是与部分 Hausdorff 距离相比，在处理目标存在遮掩和外部点的图像时，MHD 的匹配性能并不好。为了获得更加准确的目标匹配结果，结合以上两种 Hausdorff 距离的定义，Sim Dong-Gyu 等人提出了 LTS-HD(Least Trimmed Square-Hausdorff Distance)算法，即使目标被部分遮掩或者因噪声而退化，这种匹配方法

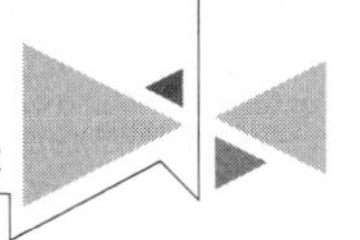

也能产生很好的结果。

Harris 提取的特征点定位精度仅为一个像素，单个像素的信息毕竟有限，因此难免会受到噪声影响，导致在特征点匹配中有可能找到“比自己更像自己”的误匹配。一种消除点误匹配的方法是认为兴趣点的选择是在一个小的区域里，尝试着匹配相互兼容的一系列点而不是单独的点，即在点匹配过程中引入点的邻域信息，如灰度均值、位置均值。当特征点 $a_i(a_i \in A)$ 与特征点 $b_j(b_j \in B)$ 做 LTS-HD 量度时，也考虑 a_i 的邻域 $N(a_i)$ 与 b_j 的邻域 $N(b_j)$ 之间的相似性。在此邻域之间的相似性采用下式所示的灰度均值绝对差量度

$$D_i = |\mathrm{Gray}(N(a_i)) - \mathrm{Gray}(N(b_j))| < t \tag{3-21}$$

式中，Gray 表示邻域的灰度均值，邻域的大小都是 $M \times M$；D_i 为两个邻域的灰度均值绝对差；t 为设定的阈值，阈值的选择与邻域的大小有关。

3.5 深度学习

人类对机器智能的探索从未停止。20 世纪 50 年代，人类赋予机器一定的推理能力，人工智能程序可以完成一些定理的证明工作，但是因为机器知识匮乏，无法实现真正的智能。后来，人类将知识进行总结，并将总结的知识赋予机器，典型代表是专家系统，通过先验知识使机器获得智能，但是人类世界知识量过于庞大，对知识进行逐条总结使机器学习将耗费巨大人工成本，并且机器一味学习人类总结的知识，而无法实现自己探索未知，这也使机器无法超越人类，是当时知识工程的瓶颈所在。为了解决这一问题，机器学习和深度学习应运而生。

深度学习方法包括无监督学习、半监督学习、监督学习、多事例学习、迁移学习等。无监督学习是指数据不提供任何人工标签，根据一定的属性将数据映射到不同的特征空间，由特征空间的距离判断是否属于同一类别。无监督学习是一类非常困难的问题。半监督学习是指所提供数据中，已知部分数据的标签信息，通过学习已知标签的数据信息，判断未知数据的标签信息，常用于数据标注困难的场景。监督学习是指提供所有数据一一对应的标签信息，完整学习从输入数据到标签的表达形式，然后对新输入的图片进行判断，产生标签。多事例学习是指将一组数据映射到标签，不再是一张图片和一个标签的一一对应，一般是一组图片或一段视频数据与一个标签的对应。迁移学习是指神经网络在某一特定任务中经训练得到权重，对该权重参数进行提取，将其应用到另一特定任务中，并根据具体任务进行权重微调，迁移学习的重要作用是防止某特定任务数据过少而出现过拟合的问题，一般在 ImageNet 上进行预训练。

3.5.1 红外图像增广技术

1. 自编码器

自编码器是一种利用反向传播算法使输出值等于输入值的神经网络。它首先将输入压缩成潜在空间表征，然后通过这种表征来重构输出。自编码器由编码器和解码器组成。编码器将输入压缩为潜在空间表征，解码器重建潜在空间表征的输入。

2017 年，Lore 等最早提出了将 LLNet 网络用于处理低照度图像的想法，并通过实验证明了其可行性，由此拉开了深度学习在图像增强领域应用的序幕。Lore 利用 LLNet 网络将

低亮度、低噪声的图像输入编码器进行训练，由于自编码器具有去噪的能力，低光图像通过自动编码器训练后，图像中的基础信号特征被学习，然后对信号特征进行重构，得到明亮的图像，从而达到对低照度图像自适应增亮和去噪的效果。但是在实际场景下将 LLNet 网络对彩色图像进行处理时会产生较多的冗余参数，因此，王万良、杨小涵等人在 LLNet 网络基础上提出了卷积自编码器的图像增强方法。将 LLNet 网络中进行低光处理的模块加入整体网络框架中，将卷积操作当作自编码器的编码运算，得到低光图像的低维特征表示，此时网络学习到低光图像的隐藏特征，然后进行反卷积，得到重构明亮图像。该方法能够有效节约时间成本，减少网络参数，提高网络训练效率，得到更好的图像低维表示。

2. 生成对抗网络

生成对抗网络(Generative Adversarial Networks，GAN)是一种无监督的深度学习模型。该模型包括生成器和判别器，其原理是用生成器生成的数据来“欺骗”判别器。判别器用来判断样本的真实度，而生成器则不断加强自己的能力，使生成的样本越来越接近真实的样本。通过不断迭代，直至判别器区分不出接收的样本到底是来自真实样本还是来自生成的样本。

GAN 与其他生成模型相比，只使用反向传播，不需要复杂的马尔可夫链，可以生成清晰真实的样本。2017 年 Ignatov 等人提出了一种基于 GAN 模型的图像增强方法。为了保证图像内容的一致性，采用 VGG19 网络计算内容损失，避免了源图像与目标图像之间强烈的对应匹配关系。

3. 卷积神经网络模型

卷积神经网络是一种常用的深度学习模型。典型的卷积神经网络由卷积层、池化层和全连接层 3 部分组成。卷积层提取图像的局部特征；池化层用于降低参数的量级；全连接层输出期望的结果。

由于卷积神经网络具有局部连接和权值共享的特性，减少了训练参数，降低了网络模型的复杂性，因此被提出用于低照度图像的增强。Shen 等人在 arXiv 上发表的低光照图像增强的文章中提出了一个新颖的观点：传统的多尺度 Retinex 方法等效于有着不同高斯卷积核的前馈神经网络。随后提出了包含多尺度的对数变换、差分卷积和色彩复原函数这 3 部分组成的 MSR-Net 网络，直接学习暗图像到亮图像端到端的映射。但是由于该模型中接收的图像画面有限，会受到光晕效应的影响，使光滑区域(如晴朗的天空)具有 halo (晕)现象。2018 年，Li 等人提出了卷积神经网络弱光照图像增强算法(LNET)，该方法利用 Retinex 模型，使用卷积神经网络来估计光照图像，利用引导滤波优化光照图像，最后获得增强后图像。为了避免增强后的图像颜色失真，马红强等人提出了基于深度卷积神经网络(DCNN)的低照度增强算法。首先将图像由 RGB 空间转换成 HIS 颜色空间，保持色度和饱和度分量不变，然后将亮度分量通过 DCNN 网络进行增强，最后再把合成后的图像转换回 RGB 空间。与其他算法相比，此方法明显改善了增强现象，在主观感受和客观评价方面表现很好。

3. 5. 2 卷积神经网络

20 世纪 60 年代，人类通过研究猫的视觉皮层细胞，提出感受野的概念，后来人们又在此基础上进行研究，提出神经认知机的概念，这是卷积神经网络的雏形，其尝试建立模型模拟视觉系统，通过分解子特征来完成对视觉的表达，采用分层递进式结构处理，并且有一定的稳定性，在物体有轻微形变或者位置变动的情况下依然可以识别。卷积神经网络是该类多层感知机的变种。伴随着深度学习的快速发展，卷积神经网络发展迅猛。由于数据量的增大以及待处理任务复杂性的提高，对于卷积神经网络特征表达能力的要求日益提升。卷积网络是一种层级结构，通常包含输入层、卷积层、激活函数层、池化层以及全连接层等。卷积层、激活函数层以及池化层可以根据实际需要进行多层堆叠，以设计满足任务的合理网络结构。输入层一般对原始数据进行预处理，如去均值、归一化等。卷积层是卷积神经网络最为重要的层次结构，在该层进行卷积计算提取重要特征。每个卷积核都有自己的关注特征，如纹理、边缘等，卷积核的集合就相当于整体图片的特征集合。激活函数层的作用是对卷积得到的结果作非线性映射，便于求取梯度。池化层的作用是压缩图像、减少参数，在一定程度上可以减少过拟合。

1. LeNet

1994 年，LeNet 诞生，网络结构如图 3-7 所示。LeNet 用于手写字符识别，并在当时投入美国银行用来识别支票。LeNet 具有 6 层网络结构，包括 3 个卷积层、2 个下采样层和 1 个全连接层，输入图像大小为 28×28，最后通过 Softmax 分类。LeNet 结构简单，但是包含了池化层、卷积层、全连接层等深度学习的基本模块，为现代神经网络的出现奠定了坚实的基础。

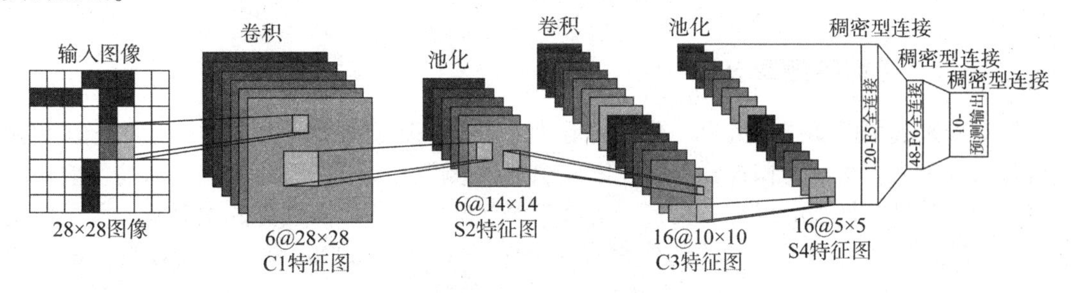

图 3-7　LeNet 网络结构

2. VGGNet

VGGNet 获得 ILSVRC2014 挑战赛的亚军，VGGNet 对网络性能与深度的关系进行了探索，其卷积结构的卷积核尺寸均为 3×3，池化操作的池化核大小均为 2×2，通过反复堆叠如上卷积结构和最大池化结构，搭建出 16 层及 19 层的网络结构，即 VGG16 和 VGG19。

VGG16 和 VGG19，其参数量大部分存在于全连接层中，因此网络层数增加不会使参数量猛增，其采用了卷积层串联的操作。例如，3 个 3×3 卷积层的串联结构等价于 1 个 7×7 卷积层，2 个 3×3 卷积层的串联等价于 1 个 5×5 卷积层。这种操作可以在增大感受野的同时极大减少参数量，并且用小的卷积核替代大的卷积核进行多次卷积，对于特征的表达能力更强。

3. ResNet

ResNet 是一种深度残差网络，其使用残差结构进行学习，如式(3-22)所示。为使 x 保持和 y 相同的通道数，需要对 x 进行升维或者降维操作，改进后的残差学习如式(3-23)所示。残差结构可以有效预防网络过深出现梯度爆炸的情况。

$$y = x + F(x, W) \tag{3-22}$$

式中，x 为输入；$F(x, W)$ 为残差结构处理，一般通过卷积操作实现；y 为输出；W 为参数权重。

$$y = h(x) + F(x, W) \tag{3-23}$$

式中，$h(x)$为通过1×1卷积对x进行维度改变。

ResNet由Bottleneck堆叠而成，Bottleneck结构如图3-8所示。残差连接可以在保持原有计算特征的前提下，实现对网络结构的优化，常见的ResNet网络有ResNet18、ResNet34、ResNet50、ResNet101、ResNet152。基于残差模块，网络层数达到了惊人的152层，且具有良好的性能，这是ResNet广为使用的重要原因。

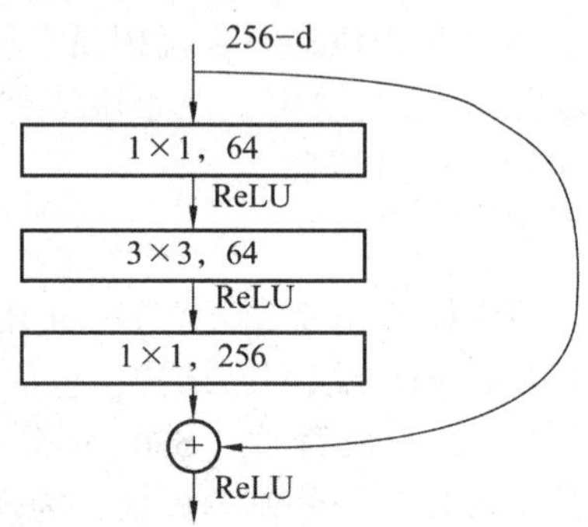

图3-8 Bottleneck结构

3.5.3 目标检测算法

针对未来战场感知体系的自动化和智能化的需求，基于深度学习的目标检测算法越来越流行。近年来，深度卷积神经网络在图像识别领域广泛应用，因此将这项新技术应用于军事目标检测具有极强的现实意义。当前基于深度学习的目标检测算法主要有一阶段算法和二阶段算法两类。一阶段算法的代表有YOLO、SSD、RetinaNet等，二阶段算法的代表有Faster R-CNN等。二阶段算法的难点是端到端训练困难，Faster R-CNN突破了这一限制，在二阶段检测算法中占有重要地位。一阶段算法相较于二阶段算法属于轻量级算法，采用端到端的训练方法，速度快，但精度一般稍逊色于二阶段算法。

1. Faster R-CNN

2015年，Faster R-CNN诞生，在ILSVRV和COCO赛事中取得多项第一，整体结构如图3-9所示。Faster R-CNN不再使用区域性搜索算法，而是使用特征图预测建议区域，可极大程度节省区域搜索算法损耗的时间，其包含区域建议网络(Region Proposal Network，RPN)和Fast R-CNN两部分，将这两部分融合在一起，实现了端到端的模型。该算法虽在训练阶段仍需分步进行，但在检测阶段方便快捷。

RPN网络用来训练产生建议框，对于最终输出的特征图，设置了3种尺度和3种长宽比，特征图上的每个特征点都将产生9个默认框，将该特征点映射回原图并以该锚点为中心产生上述默认框，依据默认框和真实框的情况划分正负样本，然后通过训练调整框的位置。RPN提供了候选区域，后续通过Fast R-CNN进行分类和定位，为使RPN和Fast R-CNN实现权值共享，首先对RPN网络进行独立训练，将训练好的RPN网络的输出作为Fast R-CNN的输入，训练Fast R-CNN。此时，两部分的参数仍未完全实现共享，接下来使用Fast R-CNN的参数初始化RPN结构，将两部分已实现共享参数的卷积层学习率设置为0，仅更新RPN独有的结构层参数，重新进行训练，至此两部分共有的卷积层实现参数共享。此时，对这些共享层参数不再更新，训练微调Fast R-CNN结构中特有层的参数，

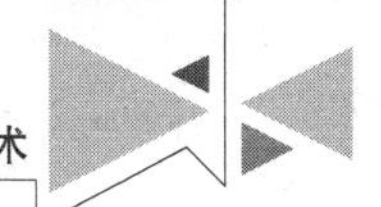

最终实现端到端的训练结构。

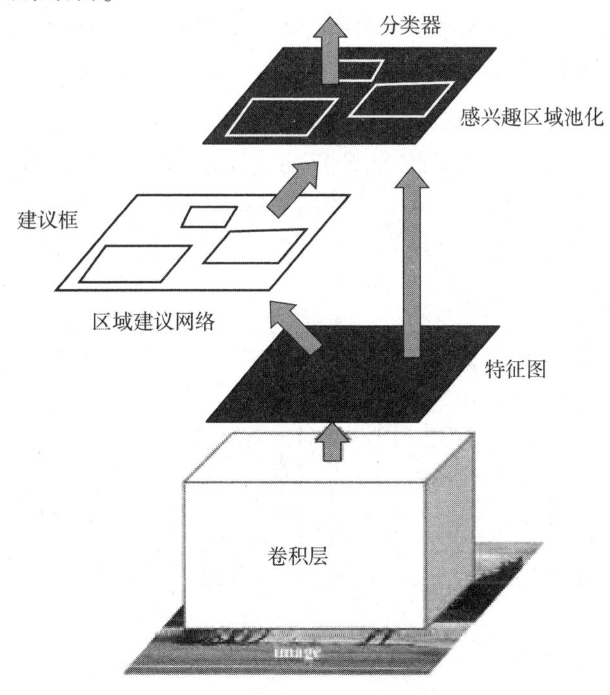

图 3-9　Faster R-CNN 整体结构

2. YOLO

2016 年，YOLO 诞生，它是一阶段的端到端网络，直接将原始图像进行输入，无须显式地产生建议区域，方便快捷地实现物体类别以及位置的判断，其结构如图 3-10 所示。

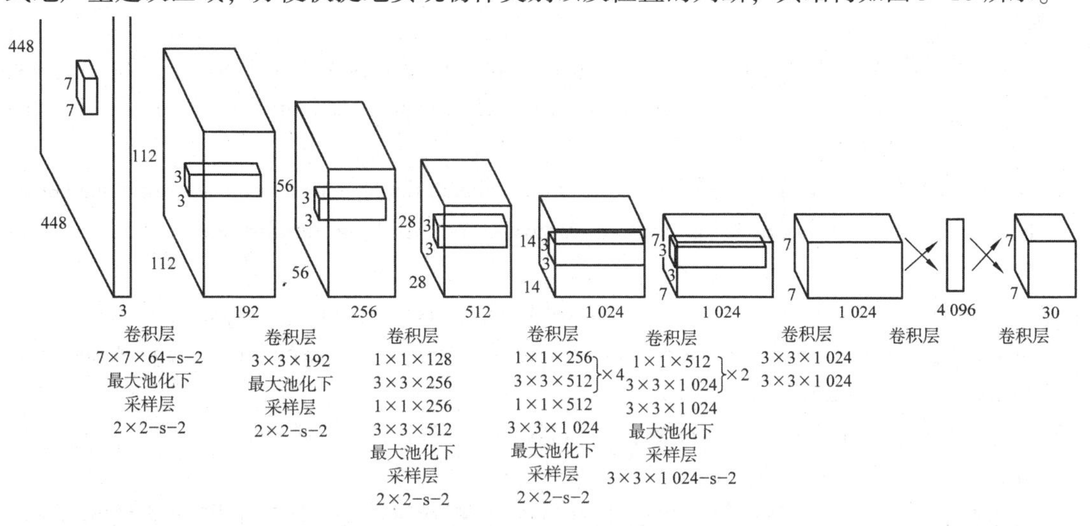

图 3-10　YOLO 结构

区别于 Faster R-CNN，YOLO 训练阶段和检测阶段均在一个网络中进行，训练模式简单，告别了 Faster R-CNN 对不同部分结构反复训练的做法，YOLO 对所有参数进行统一训练。为预测物体类别以及位置信息，YOLO 将输入图像分成相同大小的正方形格子，每一个格子负责预测存在于该格子中的物体，若某物体的中心落在某格子中，则该格子便用来预测该物体，每个格子会输出多个默认框坐标信息以及类别的置信度信息。YOLO 使用均方和误差作为损失函数，在训练时分为两步，首先加载在 ImageNet 上的预训练模型，然后在具体的目标检测数据集上进行微调。

3. SSD

SSD 同样诞生于 2016 年，其结构如图 3-11 所示。相比于 YOLO，SSD 使用多尺度的默认框进行多尺度预测，不同于 YOLO 仅使用最后一层输出，SSD 使用多层特征图进行预测，充分利用了浅层特征，因此 SSD 对于小目标的检测性能优于 YOLO。

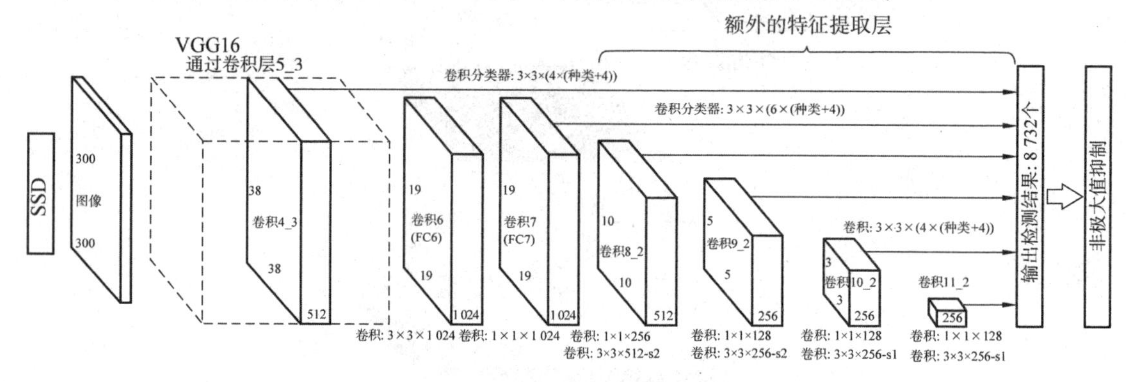

图 3-11　SSD 结构

3.6　参考文献

[1]王晓芸. 基于 OpenCL 的深度学习目标检测算法加速方法研究[D]. 北京：北京交通大学，2019.

[2]XIE W，LEI J，YANG J，et al. Deep latent spectral representation learning-based hyperspectral band selection for target detection[J]. IEEE Transactions on Geoscience and Remote Sensing，2019（99）：1-12.

[3]LONG J，SHELHAMER E，DARRELL T. Fully convolutional networks for semantic segmentation[J]. IEEE Transactions on Pattern Analysis and Machine Intelligence，2015，39（4）：640-651.

[4]WANG H，ZHOU S，YU L，et al. Adaptive filtering fuzzy C-means image segmentation with inclusion degree[C]//2019 IEEE International Conference on Mechatronics and Automation（ICMA）. IEEE，2019：1637-1641.

[5]Li Z，Peng C，Yu G，et al. Detnet：A backbone network for object detection[J]. arXiv preprint arXiv：1804. 06215，2018.

[6]赵永强，饶元，董世鹏，等. 深度学习目标检测方法综述[J]. 中国图象图形学报，2020，25（4）：629-654.

[7]卢宏涛，张秦川. 深度卷积神经网络在计算机视觉中的应用研究综述[J]. 数据采集与处理，2016，31（1）：1-17.

[8]GIRSHICK R，DONAHUE J，DARRELL T，et al. Rich feature hierarchies for accurate object detection and semantic segmentation[C]//Proceedings of the IEEE Conference on

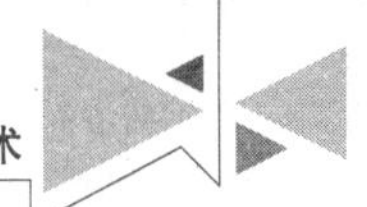

Computer Vision and Pattern Recognition, 2014: 580-587.

[9]FIDLER S, MOTTAGHI R, Yuille A, et al. Bottom-up segmentation for top-down detection [C]//Proceedings of the IEEE Conference on Computer Vision and Pattern Recognition, 2013: 3294-3301.

[10]谭今文. 基于深度学习和深度相机的移动机器人抓取方法研究[D]. 长沙: 长沙理工大学, 2019.

[11]李璐. 面向无人驾驶的彩色点云目标快速标注与检测算法[D]. 哈尔滨: 哈尔滨工业大学, 2020.

[12]黄继鹏. 基于深度学习的小目标检测研究与应用[D]. 南京: 南京大学, 2019.

[13]郭琳, 秦世引. 遥感图像飞机目标高效搜检深度学习优化算法[J]. 北京航空航天大学学报, 2019, 45(1): 159-173.

[14]王震. 基于深度学习的快速目标检测技术研究[D]. 天津: 天津理工大学, 2017.

[15]VIOLA P, JONES M. Rapid object detection using a boosted cascade of simple features[C]// Proceedings of the 2001 IEEE Computer Society Conference on Computer Vision and Pattern Recognition, 2001(1): I.

[16]VIOLA P, JONES M J. Robust real-time face detection[J]. International Journal of Computer Visions, 2004, 57(2): 137-154.

[17]DALAL N, TRIGGS B. Histograms of oriented gradients for human detection[C]//2005 IEEE Computer Society Conference on Computer Vision and Pattern Recognition, 2005(1): 886-893.

[18]FELZENSZWALB P, MCALLESTER D, RAMANAN D. A discriminatively trained, multiscale, deformable part model[C]//2008 IEEE Conference on Computer Vision and Pattern Recognition, 2008: 1-8.

[19]FELZENSZWALB P F, GIRSHICK R B, MCALLESTER D. Cascade object detection with deformable part models[C]//2010 IEEE Computer Society Conference on Computer Vision and Pattern Recognition, 2010: 2241-2248.

[20]FELZENSZWALB P F, GIRSHICK R B, MCALLESTER D, et al. Object detection with discriminatively trained part-based models[J]. IEEE Transactions on Pattern Analysis and Machine Intelligence, 2010, 32(9): 1627-1645.

[21]GIRSHICK R, FELZENSZWALB P, MCALLESTER D. Object detection with grammar models[J]. Advances in Neural Information Processing Systems, 2011: 24.

[22]GIRSHICK R B. From rigid templates to grammars: Object detection with structured models [M]. The University of Chicago, 2012.

[23]潘晖. 基于图像分割中轮廓提取的目标检测方法[D]. 湘潭: 湘潭大学, 2019.

[24]周志锋, 万旺根, 王旭智. 基于 YOLO V3 框架改进的目标检测[J]. 电子测量技术, 2020, 43(18): 102-106.

[25]危竞. 用于交通对象检测的轻量化系统的研究与实现[D]. 武汉: 湖北工业大学, 2020.

[26]KRIZHEVSKY A, SUTSKEVER I, HINTON G E. Imagenet classification with deep convolutional neural networks[J]. Communications of the ACM, 2017, 60(6): 84-90.

[27] 洪文亮. 基于改进的 Faster R-CNN 的目标检测系统的研究[D]. 长春: 吉林大学, 2019.
[28] 蔡哲栋. 基于 YOLOv3 剪枝模型的姿态和步态识别算法研究[D]. 杭州: 杭州电子科技大学, 2020.
[29] 汤庆闻. 互斥损失优化的密集行人检测算法[D]. 武汉: 华中科技大学, 2019.
[30] HE K, ZHANG X, REN S, et al. Spatial pyramid pooling in deep convolutional networks for visual recognition[J]. IEEE Transactions on Pattern Analysis and Machine Intelligence, 2015, 37(9): 1904-1916.
[31] GIRSHICK R. Fast R-CNN[C]//Proceedings of the IEEE International Conference on Computer Vision, 2015: 1440-1448.
[32] 梁怿清. 基于深度学习卷积神经网络的高分辨率 SAR 图像目标检测研究[D]. 长沙: 长沙理工大学, 2019.

第4章 红外成像制导系统

红外制导可以分为红外成像制导和红外点源(非成像)制导两大类。早期的对空导弹大多采用红外点源制导，这种制导方式虽然结构简单、成本低、动态范围宽、响应速度快，但从目标获取的信息量较少，抗干扰能力差，制导精度受到限制，没有区分多目标的能力。而红外成像制导系统具有很高的识别能力、更高的制导精度、全天候作战能力和较强的抗干扰能力。因此，红外制导近年来的发展方向就是红外成像制导。

4.1 概　述

红外制导由于具有制导精度高、抗干扰能力强、隐蔽性好、效费较高、结构紧凑、机动灵活等优点，已经成为精确制导武器的重要技术手段。红外制导技术的研究始于第二次世界大战期间，经过几十年的发展，红外制导技术已广泛用于反坦克导弹、空地导弹、地空导弹、空空导弹、末制导炮弹、末制导子弹及巡航导弹等。目前，红外制导导弹已发展到70多种，尤其是红外空空导弹，几经改进，其发展型、派生型在美国等国家已经发展到17种以上，经历40多年依然长盛不衰。根据统计资料，红外导弹的生产量早已超过18万枚，装备使用的国家和地区有40多个。发达国家已经完成三代红外空空导弹的研制生产，现已进入第四代更先进的红外空空导弹的研制。红外制导武器已经形成了一支红火的武器家族，在经历的战斗中屡有佳作，无论是在中东战争、两伊战争还是海湾战争中，红外制导武器均已大显身手。

自海湾战争以来，精确制导武器在军事打击行动中的使用越来越多，而且在未来战争中还有逐渐增多的趋势。红外成像制导技术是利用目标和景物的热辐射成像进行目标识别与跟踪，并引导导弹或制导炸弹(统称制导弹药)准确攻击目标的集光、机、电及信息处理于一体的一项专项技术，因其全天候、对气象条件要求低等特点，近年来在精确制导领域占据着越来越重要的位置。

4.1.1 红外成像制导导弹

红外成像制导是通过红外导引头的摄像部件摄取被分成有限像素的两维图像，经过数字转换为数字图像，然后利用图形识别和图像处理技术进行背景抑制、目标图像增强、目标提取和识别特征工作，自动跟踪目标，同时制导导弹攻击目标。红外成像制导的导引头能对目标实现边搜索边跟踪，其工作波段一般选择在中波 3 ~ 5 μm 和长波 8 ~ 12 μm 的红外波段上。

红外成像制导主要有两种方式：一种是多元红外探测器线阵成像系统(线阵成像)。目前，红外成像制导便携式地空导弹，大多采用红外线阵成像制导。另一种是多元红外探测器面阵凝视成像系统(凝视成像)。红外凝视成像制导系统由成千上万个红外探测单元排成二维阵列，并与先进的信号处理电路集成在一起，它可以像人眼一样紧紧盯住目标，同时敏感元件感测目标的红外辐射，用电子方法将其转换成热图像。其关键技术是红外电荷耦合器件焦平面阵列技术，在 1 cm^2 大小的光学系统焦平面芯片上不仅集成了数以万计的红外探测器，而且与各探测器相匹配的光机扫描器缩小了体积，降低了功耗。由于红外电荷耦合器件具有更高的灵敏度和热分辨率，显著提高了探测距离和目标识别能力。红外凝视成像制导与红外点光源制导相比，抗干扰能力更强，可全向攻击，命中精度高。特别是将它和微处理器、模式识别装置集成一体，既能进行目标探测，又能进行复杂的目标处理，还能自动从图像信息中识别真假目标。因此，采用红外制导方式的便携式地空导弹正在向红外凝视成像制导方式转变。

红外成像制导主要通过多元红外探测器线阵扫描成像制导和凝视焦面阵红外成像制导系统(又称多元红外探测器平面阵的非扫描成像探测器)实现红外成像。随着红外探测技术的发展，红外成像制导发展在技术上经历两个阶段，发展了两代红外成像制导。

第一代为光机扫描红外成像制导，是使用单元或多元阵列红外探测器，通过二维或一维的光机扫描成像。第一代红外成像导弹的代表产品是美国的“小牛”AGM-65D 空地导弹，其采用工作波段为 8 ~ 12 μm 的 4×4 元探测器阵列的光机扫描型红外成像导引头，可以精确打击点状目标，主要用于攻击坦克、装甲车、飞机场、导弹发射场、炮兵阵地、野战指挥所等小型固定或活动目标，以及大型固定目标。

第二代红外成像制导称为凝视红外成像制导技术。它是用高性能的焦平面阵列(FPA)红外探测器组成的红外成像器，对目标凝视成像。由于凝视红外成像制导技术具有发射后不管、全天候作战能力、自动目标识别以及较强的抗干扰能力等优点，因此第二代红外成像导弹成为精确制导武器的发展重点。各国发展的凝视红外成像制导导弹有远程反坦克导弹“崔格特”和“海尔法”的改进型，“标枪”反坦克导弹和“响尾蛇”AIM-9X 空空导弹等。

“崔格特”是由英、法、德联合研制的远程反坦克导弹，采用工作于 8 ~ 12 μm 的焦平面阵列器件和微机控制的红外成像导引头，以实现发射后不管。该导弹既可以车载，也可以从直升机发射，相应射程分别为 4 000 m 和 5 000 m。“崔格特”远程反坦克导弹的红外成像导引头采用 32×1 元的中波红外凝视阵列。

美国的 AGM-114 反坦克导弹，绰号“Hell Fire”，激光半主动制导，在海湾战争中战绩卓著。为进一步提高性能，其改进型采用红外成像制导，使用 256×256 元的中波红外凝视阵列。

在“坦克破坏者”红外焦平面阵列导弹的基础上，美国开始进行反坦克导弹的研制工作，后又正式定名为“标枪”。“标枪”为凝视红外成像制导，在其红外成像导引头中，采用 64×64 元的长波凝视阵列。

AIM-9X 是“响尾蛇”导弹系列中的第四代型号，是美国空军、海军用于 2000 年后的第四代先进近距空空导弹，以取代“响尾蛇”AIM-9L/M/S/R 导弹。AIM-9X 导弹的机动过

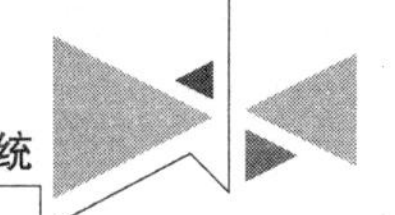

载超过 50g，最大离轴发射角±90°。为了充分利用大量库存的 AIM-9L/M，要求该导弹采用现有导弹的发动机、战斗部和引信，发展高性能红外成像导引头和低阻力大机动弹体。AIM-9X 采用工作于 3 ~ 5 μm 的 128×128 碲镉汞凝视焦平面成像红外导引头，采用内部制冷装置对光敏元件进行冷却，灵敏度和抗干扰能力大幅提高。

英国宇航公司的先进近程空空导弹采用 128×128 元中波红外阵列和数字信号处理技术，使导弹具有很强的抗红外干扰和瞄准目标要害部位的能力。该导弹最大射程 15 km，最小射程 0.3 km，离轴发射角±60°，最大马赫数为 3，最大过载 50g。

法国马特拉公司研制的“麦卡”空空导弹采用可互换主动雷达导引头和红外成像导引头，法国空军、海军共需红外成像型导弹 1 500 枚。该导弹采用 64×1 元中波扫描阵列，具有较远的作用距离和较好的抗干扰能力，离轴发射角达到 90°。

美国导弹防御局和美国陆军为战区末段高空区域防御系统(THAAD)研制具有目标捕获、跟踪和瞄准选择功能的红外成像导引头，其导引头采用 256×256 元的硅化铂阵列。采用红外焦平面阵列的红外成像导弹还有美国的重型先进导弹系统(AMS-H)“捕鲸叉”、AGM-1091“战斧”空地导弹、“战斧”反舰导弹、AGM-84A“捕鲸叉”反舰导弹、AGM-86B 空射巡航导弹、“坦克破坏者”和印度的“毒蛇”反坦克导弹等。

4.1.2 红外成像制导导弹战例

1.“响尾蛇”空空格斗导弹扬名四海

1973 年 10 月，第四次中东战争时以色列空军在长达 18 天的空战中曾用“响尾蛇”导弹击落 286 架埃及和叙利亚的战斗机，向世人展示了它出色的战斗力。1982 年，在英国与阿根廷之间的马岛战争中，“响尾蛇”(AIM-9L，AIM-9S)也大显神威。当时英军在“谢菲尔德”号驱逐舰被阿军“飞鱼”导弹击沉后，英军士兵十分紧张，而新型的“响尾蛇”空空导弹为空军夺取制空权，并为取得最后胜利立下汗马功劳，这也给了“响尾蛇”一个扬名四海的好机会。1982 年 5 月 1 日上午，以 27 枚“响尾蛇”导弹击落 24 架阿军飞机。

2015 年 11 月 24 日，俄罗斯空军 1 架苏-24 战斗轰炸机正在执行打击叙土边境的叙利亚反政府武装的任务时，被土耳其空军 F-16 战斗机击落。苏-24 战斗轰炸机主要任务是进行对地攻击，空战并非是其所长，而 F-16 则是第三代战斗机中的典型机型，标准的制空战斗机，主要任务就是空战。因此，F-16 对苏-24 显然在性能上占有很大优势，而且更为关键的是，据俄罗斯媒体报道，击落俄战机的可能是土耳其 F-16 战斗机携载的 AIM-9X 空空导弹。相比俄罗斯 R-73 和 R-27 空空导弹，AIM-9X 性能明显占优，因而俄罗斯战机被击落也在情理之中。

2. 海湾战争“小牛”导弹大显神威

1991 年的海湾战争美国共部署了 136 架 A-10“雷电”式攻击机。该型攻击机一共发射了 5 296 枚“小牛”空地导弹。“小牛”导弹头部的导引头有 3 种：电视导引头、激光导引头和红外成像导引头。其中，用得最多的是红外成像导引头。

海湾战争时的中东地区，举目望去，广阔的沙漠中到处是伊军隐藏在沙丘中的坦克和火炮，它们只露出炮塔，并在周围垒起沙袋或用沙袋堤围住。但是，在红外成像制导导引头的“眼”里，车辆与周围沙土存在温差，使其在荧光屏上呈现白色或黑色。正是在这种“千里眼”的引导下，“小牛”导弹一发射，十有八九会击中目标。美军的第 355 战术战斗机中队(编制 A-10“雷电”式攻击机 24 架)，在一次夜间行动中一次就击中了伊军 24 辆坦克。

3. 利比亚战争中“捕鲸叉”飞跃“死亡线”，直击导弹巡逻艇

1986 年，卡扎菲宣布北纬 32°30′为“死亡线”，声称只要美国军舰和飞机胆敢越过这一界限，就会遭到利比亚的反击。美国抓住这一时机，对利比亚实施打击。

1986 年 3 月 24 日，2 架 A-6E 攻击机悄然从“萨拉托加”号航空母舰上起飞，扑向一艘利比亚的巡逻艇，并向其发射了 2 枚“捕鲸叉”反舰导弹，以迅雷不及掩耳之势击中了利比亚制 300 多吨的“战士”-1 导弹巡逻艇的右舷。其实，利比亚“战士”-1 导弹巡逻艇也试图接近美军舰队，用导弹进行攻击，但利比亚的反舰导弹射程近，仅是“捕鲸叉”导弹射程的一半，因此还没有接近美舰，就被美军的“捕鲸叉”导弹击沉。

4. 海湾战争中“斯拉姆”导弹“百里穿洞”

1991 年海湾战争中，一个惊人的导弹攻击战例：一枚“斯拉姆”导弹从前一枚导弹炸开的洞中钻了进去，成功实施“挖心”攻击术。

在海湾战争中，美军的一架 A-6E 重型攻击机和一架 A-7E 轻型攻击机，奉命从位于红海的“肯尼迪”号航空母舰上起飞，轰炸伊拉克的一座水力发电站。

A-6E 攻击机在距水力发电站 100 km 时，发射了一枚“斯拉姆”空地导弹。由于当时这种“斯拉姆”导弹还处于研制中，所以它发射后由一架 A-7E 攻击机进行间接制导，也就是导弹导引头的红外成像寻的系统搜索捕获目标，并将探测到的目标区红外成像信息，通过数据传输装置发回跟踪导引的 A-7E 飞机上的飞行员，由飞行员根据实时红外图像选定目标要害部位，再通过遥控引导导弹的导引头锁定目标。这枚导弹准确命中水力发电站的动力大楼。2 min 后，A-6E 攻击机又发射了 1 枚“斯拉姆”空地导弹，仍由 A-7E 攻击机负责间接制导，这枚导弹从第一枚导弹所击穿的弹孔中钻了进去，彻底摧毁了水力发电站的内部设备。

5. 科索沃战争中陷于被动的“战斧”巡航导弹

在科索沃战争中，美军使用的是 Block3 型 BGM-109C/D“战斧”巡航导弹和 Block1 型 AGM-86C 空射巡航导弹，综合采用了惯性制导、地形匹配、数字景象匹配、全球定位系统(Global Positioning System，GPS)定位及红外成像末端制导技术。但由于科索沃地形复杂，加上当时的气候条件也不好，多雨多雾，造成巡航导弹任务规划困难，大大增加了巡航导弹的使用难度。在勉强能够使用的地域和气候里，南联盟还曾利用燃烧废旧轮胎的办法对巡航导弹进行干扰，使其数字景象匹配系统丧失作用。

4.1.3 红外成像导引头的特点

随着红外探测技术的飞速发展，红外成像制导将成为发展的潮流。红外点源制导，不管哪种导弹，都把被攻击目标看作热点源，用调制盘或者圆扫描、章动扫描等方式，对点源信号进行相位、频率、幅度、脉宽等的调制，以获取目标的方位信息，导弹锁定并跟踪目标的最热部分。因此，基本上以尾随攻击为主，难以做到全向攻击且易受红外诱饵干扰，命中率低，而红外成像制导由于可以提供更多的目标信息，因此成为抗干扰很强的技术手段，而且可以对目标进行全向攻击并选择攻击点。

20 世纪 80 年代迅速发展起来的第三代红外制导技术——红外成像制导技术，代表了当前红外制导技术发展的总趋势，成为精确制导技术发展的重要方向。红外成像导引技术是

一种自主式“智能”导引技术。红外成像导引头采用中、远红外实时成像器，以 8 ~ 14 μm 波段红外成像器为主，可以提供二维红外图像信息。它利用计算机图像信息处理技术和模式识别技术，对目标的图像进行自动处理，模拟人的识别功能，实现寻的制导系统的智能化，目前已在许多型号的导弹上得到应用。

红外成像制导系统主要有以下特点：

(1)抗干扰能力强。红外成像导引头，不采用电源处理系统，而采用扩展源处理系统，它探测的是目标和背景间微小的温差或自辐射率差引起的热辐射分布图像。目标形状的大小、灰度分布和运动状况等物理特征是它识别的理论基础，可以在复杂干扰和人为背景下，实现对目标探测、自动识别和命中点的选择。因此，干扰红外成像制导系统比较困难，它有很强的抗干扰能力。此外，由于红外成像器与图像信息处理专用微处理机相结合，是用数字信号处理方法分析图像，所以这类导引头具有一定的“智能”，这是红外成像导引技术迅速发展的根本原因。

(2)空间分辨率和灵敏度较高。红外成像制导系统一般用二维扫描，它比一维扫描的分辨率和灵敏度高，很适合探测远程小目标的需求。

(3)探测距离大，具有准全天候功能。与可见光成像相比，红外成像导引头工作在 8 ~ 14 μm 远红外波段。该波段具有穿透烟雾能力，其探测距离比点源制导大了 3 ~ 6 倍，并可昼夜工作，是一种能在恶劣气候条件下工作的准全天候探测的导引系统。

(4)制导精准度高。该类导引头的空间分辨率很高，它把探测器与微机处理结合起来，能自动从图像信号中识别目标，多目标鉴别能力强；能识别目标类型和攻击目标的要害部位(这是点源红外制导做不到的)；红外成像制导导弹的直接命中率很高。

(5)具有很强的适应性。红外成像导引头可以装在各种型号的导弹上使用，只是识别跟踪的软件不同。改变红外成像导引头的识别、跟踪软件，就可在不同型号的导弹上使用；美国的“小牛”导弹的导引头，可以用于空地、空舰、空空三型导弹上。

(6)隐蔽性好。一般都是被动接受目标的信号，比雷达和激光探测安全且保密性强，不易被干扰。

(7)具有“智能”，可实现“发射后不管”。红外成像导引头具有在各种复杂战术环境下自主搜索、捕获、识别和跟踪目标的能力，并且能按威胁程度自动选择目标和目标薄弱部位进行命中点选择，可以实现“发射后不管”，因此特别适于近程导弹制导和中远程导弹的末端制导。

4.2 红外成像制导技术

红外成像是一种实时扫描红外成像技术，它探测的是目标和背景之间微小的误差或辐射频率差引起的辐射分布图像。它将景物表面温度的空间分布情况转换成按时序排列的电信号，并以可见光的形式显示，或将其用数字化的形式存储到导弹上的计算机中，导弹上的红外传感器捕捉到目标后，用同样的方法形成目标数字图像，与计算机中存储的图像进行对比，从而获取误差信号。红外成像制导系统利用红外探测器探测目标的红外辐射图像，红外图像经信息处理电路转换成数字化的目标图像，然后传送至图像处理器，图像处理器根据相应的目标跟踪处理算法从目标图像中提取目标位置误差信号，驱动伺服系统，跟踪目标，将导弹引向目标。

4.2.1 红外成像导引头分类

红外成像导引头一般采用中、远红外实时成像器，以 8 ~ 14 μm 远红外波段实时红外成像器为主。按照红外成像导引头所用的红外成像器类型分类，目前可分为光机扫描型（第一代）和焦平面型（第二代）两类。

1. 光机扫描红外成像导引头（第一代）

光机扫描红外成像导引技术始于 20 世纪 70 年代中期，由于探测器的元数不能覆盖整个景物区域，故需采用多元光导线列红外探测器和旋转光机扫描相结合的方式，实现红外探测器对空间二维图像的读出。当前主要采用并扫和串并扫扫描体制。

2. 焦平面红外成像导引头（第二代）

焦平面红外成像导引头是建立在红外焦平面器件和计算机信息处理基础上设计的高性能系统。红外焦平面成像器采用电子自扫描方式，简化了信号处理和读出电路，不需要复杂的光机扫描机构，可以充分发挥探测器的快速处理功能。它与光机扫描红外成像器相比，具有作用距离更远、热灵敏度更高、空间分辨率更高等优点。红外焦平面成像器能提供更多的目标信息，它为在有干扰的环境中探测、分类和鉴别目标提供了一种有效的方法，而且体积小、可靠性高，更适应现代导弹武器系统的需要。

导引头所用的红外焦平面器件有单片式和混合式两种形式，它们共同具有光子探测、电荷存储和多路输出等功能。单片器件在同一芯片内完成所有功能，这种芯片可以采用像硅器件一样的晶片工艺进行制造，因此成本低；混合器件一般在窄带隙半导体材料制成的探测器阵列中完成光子探测，然后将信号输出至硅信号处理器，在硅信号处理器上完成电荷存储和多路传输功能。

导引头所用红外焦平面器件，既可采用扫描方式，也可采用凝视方式，具体介绍如下：

（1）扫描方式。长波光伏 4n 系列时间延迟积分（TDI）碲镉汞器件（如 288×4 元、480×4 元、960×4 元）等效规模焦平面器件主要采用扫描方式。长波光伏 4n 系列碲镉汞器件是介于线列和凝视面阵之间的扫描型器件，以串并扫方式工作，采用时间延迟积分，灵敏度比线列器件高一个数量级，而成本却比凝视焦平面器件低，且性能好，是先进的新一代红外探测器。这类 4n 系列红外探测器的应用为第二代红外成像导引头摸索出一条低成本、高灵敏度的途径。

（2）凝视方式。凝视型焦平面器件不需要光机扫描结构，采用二维凝视焦平面器件加电子自扫描。这类系统可以简化信号处理和读出电路，如 64×64 元、128×128 元长波碲镉汞焦平面器件（MCCFPA），256×256 元中波锑化铟焦平面器件（InSb FPA）等。

4.2.2 红外成像制导技术基本组成

红外成像导引头组成部分包括实时红外成像器、视频信号处理器、伺服机构、稳定系统等。红外成像导引头的基本框图如图 4-1 所示。

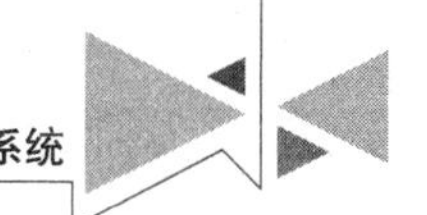

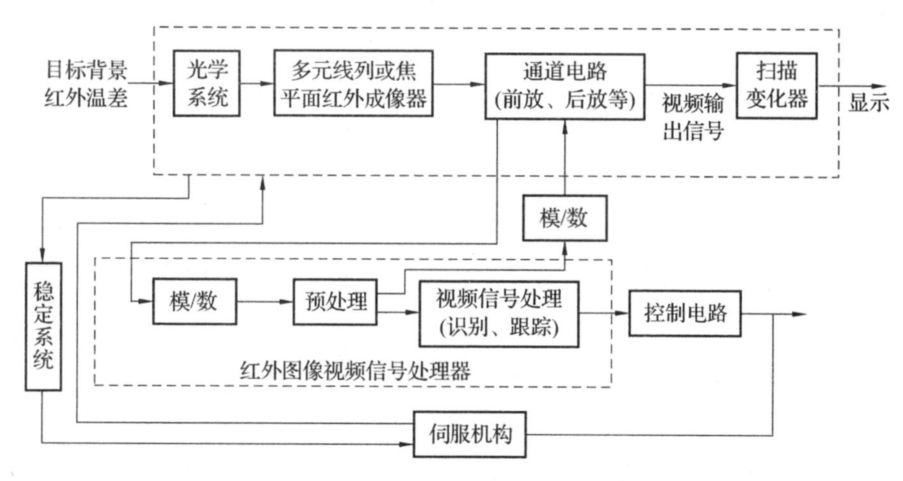

图 4-1　红外成像导引头的基本框图

1. 实时红外成像器

实时红外成像器用来获取和输出外界景物中的红外图像信息。红外成像器是一种收集景物的红外信息，并将测得的景物红外辐射的空间分布转换为实践序列视频信号的光电装置。它把外界景物的红外辐射分布“拍”下来，形成如同电视信号的视频信号，再将它变为数字信号，送给视频信号处理器。

用于导引的红外成像器必须达到实时显示(其取像速率≥15 f/s)，红外成像器在远距离时，必须具有高灵敏度和高空间分辨率，并能给出与电视兼容输出。要求其结构紧凑、坚固，能经得起弹上恶劣工作条件的考验，包括可靠性、可维修性和电磁兼容性的考验。红外成像器原理如图 4-2 所示，其包括光学装置、扫描器、稳速装置、探测器、制冷器、信号放大、信号处理、扫描变换器等几部分。

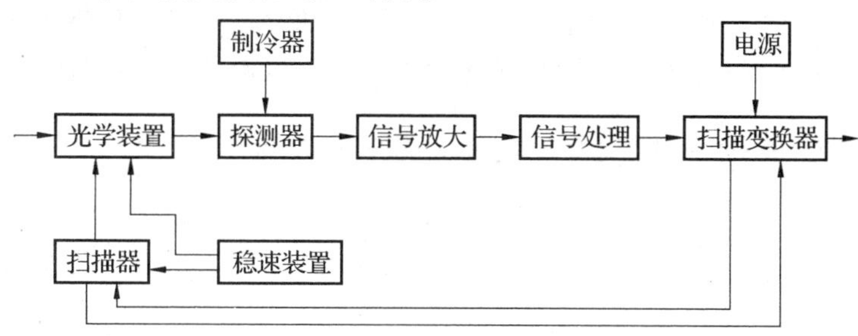

图 4-2　红外成像器原理

2. 视频信号处理器

视频信号处理器对视频信号进行处理，对景物中可能存在的目标，完成探测、识别、定位等多种功能，并将目标位置信息输送到目标位置处理器，以求解得到弹体的导航和寻的矢量。视频信号处理器将经过处理后的图像信息输到显示系统，为操作人员提供清晰的图像以便于操作。此外，视频信号处理器还可向红外成像器反馈信息，以控制它的增益(动态范围)及偏置，还可与放在红外成像器中的速率陀螺组合，完成对红外图像信息的捷联式稳定，达到稳定图像的作用。

3. 伺服机构与稳定系统

红外成像导引头的伺服机构是一个闭环控制系统，其作用包括控制视线(光轴)方位、方向搜索，控制视线(光轴)方位、俯仰方向跟踪。稳定系统是对视线进行稳定。在跟踪状态，伺服机构的误差信号来源于红外成像器误差形成电路产生的方位和俯仰方向误差信号，分别控制两路伺服机构，直到消除误差，导引头光轴对准目标，实现跟踪。伺服机构的动态品质直接影响导引头的测量精度。伺服机构与稳定系统组成如图4-3所示。

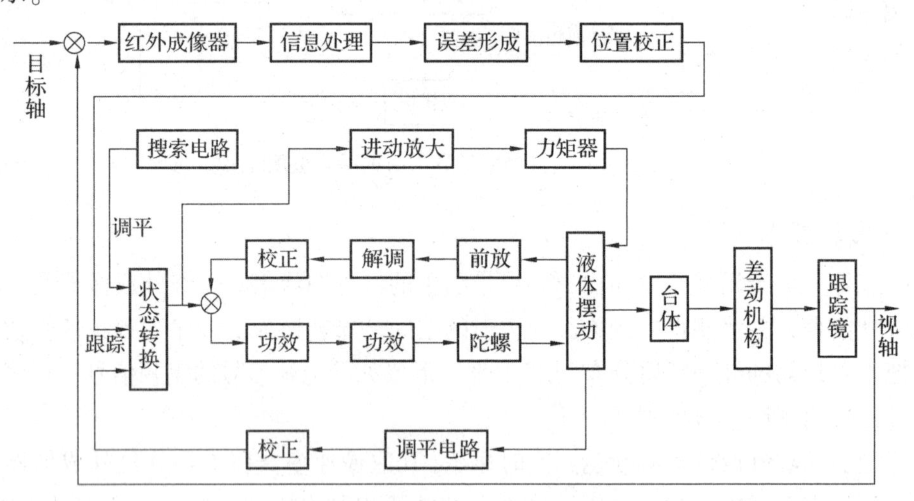

图4-3　伺服机构与稳定系统组成

红外成像导引头稳定与跟踪是应用惯性平台工作原理来实现的。在伺服机构上安装双自由度陀螺仪，利用陀螺的定轴性，通过万向架、力矩电机以及相应的伺服放大器等构成双轴稳定，使台体相对惯性空间稳定；利用陀螺的进动性，通过给陀螺施加控制力矩，使平台处于空间积分工作状态，达到红外成像器光轴对目标进行搜索和跟踪的目的。

4.2.3　红外成像制导技术各部件及原理

1. 光学装置

红外成像器的光学装置主要用于收集来自景物、目标和背景的红外辐射。不同用途的红外成像器有着不同的结构形式，但归纳起来，不外乎两大类：平行光束扫描的光学系统和会聚光束扫描的光学系统，如图4-4和图4-5所示。

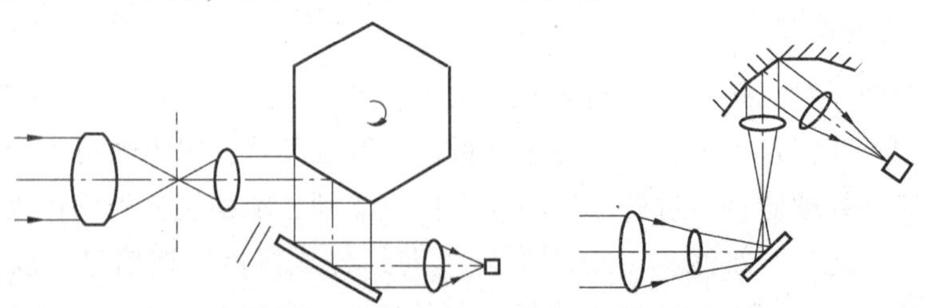

图4-4　平行光束扫描的光学系统

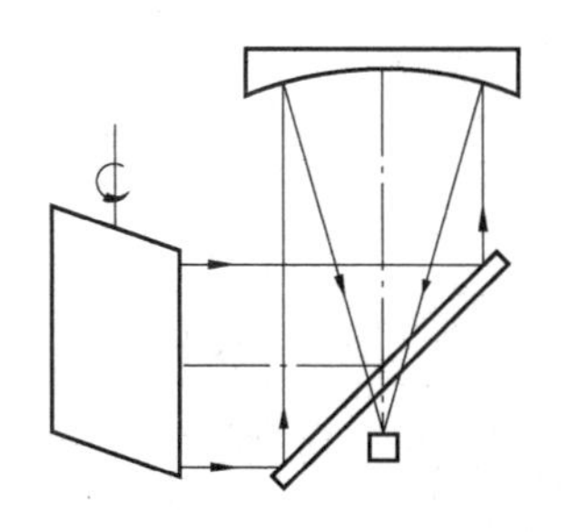
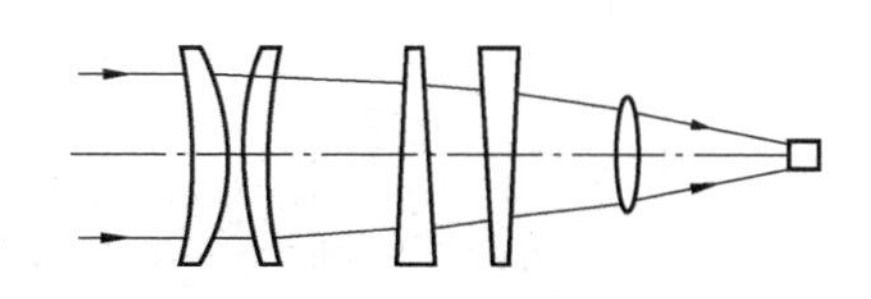

图 4-5　会聚光束扫描的光学系统

2. 红外成像探测器及其制冷器

多元红外探测器是实时红外成像器的心脏和关键。目前用于红外成像导引的探测器主要有 3～5 μm 波段和 8～14 μm 波段的锑化铟器件和碲镉汞器件，并有光导型和光伏型之分。英国发展的 TED 器件(即 Sprite 探测器)主要用于串并扫描热成像通用组件，但并未见到它用于导弹导引。这种器件要求的扫描速度高，以及其本身应用机理带来的问题，使其在导弹导引中的应用受到限制。目前，用于红外成像导引的器件主要有扫描线列探测器或扫描和凝视红外焦平面器件，200 元以内的光导或光伏线列碲镉汞器件(包括锑化铟器件)，已经达到实用水平。

红外探测器必须制冷，才能得到所要求的高灵敏度。如锑化铟器件或碲镉汞器件均需要 77 K 的工作温度，在红外导引系统中，一般选用焦耳-汤姆逊效应开环制冷器来满足探测器的低温工作要求。在实际使用中，一般提供的是红外探测器和制冷器的组合体，即红外探测器组件。

红外成像系统所采用的探测器的工作波长通常分为长波(9～12 μm)波段和中红外(3～5 μm)波段，云、雾、烟尘的颗粒对此波段的散射较小，有利于增加成像系统的作用距离。就国内现有技术水平来说，中波红外多元线列锑化铟探测器较为实用，在远距离探测目标时，不论从哪个方向均可探测到飞机发动机喷出的气流辐射 3～5 μm 能量，到了近距离探测目标(1～2 km)，被大气加热的机身蒙皮辐射 3～5 μm 能量也能被探测到。

在实战情况下，人们不仅需要探测红外辐射信号的强弱，而且希望能够看到红外辐射体的图像，以便于制导武器对目标的识别和跟踪。红外成像探测器的成像方式可分为红外光学机械扫描成像和红外凝视焦平面阵列成像两种。

1)红外光学机械扫描成像

较早应用的红外成像方法是采用红外光学机械扫描成像，其原理如图 4-6 所示。下面以图 4-6 为例简要介绍其成像过程。

光学机械扫描成像的扫描过程是一行一行进行的，与看书的过程类似。红外探测器“视线”的摆动和移动是由光学镜头和精密机械的动作来实现的。因此，这种成像方法叫作红外光学机械扫描成像。这种成像的形式又可以分成多种，但它们的基本原理是相同的。

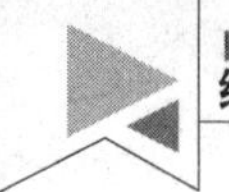

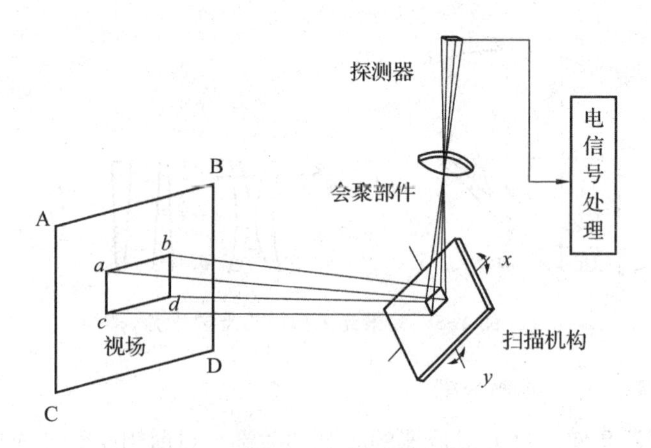

图 4-6　红外光学机械扫描成像原理

图 4-6 中，物平面 *ABCD* 表示红外景物所在的区域。在入射光路里放入扫描平面(或称扫描机构)，它可以绕 x 轴转动，也可以绕 y 轴摆动。景物的红外辐射经扫描平面镜反射以后，被物镜聚焦在探测器上。不过，探测器在每一瞬间只能“看”到物平面中很小的面积，假定探测器瞬间只能“看”到正方形面积 $abcd$，这一面积通常叫作瞬时视场，或称单元探测器视场。单元探测器视场与景物空间单元相对应。当扫描平面绕 x 轴转动时，瞬时视场就会沿水平方向变化，这就是水平扫描；当扫描平面绕 y 轴转动时，瞬时视场就会沿垂直方向变化，这就是垂直扫描。这样，只要扫描平面绕 x 轴转动和绕 y 轴转动的速度配合适当，瞬时视场就可以从左到右一块挨着一块、从上到下一行接着一行地扫视整个目标区域。可见，只要扫描平面镜做机械扫描运动，就能大大扩展探测的空间范围，就如同人们利用头部的转动来扩大视野一样。

红外探测器在探测到每一个瞬时视场时，只要探测器的响应时间足够短，就会立即输出一个从瞬时视场接收的与红外照度成正比的电信号，它与红外摄像管的电子束扫描输出的视频信号相似，经放大处理后，电信号按扫描顺序输送至显示系统，这样就可以看到红外图像了。

红外光学机械扫描成像方式有两个主要缺点：一是扫描机构比较复杂，抗振能力差，有相当的易损性；二是成像速度慢，不利于跟踪超高速目标。故此，在 20 世纪 70 年代产生了一种新型的也是当今最受人们重视的红外凝视焦平面阵列成像方式。

2)红外凝视焦平面阵列成像

在焦平面阵列中，单元探测器的数目大大增加，使整个视场背景都可以被同时记录下来，形成视场内的红外成像。图 4-7 是红外焦平面阵列成像概念示意。

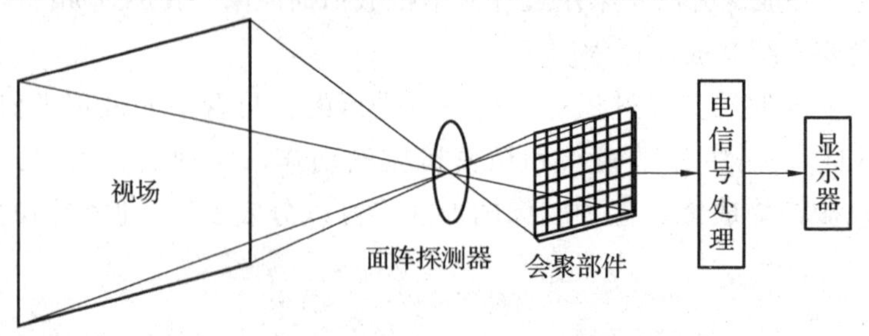

图 4-7　红外焦平面阵列成像概念示意

目标空间的分辨元(像素)都是在直接镶嵌而成的探测器阵列上成像，然后被显示。面阵中的每个探测元对应物空间的相应单元，整个面阵对应整个被观察的背景空间。焦平面阵列的成像原理十分类似于照相方式，即把整个目标空间都同时录在胶片上，或录在固态成像装置上。采用并行式收发技术，将面阵各探测元接收的景物信号一次送出。这种用面阵探测器大面积摄像，经采样而对图像进行分割的方法称为固态自扫描系统，也称为凝视系统。这种系统是 20 世纪 70 年代中期以后伴随红外电荷耦合器件(CCD)的出现而产生的，对热成像技术产生了巨大的影响，导致了新一代小体积、高性能、低能耗、无光机扫描及无电子束扫描的红外成像系统的出现。

凝视焦平面阵列导引头是红外成像导引头的研制方向。这种探测器有很高的灵敏度，帧率高(可达 60 Hz)，可适应目标高速机动引起的目标景象变化。焦平面阵列的探测器单元数量很大，为了减少引线和减少制冷器的热负载，一般采用 CCD 或电荷注入器件(CID)实现信号处理(CCD 既可用作红外敏感器、存储器，也可用作信号处理器)，将红外探测器阵列和 CCD 制作在一块基片上(单片式)或分别制作，然后互联(混合式)，这种器件称为平面红外 CCD。光学成像探测系统除了能聚集红外辐射能量外，还兼有信息记忆和多路读取的功能。它先对红外探测器的单元输出信号进行处理，然后按要求的顺序输送出去。

焦平面阵列探测器的材料为在蓝宝石衬底上用液相外延生长的碲镉汞，其单元尺寸为 $60\ \mu m \times 60\ \mu m$，阵列为 128×128。多路开关是一个 FET 开关阵列，由 CMOS 移位寄存器驱动。器件的信号容量为 30×10^6 个电子，它是由积分容量大小确定的。器件的像元运用效率大于99%，很可靠。已确定阵列平均量子效率近似为0.67 和填充系数为99%。焦平面阵列被装在一个改进的 Janis 杜瓦瓶内，用液氮制冷到80 K。传统上，红外成像选择 8 ~12 μm 的长波段，性能优于 3 ~5 μm 的中波段，主要是长波红外波段有优越的大气透过率，尤其在有霾的情况下，效果更明显。但是，中波段红外可以获得很好的对比度。该探测器选用 3 ~5 μm 中波段，是为了充分利用中波段的对比度，消除某些多余效应，如太阳负载。为消除太阳的负载效应，该探测器将一个 4.3 μm 的陡峭滤波器置于冷屏出口，则该系统在 4.3 ~4.85 μm 的窄波段内工作，把探测器的高量子效率(>70%)、大容量(30×10^6 个电子)与可变的积分时间相结合，因此，使该波段红外焦平面阵列系统克服了与 3 ~5 μm 波段有关的大气衰减问题。

3. 扫描器

目前用于导引红外成像器中的扫描器多数是光学和机械扫描的组合体。光学部分由机械驱动完成两个方向(水平和垂直)的扫描，实现快速摄取被测目标的部分信号。它分为两大类：物方扫描和像方扫描。二者是因扫描器位于物方还是位于像方而得名。物方扫描是指扫描器在成像透镜前面的扫描方式；像方扫描是指扫描器在成像透镜后面的扫描方式。从图 4-8 可以直观地看出，扫描器在图的左方为物方扫描，在图的右方则为像方扫描。这两种扫描方式的优缺点如表 4-1 所示。

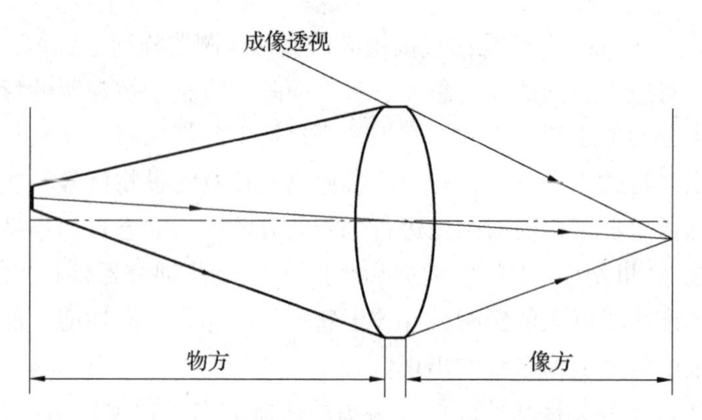

图 4-8 红外成像系统的光学成像原理

表 4-1 物方扫描和像方扫描优缺点的比较

扫描方式	优点	缺点
物方扫描	容易加工；成本低；视场大；光效率高；调试方便；光学系统较简单	扫描效率低；变换视场困难；笨重、尺寸大；难以实现高速
像方扫描	体积小、质量轻；扫描功率高；能实现高速；可变换视场；能实现串并联扫描；光学系统复杂	复杂、加工难度大；成本高；调试困难；光效率低

4. 稳速装置

稳速装置用来稳定扫描器的运动速度，以保证红外成像器的成像质量。它由扫描器的位置信号检测器、锁相回路、驱动电路和马达等部分组成。因为整个红外成像器是一个将目标温度空间分布转换成按规定时间序列电信号的时空变换器，稳速装置的稳速精度将直接影响红外成像器的成像质量，因此，在红外成像器设计中，稳速回路的设计也是其中重要的内容之一。

5. 信号放大和信号处理

信号放大通常指对来自红外探测器的微弱信号进行放大。实际上，由于红外探测器的特殊性，信号放大的含义包括使红外探测器得到最佳偏置和对弱信号放大的两个内容。往往前者比后者更为重要，因为如果没有最佳偏置，红外探测器就不能呈现最好的性能，所以对红外探测器输出的微弱信号放大有特殊的要求。在讨论红外成像器组成时，把信号放大作为一个独立的部分，它包括前置放大器和主放大器两部分。

信号处理是指使视频信噪比得到提高和对已获得的图像进行各种变换处理，以实现方便、有效地利用图像信息。红外成像系统无论是其内容还是处理方法，都与非成像系统的信号处理有很大区别。

6. 扫描变换器

扫描变换器的功能是将各种非电视标准扫描获得的视频信号，通过电信号处理方法变换成通用电视标准的视频信号。扫描变换器能够将一般光机扫描的红外成像系统与标准电视兼容，因而可更有效地利用和存储红外图像信息。

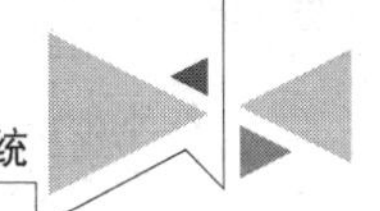

4.2.4　视频信号处理器

视频信号处理器是对来自红外成像器的视频信号进行分析、鉴别，排除混杂在信号中的背景噪声和人为干扰，提取真实目标信号，计算目标位置和命中点，送出控制自动驾驶仪信号等。为了完成这些功能，实际上视频信号处理器是一台专用的数字图像处理系统，其功能组成如图4-9所示。其基本功能环节有图像与处理、图像识别捕获、跟踪定位、增强及显示和稳定处理等。

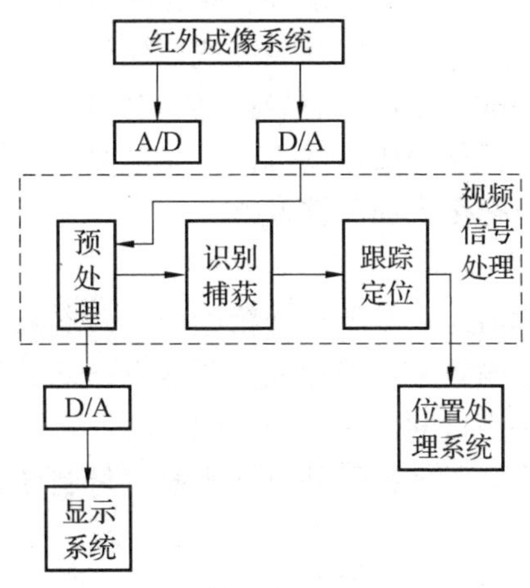

图4-9　视频信号处理器功能组成

图像预处理主要是指把目标与背景分离，为后面的目标识别捕获和跟踪定位打好基础。识别捕获是一个功能复杂的环节，它首先要确定在成像器视频信号内有没有目标，如果有目标，则给出目标的最初位置。在跟踪过程中，有时还要对每次所跟踪的物体进行监测，即对目标的置信度给出定量描述。随着导弹和目标间距离的缩短，有时识别环节要更换被识别的内容，以实现在距目标很近时，对其易损部位进行定位。跟踪定位首先用稍大于目标的窗口套住目标，以隔离其外部背景的干扰，并减少计算量。在窗口内，按不同模式计算出目标在每帧图像中的位置：一方面把它输出至位置处理系统，获取导航矢量；另一方面用它来调整窗口在画面中的位置，以抓住目标，防止目标丢失。在跟踪定位中，需要将每一帧图像中的目标位置信号输出，从而实现序列图像中的目标跟踪。显示是为人参与提供的电路，为操作人员提供清晰的画面，结合手控装置和跟踪窗口可以完成人工识别和捕获。稳定处理的功能是依据红外成像器内的陀螺所提供的成像器姿态变化的数据，将图像存储器内被扰乱的图像进行调整稳定，以保证图像的清晰。上述内容是视频信号处理器的基本工作。对于复杂任务，某些功能的实现所需要的基本数据或“信息”，并不能全部在弹上实时获得，需要地面预先装入。

在导弹发射之前，由制导站的红外前视装置搜索和捕获目标，根据视场内各种物体热辐射的差别在制导站显示器显示图像。目标的位置被确定之后，导引头便跟踪目标。导弹发射后，摄像头摄取目标的红外图像，并进行处理，得到数字化的目标图像，经过图像处理和图像识别，区分目标、背景信号，识别真假目标并抑制假目标。跟踪装置按预定的跟踪方式跟踪目标，并送出摄像头的瞄准指令和制导系统的引导指令，引导导弹飞向预定的目标。视频信号处理的本质是一个信号检测问题，它采用数字的信号处理方法，从红外特有的低反差目标和背景图像数据中检出所需目标信息，在红外成像导引头的设计中，占有十分重要的位置。视频信号处理的能力与质量直接影响导引头探测目标的分辨率，以及在复杂环境中的抗干扰能力和导弹对目标的命中精度。

4.3 红外成像制导技术的对抗

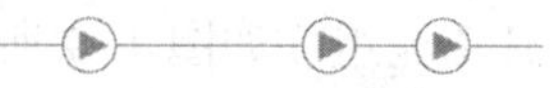

红外制导武器因其性能优越、命中精度高、操作相对简单等优点，仍是各国研究和改进现代武器的焦点之一。目前，美国在红外制导武器研究方面处于领先地位，不少装备已在战场上亮相，并取得非凡的战绩。红外制导武器为对付红外干扰而采用的几项措施，实际上也就是红外制导武器将要发展和改进的方向。光电对抗包括光电侦察与干扰、反光电侦察与干扰两个对立面，同时每个方面又涉及红外、可见光、激光 3 个技术领域。本节着重讨论红外干扰和反红外干扰。

如何对抗红外精确制导武器无疑是随红外精确制导武器的发展而发展的。对抗的任务显然就是要从整体上降低武器的效率，破坏或削弱敌方设备的效能，而反对抗是以确保己方红外制导武器设备正常工作为目的。红外制导武器的发展和应用使军用飞机和坦克等受到巨大的威胁。因此，人们采取了多种红外对抗手段对付制导武器。

4.3.1 红外干扰

红外干扰可以分为积极干扰和消极干扰两大类。消极干扰也叫作无源干扰，包括涂料、伪装(伪装网、伪装衣或假目标等)、施放烟雾及投放金属箔条；积极干扰是主动地把敌人的红外制导武器引开(即误导)，如红外曳光弹是一种主动欺骗式的干扰装置。红外曳光弹能在 3 ~5 μm 光谱区内，产生类似于飞机发动的强烈红外辐射，投放之后可诱导导弹偏离目标。美国已装备空军的红外曳光弹有 ALE-20、ALE-30、ALE-40 等型号。另有一种新型号的曳光弹，这种曳光弹在燃烧时可延续 3 s，能够有效地保护 F-4、F-16 喷气飞机。

此外，美国还有 3 种不同形式的干扰机：第一种是利用强光铯灯作为辐射源，如 ALQ-104、ALQ-107、ALQ-123 干扰设备。第二种是用燃料燃烧产生很强的辐射源，并对辐射源的信号进行调整，产生欺骗红外干扰信号，使敌人的红外制导武器不能跟踪目标。早期的设备有 AAQ-4、AAQ-8，1997 年以后研制成的 ALQ-149、ALQ-132 也属于这一种。第三种是电加热式干扰机，如 ALQ-144，它主要用于武装直升机，安装在排气管的后方，这是一种压制性干扰机，据美国称可以干扰 6 种不同型号的空空和地空导弹。

未来的红外干扰器可设计成一种武器，能定向直接发射高性能光束去摧毁来犯的红外制导武器。高能激光武器的出现和发展将成为红外制导武器的强劲对手。因为激光的方向性好，而且能量集中，所以可以用来直接烧毁敌方的红外探测器或射手的眼镜，甚至摧毁敌方的导弹。美国的“复仇女神”AN/AAQ-24(V)定向红外对抗装置和一种先进的红外威胁对抗系统两项研究计划中，“复仇女神”定向红外对抗装置装备在从轻型直升机到大型固定翼飞机共 14 种机型上；红外威胁对抗系统，实际上是一种把导弹警告、红外干扰和曳光弹投放功能综合在一起的系统，美军用它来取代 ALQ-144 系列干扰机和 ALQ-156 导弹警告系统。

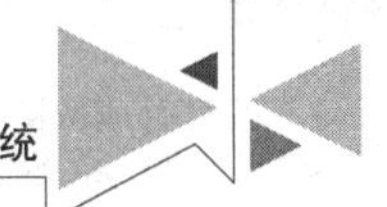

在过去的几十年里，据相关统计，战场上损失的飞机被红外制导导弹击落、击伤的约占93%，而雷达制导导弹和高射火炮击中的仅占5%左右。为了有效对抗日趋严重的红外制导导弹的威胁，人们不断开发出先进红外干扰手段。采用红外隐身、烟幕、红外干扰弹、红外干扰机以及激光致盲手段，可以有效地对抗红外导弹，确保自身平台安全。

目前，红外制导导弹面临的干扰环境已发展成熟，可分为两大类：一是自然干扰；二是人为干扰。自然干扰是由强烈的阳光辐射干扰红外系统，使导弹迷失目标。对于自然干扰，红外制导导弹在设计研制时就已考虑，而人为干扰因素则要认真分析和对付。人为干扰分为有源干扰和无源干扰，也称积极干扰和消极干扰，其措施类型如图 4-10 所示。

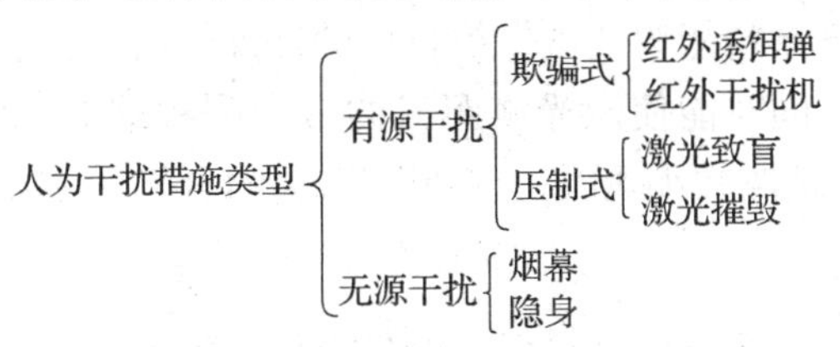

图 4-10 人为干扰措施类型

1. 复合红外烟幕

烟幕是一种人工产生的气溶胶，是军事遮蔽和伪装武器。它不仅可以用来伪装和遮蔽，还可以迷惑、迷茫敌方。在 1 ~ 3 μm、3 ~ 5 μm、8 ~ 14 μm 波段中，用主动照射和环境辐射都能成像。但波长大于 3 μm，则常用物体和热辐射成像，即被动成像。除了空中的飞机、海上的舰船和陆地行驶的坦克等与周围环境温度之间有较大的温度差以外，对于地面大多数军事目标来说，其温度低得多，与周围环境温度差仅为 5 ~ 10 ℃。

复合红外烟幕对目标的遮蔽作用主要是利用材料的红外吸收特性，在主要的干扰频段上，烟幕强烈地吸收目标的红外辐射，使具有固定观察视频的热像仪无法接收目标的辐射信息。

烟幕凭借大量的微小颗粒对可见光、红外辐射起吸收和散射综合作用，可以把入射的红外辐射衰减到光电瞄准探测系统不能可靠工作的程度。当目标产生的红外辐射通过遮蔽烟幕的透过率小于 15% 时，被动红外成像系统将无法显示完整目标图像。遮蔽烟幕的作用在于，热成像系统光电转换后的信噪比减小到不足以使其得到清晰图像的程度，从而起到对红外成像的干扰作用。

2. 红外隐身技术

红外隐身技术隐蔽的信号是目标的相对辐射能量和红外辐射能量的特征。为达到这一目的，红外隐身技术主要采用的技术途径是降低辐射强度、改变辐射特征和调节红外辐射的传输过程。为了对抗红外成像系统，采用掩盖和歪曲敌方所要观察的目标、信号及其他痕迹的方法，以混淆目标的数量和位置，降低敌方探测识别能力，即把目标的信号或对比度降低到传感器系统无法鉴别的程度(±40 ℃以内)，也就是消除或降低目标的红外观察特征，使目标与背景的红外观察条件一致，以达到隐身的目的。

对热成像系统来说，热成像隐身就是要尽可能减小目标与背景之间的辐射差别，降低目标的热辐射强度，改变目标的热辐射特性，调整热辐射的传输过程，使热成像系统看不见或看不清目标。为了实现热成像隐身，可以用涂料做成伪装网或伪装罩覆盖于目标表面或架在目标周围，从而改变目标的热辐射特征，也可以根据背景条件提供红外迷彩设计，使目标的热成像很好地融于背景中。

有材料表明，当今舰船采用红外隐身技术，其红外辐射能量降低90%，红外探测设备发现目标舰船的有效距离可缩短60%。飞机采用红外隐身技术取得了引人注目的成绩，如俄罗斯的苏-39飞机，发动机喷口安装了专门的换气装置，可使喷气最炽热的部分冷却，从而使热辐射降低66%~75%。苏-39首次解决了强击机在飞行过程中易被红外制导导弹发现和袭击的难题。

我国研制的复合隐身涂料能改变被保护目标的红外辐射特征，降低红外成像制导导弹的发现概率和识别概率，同时能使激光测距机的最大测程缩短80%~85%，能使X波段和8 mm波段的雷达作用距离减小40%，相当于雷达的RCS衰减8~10 dB。

3. 红外假目标技术

红外假目标不但外形上要求像真目标，而且内部要配置热源，使假目标的外表与真目标具有类似的温度特性，形成与被保护目标相似的空间热图。利用假目标不仅能降低目标被探测的概率，而且能降低目标击中的概率。假目标不但要形象，而且要神像。海湾战争期间，伊拉克做了大量的坦克、飞机、导弹发射装置的假目标，并在假目标内安装了热源以及无线电应答器等，有效地对抗多国部队的侦察系统和制导系统。1999年北约轰炸南联盟时，南联盟设置了大量假目标，并隐真示假，在战争中起到了一定的作用。

4. 红外诱饵技术

随着多光谱和红外成像制导技术的发展，一般的点源型单光谱高能量红外诱饵弹只能干扰红外制导导弹，而对红外成像制导导弹却无能为力，为此以美国为首的西方国家正在发展一类大载荷、大面积、高效能和宽光谱的面源型红外诱饵弹对抗系统。例如，用凝固汽油作辐射源的红外诱饵弹，或用喷油延燃技术来产生红外诱饵弹的对抗系统，以及能模拟飞机的气动特性且具有伴飞能力的LORALI诱饵弹，或产生的红外特征与大型飞机红外特征基本相同的新型拖曳式红外诱饵系统等，以有效地干扰多光谱制导和红外成像制导导弹。20世纪80年代中期，美国研制成功RBOC Ⅲ型红外诱饵弹，口径是130 mm，采用SRBO发射装置。该弹由美国“火炬”红外诱饵弹发展而来，在3~5 μm和8~14 μm双波段内具有足够大的红外辐射能量输出并形成屏障。

新型红外诱饵弹的特点是形成速度快，辐射频段宽，辐射能量和辐射面积大，可以对抗3~5 μm和8~14 μm的热寻的导引头，还可以对抗红外成像导引头，是各国正在不断采用新技术发展的面源型红外诱饵弹系统。

此外，一般的红外成像导引头均有目标识别能力，但由于各种限制，识别能力有限，在目标与干扰物的图像重叠或部分重叠时，不可能根据灰度差辨认目标和干扰物，从而摒弃干扰物而只对目标跟踪。因此，对抗红外成像导引头，面源型红外诱饵弹应该是较好的干扰物。

5. 激光致盲

高能激光主要依靠烧蚀效应、激波效应、辐射效应实现对目标的杀伤破坏作用。在探

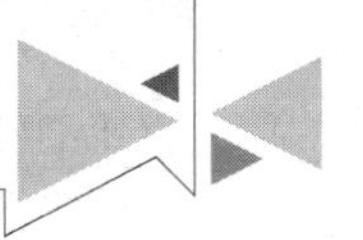

测系统发现并跟踪红外成像制导导弹后，可使用激光对齐照射，使电荷耦合器件和红外成像导引头饱和、损伤、致盲，从而失去精确制导能力，使来袭导弹的命中精度下降到原来的几十分之一到十分之一，从而保护重点目标的安全。

4.3.2 反红外干扰

反红外干扰完全是为了揭穿和避开敌人的干扰，保证己方的设备正常工作。因此，在设计现代红外制导武器时，要把红外对抗的性能作为新产品、新装备的一项重要技术指标。任何一种制导武器在设计时都要考虑反对抗措施，这样才能保证它在干扰条件下的生存能力。不考虑这一点，再先进的武器也会丧失其先进性，因为未来战争将是一场充满电子对抗、光电对抗的战争。为了不被敌方侦察到，制导武器系统应当具有尽量少的辐射能量，并以最高速度完成作战任务的能力。为使对方的对抗措施不能奏效，各国大致采用了以下技术。

1. 光谱鉴别技术

这是利用目标、背景以及人工干扰辐射源的光谱分布的差异，通过限制系统的光谱通带，也就是通过选择最佳工作波段的方法，把目标从自然和人工干扰中识别出来。光谱鉴别一般用滤光镜来实现。滤光镜可以滤除阳光及云团等较短波长的干扰，也能去除与飞机发动机辐射有区别的干扰曳光弹的诱骗干扰。

2. 多光谱鉴别技术

这是一种利用几个红外波段同时成像，能够比较有效地从伪装中识别真假目标的技术。因为一种红外伪装只能对某一种红外波段起作用，所以多光谱成像识别真伪的准确度将比单光谱时有所提高。通常采用对多个波段敏感的光电装置，如双色红外探测器。这种探测器现在已在美、法、俄等国研究的地空导弹中使用。

3. 相关技术

由于目标信号之间存在一定的相关性，而噪声则不具备这种相关性，因此利用这种相关特性可以滤除杂波和干扰，提高对抗性。

4. 红外焦平面阵列成像技术

采用这一技术加上目标识别、图像处理技术，可以实现“智能化”制导，让红外制导武器去自行判断要进攻的目标，实现发射后不管。

5. 复合制导技术

红外对抗技术的日益发展，势必促进红外制导系统的复杂化。采用复合制导技术，可以使不同的制导技术相互取长补短，发挥综合优势，以保障制导武器的作战需求。

除此之外，制导武器的技术、战术性能方面必须严格保密。例如，对使用和研制中的导弹性能，必须进行严格保密。即使它的使用性能不太理想，但突然使用也可能出奇制胜。如果武器性能保密不当，或者被敌方侦破，敌方只要采用较简单的方式进行对抗，就可以大大降低其使用效果。因此，各国对自己使用和研制中的导弹技术性能往往采取非常严格的保密措施。在战争中只有知己知彼，方能百战不殆，因此敌方总是不惜使用各种手段去侦破对方武器的技术性能，寻找对付的方法。

4.4 目标识别算法设计与分析

自20世纪60年代末开始发展自动目标识别技术以来，红外成像自动目标识别(Automatic Target Recognition，ATR)一直是一个引人关注的研究领域。自动目标识别是武器系统智能化、自动化的关键技术，红外成像自动识别具有巨大的军事应用价值。在红外成像制导武器中采用自动目标识别技术，可以使武器具备发射后载机脱离、发射后不管以及识别目标、诱饵和干扰的能力，提升红外成像制导武器的作战效能和武器载机的生存能力。目前，国外已经将红外成像自动目标识别技术应用在大型地面固定目标以及飞机类目标的红外成像制导武器中。

20世纪90年代，随着高速数字信号处理器(DSP)的快速发展，自动目标识别的计算硬件瓶颈得到突破，而红外焦平面阵列的日渐成熟和性能水平的不断提高，使作为自动目标识别输入红外成像传感器的性能显著提高，红外成像自动目标识别在某些识别领域中已得到应用。

4.4.1 红外成像导引头对算法的要求

用于红外成像导引头的自动目标识别应具备很高的跟踪精度、很强的干扰抑制能力以及快速反应能力，具体来说有如下要求。

1. 实时性要求

红外成像导引头要求在帧周期之内完成帧成像积分、帧图像传输、帧图像自动识别功能，但红外成像导引头的空间有限，图像处理机体积受限，因而计算能力有限，自动目标识别的计算量应尽可能小，这样才能在有限的计算资源条件下，结合并行处理技术来满足导引系统的实时性要求。

2. 跟踪精度要求

自动目标识别给出的光轴与视线的角位置是红外成像导引头随动系统的输入信号。自动目标识别误差是红外成像导引头随动系统误差的主要来源之一。自动目标识别的跟踪精度越高，红外成像导引头的跟踪精度就越高，一般要求自动目标识别的动态跟踪误差不大于两个像素。

3. 虚警率与检测概率要求

自动目标识别应该在尽可能小的虚警条件下获得尽可能大的检测概率，这样才能最大可能地检测出目标而尽量不出错。一般自动目标识别的虚警率控制在10^{-5}量级，而检测概率在信噪比不小于3的条件下要求不小于90%。

4. 鲁棒性要求

红外成像导引头工作在复杂的环境之中，所成的图像质量受季节和天气变化、天时变化、地形条件、植被类型和条件、传感器视角、目标类型、载体运动特性、传感器噪声特性、各种伪装和欺骗等因素的影响而发生变化。自动目标识别应能够适应这些条件的变化，同时能够适应运动模糊、旋转模糊、尺度变化、气动光学效应、对比度变化，以及具备抑制各种噪声的能力。自动目标识别应有较强的鲁棒性。

5. 抗干扰能力要求

现代战争的光电对抗环境日益复杂，红外成像导引头处于各种人为光电干扰以及自然背景干扰环境之中，自动目标识别应具备抵抗人为光电干扰和背景干扰的能力。

6. 作战保障条件要求

自动目标识别一般只适用于某些特定的场合，普遍适用的自动目标识别技术是不存在的。但自动目标识别不应该对作战保障条件提出苛刻的要求，应尽量不需要在战时提供实时的信息保障。当然可以需要一些外部信息支持，如非实时的目标区域图片等。对作战保障条件要求越低，则红外成像导引头使用起来越方便。

4.4.2　自动目标识别算法的分类

自动目标识别算法还没有形成准确、严谨的分类准则。可以根据不同的分类标准对自动识别算法进行大致的分类，如图4-11所示。

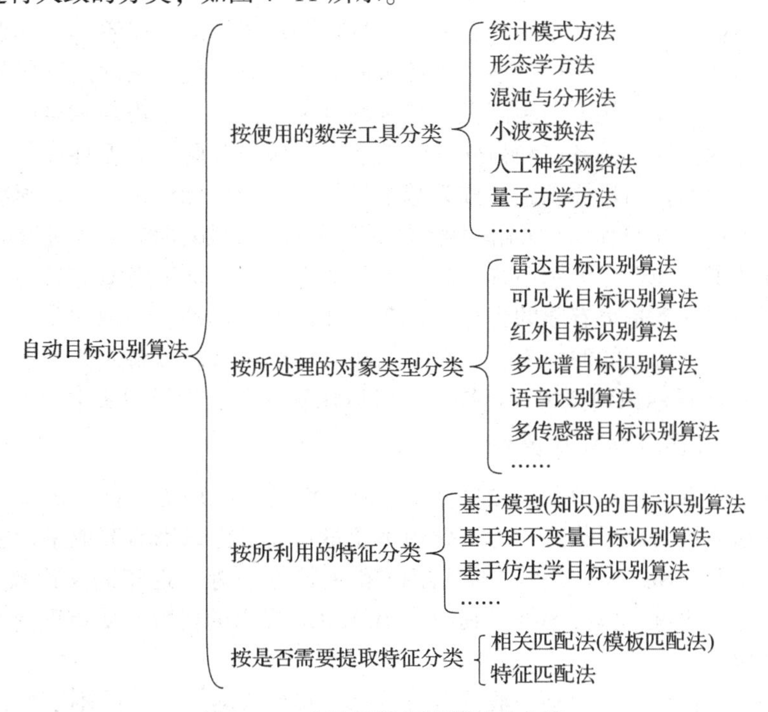

图4-11　自动目标识别算法的分类

4.4.3　主要算法的性能分析

现有的自动目标识别算法主要有以下几种：统计模式自动目标识别、基于模型(知识)的自动目标识别、基于不变量的自动目标识别、特征匹配自动目标识别和模板相关匹配自动目标识别等。

1. 统计模式自动目标识别

统计模式自动目标识别基于如下假设：同类物体的特征聚集于多维特征空间的同一区域，而不同种类物体的特征处于特征空间的不同区域，并且这些区域是易于区分的。该算法通过计算图像中每个候选检测区的矩形域的亮度来检测感兴趣区，找到目标的潜在区域后，提取图像的统计特征并在特征空间中聚类，将每类所对应的特征量度与系统已存储的各种具体目标类型的特征量度比较，选择最接近的为待识别目标。

统计模式识别完全依赖于自动目标识别系统大量的训练和基于模式空间距离量度的特征匹配分类技术，不具备学习并适应动态环境的智能，对样本的选取和样本的数量较敏感，难以有效处理姿态变化、目标部分遮掩、高噪声环境、复杂背景以及目标污损模糊等情形的目标识别。即使是在有限区域范围内，由于天气状况的改变，其性能也会发生重大变化，因此大多数成功的应用只局限于很窄的场景定义域内。

2. 基于模型(知识)的自动目标识别

早在20世纪70年代末期，人工智能和专家系统技术就被普遍应用于自动目标识别研究，从而掀起了智能自动目标识别的研究热潮，并由此形成了基于模型(知识)的自动目标识别技术。基于模型的自动目标识别是通过对待识别图像形成假设，并试图验证候选假设来进行的。顶层假设基于辅助智能信息开始特征和证据的提取，而不需要特别的目标假设，然后将已提取的特征和证据相结合来触发目标假设的形成，接着从目标假设中产生二级假设去预测图像中的某些特征，最后推理机制试图通过与随后提取的图像特征进行匹配来验证预测结果。这样，从下一层假设中得到的推论性证据用于更新和修改目标假设，然后或者表示已识别目标，或者启动另外一轮的下一层假设和验证，循环往复，最终识别目标，所以基于模型的自动目标识别又称为基于知识的自动目标识别。基于模型自动目标识别具有一定的规划、推理和学习的能力，在一定程度上克服了统计自动目标识别的局限性，极大地推动了自动目标识别系统走向实用化的进程，但基于模型(知识)的自动目标识别系统的知识利用程度是很有限的，加上还存在知识源的辨别、知识的验证、适应新场景时知识的有效组织、规则的明确表达和理解、实时性等很多难以解决的问题，因此，基于模型(知识)的自动目标识别技术在近期内还难以用到红外成像导引头中。

3. 基于不变量的自动目标识别

基于不变量的自动目标识别提取目标的形状、颜色、纹理等特征中的某种不变特征来对目标进行识别。目前以形状特征为基础的不变量自动目标识别研究成果最多，如矩不变量、傅里叶描述子、HOUGH 变换、形状矩阵和主轴方法等，近年来又出现了一些算法，如复杂度、扁率、比重、偏心率等，其中以 M. K. Hu 提出的代数不变矩理论为代表的矩不变量的应用最为广泛。

基于不变量的自动目标识别一般具有对目标平移、旋转、缩放的不变性，有简单明确的特征表达方式，通过搭配组合并进行合理的参数设计，能够可靠地对目标进行自动识别，在对许多具体目标，如飞机、坦克、车辆等的识别中表现出了良好的性能。但基于不变量的自动识别有两个显著的缺点：其一，对噪声比较敏感，当图像存在噪声或者模糊时，难以保证所提取的特征具有不变性，使用时需要进行预处理来减小图像噪声；其二，基于不变量的自动目标识别，特别是基于矩不变量的自动目标识别，计算量和所需的存储空间较大，难以在弹载实时系统中满足实时性要求。

4. 特征匹配自动目标识别

特征匹配法是通过比较标准图像目标与实时图像目标的特征来实现目标识别。它利用目标的某种特征，如几何特征、纹理特征、不变矩特征、仿射不变特征、透射不变特征等，对目标进行识别。该方法提取实时图像目标的特征与记忆的特征进行比较，计算两者之间某种距离，最小时即确定为目标。特征匹配法充分地利用了目标的形状信息，对目标的几何和灰度畸变不敏感，因而可以保证较高的跟踪精度，其计算量和存储容量大大减

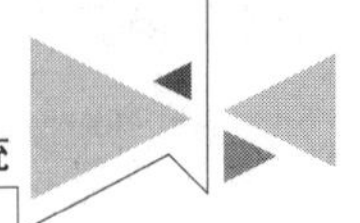

小。自20世纪70年代以来，特征匹配算法受到了人们普遍的重视，先后提出了序贯特征探测法、特征聚类法、线性特征匹配法、综合特征匹配法以及结构/符号匹配法等。但特征匹配法对噪声十分敏感，对预处理和特征提取有较高的要求，比较适合于目标特征明显、噪声较小的场合。此外，在纹理较少的图像区域提取的特征的密度通常较小，局部特征的提取困难。特征匹配方法的特征提取计算代价较大，并且需要一些自由参数和事先按经验选取门槛值，不便于实际应用。

5. 模板相关匹配自动目标识别

模板相关匹配法通过计算实时图与参考图之间的相关测度，根据最大相关值所在位置，确定实时图中目标的位置。模板匹配法具有很强的噪声抑制能力，可以在很强的噪声条件下工作，它对有关目标的知识要求甚少，而且计算形式非常简单，容易编程和硬件实现，因而一开始就得到了人们的重视，人们陆续提出了归一化相关法、相位和双级相关法、统计互相关法、幅度排序相关法和广义相关法。在改进的相关法中影响最大的是序贯相似性算法(SSDA)，后来也提出了一些性能优于SSDA的算法，但原理与SSDA算法相同，只是使用了不同的测度而已。之后人们又提出了空间相关测度算法，其改进工作一直延续至今。从国外ATR技术的成功应用来看，模板匹配法是以后ATR算法的主要研究方向，相继提出了空间相关测度算法、基于局部熵差的图像匹配法、基于主成分分析的相关匹配法、基于特征的相关算法、多尺度相关算法等。但模板匹配法对几何和灰度畸变十分敏感，计算量偏大，而且往往不能利用目标的几何特性，易产生积累误差。它适用于实时图与参考图的产生条件较为一致、目标尺寸变化很小、景物各部分的相关性不强的场合。人们对与提高匹配精度和匹配速度有关的各种问题，如定位精度、噪声、灰度电平偏差、量化误差等误差因素对匹配性能的影响等都进行了系统的研究，为模板匹配技术在寻的系统中的应用奠定了一定的技术基础。

表4-2是几种算法在打击地面目标的自动寻的系统中应用时的性能比较。从表中可以看出，模板相关匹配识别算法是在表中所关心的因素条件下较优的一种算法。

表4-2　几种算法在打击地面目标的自动寻的系统中应用时的性能比较

项目	算法				
	统计模式识别算法	模型(知识)识别算法	不变量识别算法	特征匹配识别算法	模板相关匹配识别算法
计算量	较大	较大	大	较大	较小
易实现性	一般	较难	一般	一般	容易
实时信息保障要求	低	低	低	低	较低
是否依赖实时分割	是	是	是	是	否
实时性	一般	差	不好	较好	好
噪声适应性	差	较好	差	差	好
小目标识别距离	一般	小	小	小	大

4.4.4　自动目标识别算法设计

1. 算法设计准则

要满足红外成像导引头对算法的要求，目标识别算法开发起来就相当困难，实际进行自动目标识别算法设计时，还可以利用验前信息。适当的设计准则能够保证目标识别算法的开发不会代价太大、周期太长，因而给出合适的设计准则是目标识别算法得以成功开发和应用的前提。针对具体问题的求解有一些设计准则。一般地，算法设计应遵循以下几个通用准则：

(1) 简单性准则。算法设计应尽量遵循简单性准则，如计算过程简单、并行实现简单、保障条件简单等。

(2) 针对性准则。具体问题具体设计是自动目标识别算法设计必须遵循的准则，由于问题空间太复杂，普通的算法基本上是设计不出来的。

2. 设计中着重考虑的问题

(1) 如何选择最佳的目标识别算法类型？

这主要取决于系统对算法具体要求、目标的辐射特性和运动特性、目标所处环境的复杂程度、弹载硬件计算资源以及算法本身的技术成熟性等。

(2) 如何实现算法的实时性？

算法的实时性由算法自身的复杂程度、硬件计算速度以及并行处理技术水平决定，实现实时性必然要在上述几个因素中权衡。对于预处理等比较固定的过程，可以设计专用硬件来实现快速处理，也可以将成熟的算法用规模专用图像处理电路来实现，从而充分利用硬件的快速性来实现算法的实时性。

(3) 如何提高算法的识别精度？

算法的识别精度一直是算法性能评价的重要指标之一。在如何提高精度的问题上人们付出了许多努力，使成像目标识别算法的精度可以达到亚像素级，但在红外成像导引头超声速飞行的姿态变化、气动光学效应条件下，如何提高对复杂目标、背景场景下的目标识别精度，仍然没有成熟的行之有效的方法，因而提高识别精度是自动目标识别永恒的课题。

(4) 如何给出自动目标识别在应用背景中准确的性能评价？

自动目标识别目前还不够完备，还没有普遍适用的性能评价准则、方法和系统，但性能评价贯穿于自动目标识别研制、完善设计和定型验收的全过程，是自动目标识别得以发展的前提条件，必须在自动目标识别技术研制的同时考虑性能评价技术的发展。

自动目标识别算法所面临的环境相当复杂，除目标/背景的复杂性外，还存在气动光学效应、运动模糊、旋转模糊、人为干扰、尺度迅速变化等多种复杂性，只有在对上述影响因素进行校正后的条件下，才能正确可靠地检测识别目标。因此，自动目标识别算法必须是计算量小、易于实现、保障条件信息要求少，并且能够适应复杂目标/背景辐射特性的算法。

在算法设计时可以针对具体应用环境选择几个可行的算法方案，通过仿真试验甚至是实际挂飞试验，对几个算法进行性能比较，然后选出适合的算法。为了减轻设计难度，降低计算量，在实际设计时还可以利用验前信息来辅助目标识别，比如目标与背景相对位置、目标的固有特性等。

3. 典型地面目标识别算法设计

对地面目标自动识别算法的选择需要考虑一个因素，即是否依赖于实时分割。由于地面目标/背景十分复杂，将目标区域从背景中准确分割出来是一个较大的难题，所选择的自动目标识别算法应尽量不依赖于分割的好坏。对于地面目标，采用基于可见光图像模板的匹配识别算法，可以不依赖于分割，且对保障条件要求低，其基本流程如图 4-12 所示。

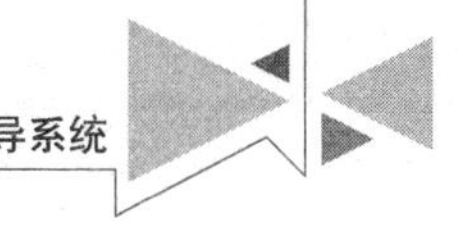

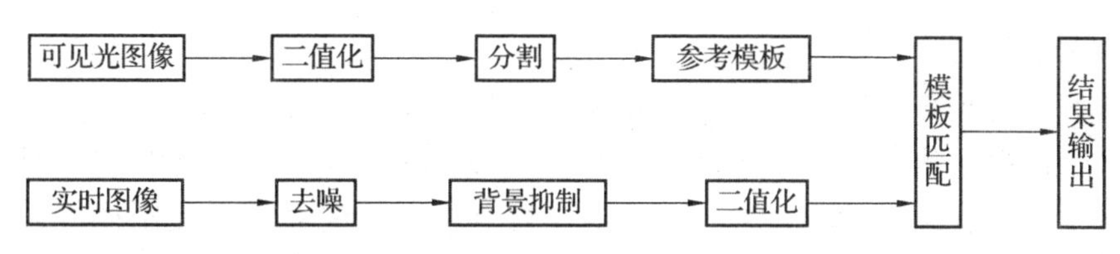

图 4-12　基于可见光图像模板的匹配识别算法基本流程

可见光图像一般容易获得，在没有实时红外图像信息保障的情况下，利用可见光图像制备模板是一种有效的途径。上述算法中对复杂目标/背景的分割只在参考模板制备时进行，实际应用时处于离线处理过程中，并且可以人工参与，不占用寻的系统的计算资源。得到参考模板和实时图像的二值化图像后的模板匹配过程很容易硬件实现，且模板匹配算法对噪声不敏感，因此该算法是一种能够实际应用于自动寻的系统的目标识别算法。

基于可见光图像模板匹配的相关匹配算法分为 3 步：首先，利用可见光图像制备目标的参考模板，将制备的参考模板进行二值化，生成二值化参考图像；其次，对实时图像进行降分辨率、同质变换、OTSU 聚类等预处理；最后，利用结构模板在处理后的实时图像中遍历搜索，寻找参考图像与实时图像的相关性，取相关性最强的地方作为目标区进行定位。具体的算法流程如图 4-13 所示。

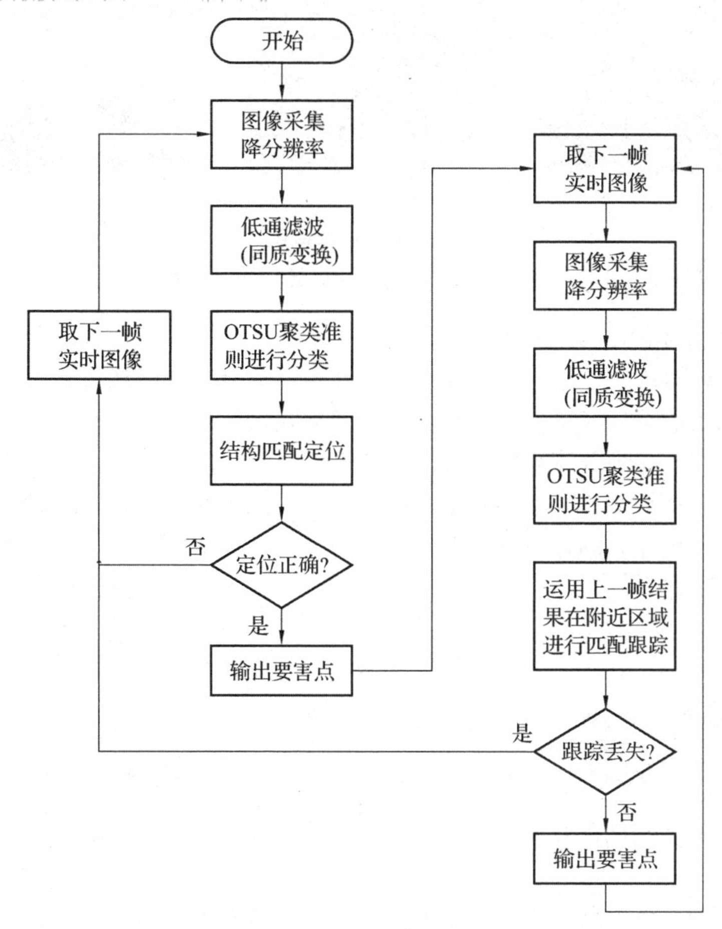

图 4-13　具体的算法流程

1)参考模板制备

参考模板制备是算法的重要步骤。制备的参考模板既要反映目标的主要特征，尺寸又不能太大，反映目标的主要特征是为了准确定位，减小模板尺寸是为了降低相关匹配时的计算量。为了进一步减小计算量，在制备参考模板之前，先对可见光图像进行二值化处理，然后再制备参考模板。参考模板制备有两个任务：其一是选择有典型特征的模板；其二是标记所选择模板在参考图中的准确位置。对于机场跑道目标，可以选择图 4-14 所示的典型特征结构模板并记录其在机场跑道中的相对位置。

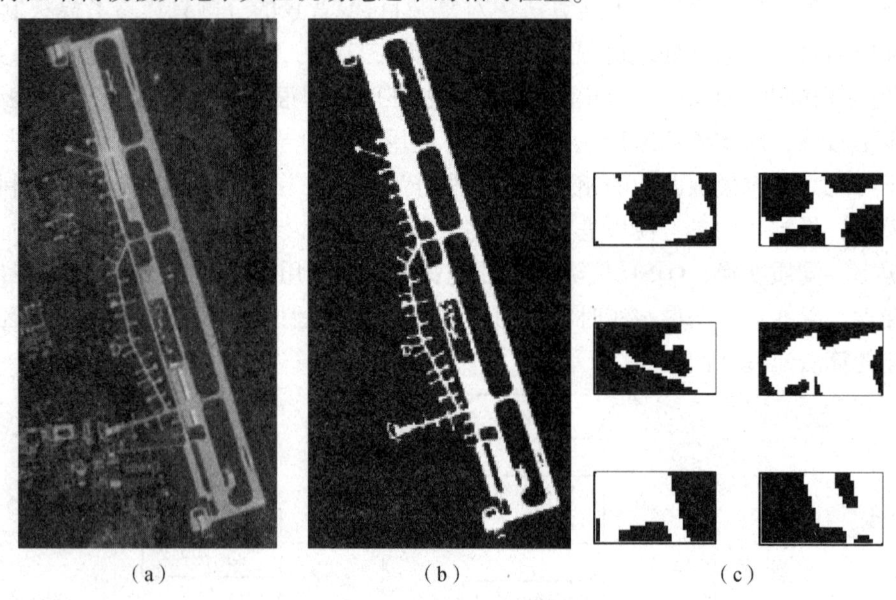

图 4-14　典型特征结构模板

(a)可见光图像；(b)二值化模板；(c)结构模板

2)实时图像目标特征提取

机场跑道中间草坪灰度波动大而跑道灰度均匀，在对实时图像进行预处理时，运用区域标准差的信息去除草坪区域保留跑道区域，然后在同质变换的保留区内运用 OTSU 聚类准则进行分类，从而得到分割后的二值实时图像，分割后的二值实时图像基本保留了跑道信息，并且减轻了草坪和建筑物等周围环境的影响。由于图像变化情况较为复杂，因此运用标准差的方法难以完全剔除所有的草坪区域，但是结构特征却可以大致表现出来。

3)结构匹配位置

算法的定位采用二值匹配方法。二值匹配可以采用和量度方法，也可以采用积量度方法。为了降低运算量，二值匹配采用的量度方法，即选择下式中使 $r(u, v)$ 最大的 (u, v) 作为最佳匹配点对目标进行定位

$$r(u, v) = \frac{1}{N_r \times N_c}[N_{0,0}(u, v) + N_{1,1}(u, v)] \tag{4-1}$$

式中，$N_{i,j}(u, v)$ 为实时图像和参考图像对应子图中灰度值分别为 i 和 j 的像素总数；$N_r \times N_c$ 为图像大小。

按结构匹配定位确定结构模板的精准位置后，根据实现记录的瞄准点相对结构模板的位置关系，可以准确地获得瞄准点位置。这个瞄准位置便可以作为检测识别的结果输出。

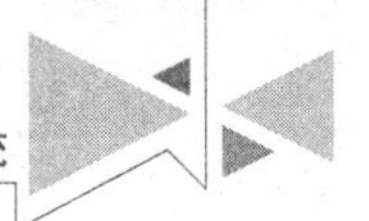

4)算法的进一步优化

可以采取一些处理措施来降低算法的计算量以及减小算法的积累误差。直接利用参考模板与实时图像进行匹配处理的信息量较大，为了减小匹配运算量，首先对实时图像降分辨率，分辨率的下降应以不影响机场的结构信息为准则，分辨率的下降一般以2的幂次的倒数为宜。为了进一步降低计算量，算法还可以采用跟踪策略，在进行第一次检测得到目标的位置后，缩小遍历搜索范围，只对感兴趣的区域进行搜索，即搜索范围定在上次定位出的瞄准点附近。采用这种策略进行搜索时，由于匹配定位存在误差，这个误差会随着时间的推移开始积累，存在积累误差，这是相关匹配算法的固有缺点。为了防止出现积累误差，算法还可以设置多个参考模板来进行校正，即根据成像传感器逐渐接近目标的过程，制备多个不同距离的参考模板，在算法跟踪到设定的距离时，重新进行一次检测捕获过程，从而可以减轻积累误差，同时也增强了算法对尺度变化的适应能力。采取这些系统级的优化措施，还可以更进一步降低算法计算量，提高算法性能。

4.4.5　自动目标识别算法的应用

1. 攻击大型固定目标的红外成像制导武器

由于目标较大，距离导弹较远时，能够在红外成像导引头的焦平面阵列上，形成占据较多像素的图像，而且目标是固定的，可事先利用航拍等手段获得目标的基准图像，可以采用前视模板匹配的ATR技术完成目标识别。近年来，已有多种用于攻击大型固定目标的红外成像制导武器采用了基于前视模板匹配的ATR技术，这些武器具备自动目标捕获能力，如：美国的SLAM2ER、AGM158、JDAM和AGM154C，英国的“风暴前兆”，法国的“斯卡耳普”，南非的MUPSOW等空地导弹。

2. 中段弹道导弹防御红外成像制导动能拦截弹

目前，美国发展了用于地基中段防御系统的大气层外动能拦截器和用于海基中段导弹防御的“标准”3动能拦截弹，前者采用双波段红外成像导引头，解决弹头目标和诱饵的识别问题；后者采用长波红外成像导引头，但为了提高弹头目标和诱饵识别能力，也准备采用双波段红外导引头。

中段弹道导弹防御动能拦截弹ATR的主要难点：为了实现直接碰撞，需要拦截弹能远距离识别目标和诱饵，此时目标在红外导引头焦平面阵列上呈现为点目标，能够抽取的目标识别特征信息非常有限。因此，尽管在这方面的研究工作已开展多年，但是单独采用红外传感器获取的信息进行弹头目标和诱饵识别的性能是有限的。为此，美国正在发展用于中段拦截器的主动红外成像导引头，期望采用被动红外成像/主动红外成像导引头双模导引头，解决小间距物体分辨和目标、诱饵识别问题。

3. 红外成像制导防空导弹

防空导弹采用红外成像制导体制的主要目的是提高导弹的探测、截获距离，并使导弹具备优良的抗干扰能力和瞄准点选择能力，采用ATR技术识别目标和诱饵，并在近距离时选择目标瞄准点。目前，国外研制了几种红外成像制导防空导弹，如美国的AIM-9X、英国的ASRAAM、以色列的Python5空空导弹、法国的MICA红外型防空导弹、德国的IRIS-T空空导弹、南非的A-DARTER空空导弹。Python5空空导弹采用了320×240双波段红外成像导引头，通过采用ATR技术，具备了发射后锁定能力和在很强的抗红外干扰环境下识别目标的能力，以及选择目标要害部位作为瞄准点进行攻击的能力。

4. 红外成像制导反坦克导弹

探测像坦克那样的机动目标和像“飞毛腿”那样的隐藏目标是最具挑战性的 ATR 应用。目前，仅采用红外图像信息尚不能实现对这两类目标的良好识别，美国正在发展基于红外成像和激光成像雷达(还可能包括毫米波雷达)的多传感器融合 ATR 系统，以及基于高光谱成像的 ATR 系统，以期能有效地解决对这两类目标的识别问题。

4.5 参考文献

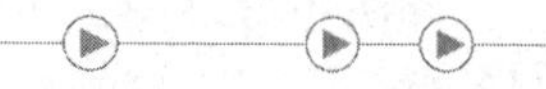

[1]毕开波，杨兴宝，陆永红，等. 导弹武器及其制导技术[M]. 北京：国防工业出版社，2013.

[2]罗海波，史泽林. 红外成像制导技术发展现状与展望[J]. 红外与激光工程，2009，38(4)：565-573.

[3]杨俊彦，吴建东，宋敏敏. 红外成像制导技术发展展望[J]. 红外，2016，37(8)：1-6，28.

[4]施德恒，黄宜军. 红外成像导引头发展综述[J]. 激光与红外，1997(6)：351-354.

[5]袁健全，田锦昌，王清华，等. 飞航导弹[M]. 北京：国防工业出版社，2013.

[6]杨春发，吴凤明，王孝华. 20 世纪十大导弹战[M]. 北京：解放军出版社，2001.

[7]董军章. 对红外成像制导导弹的干扰[J]. 光电对抗与无源干扰，1995(1)：27-33.

[8]方有培，钱建平. 对红外成像制导导弹的干扰技术研究[J]. 红外与激光工程，2000(3)：7-10，14.

[9]王顺奎. 红外对抗技术[J]. 系统工程与电子技术，1991(1)：76-82.

[10]张义广，杨军，朱学平，等. 非制冷红外成像导引头[M]. 西安：西北工业大学出版社，2009.

[11]范晋祥，张渊，王社阳. 红外成像制导导弹自动目标识别应用现状的分析[J]. 红外与激光工程，2007(6)：778-781.

[12]ROTH M W. Survey of neural network technology for automatic target recognition[J]. IEEE Transactions on Neural Networks，1990，1(1)：28-43.

[13]张义广，冯志高，张天序，等. 基于可见光图像模板匹配的目标识别算法[J]. 激光与红外，2007(12)：1322-1324.

[14]张天序. 成像自动目标识别[M]. 武汉：湖北科学技术出版社，2005.

第 5 章 无人机红外遥感系统

近年来发生的局部战争表明，无人机与红外遥感技术的结合被广泛应用于侦察、监视、对敌打击、压制、通信中继、空中投送、补给、电子对抗、火力制导、战果评估、骚扰、诱惑、目标模拟和早期预警等，以其特有的作战方式和作战效能在战争中发挥了十分重要的作用，已引起各国的高度重视，掀起了一股无人机研制热潮。以美国为首的西方国家纷纷制订或调整计划研制新型无人机，包括研制无人作战飞机和临近空间无人飞行器。本章将以地面人员遥感图像采集为案例讲解。

5.1 概 述

在未来的空天战场上，无人机将成为一种重要的空中威胁。随着科技的发展和时代的进步，有人机可能会逐步退出天空，在未来的军事领域中，无人机变得更重要。在无人机的历史上，由于无人机在 1999 年的科索沃战争中表现优异而使其备受世人关注。其实无人机参战并非始于科索沃战争，早在 20 世纪 60 年代的越南战争以及后来的海湾战争中均有较好的表现。只不过在这几次战争中投入的无人机型号和数量相对较少，攻守双方不成对手，地形和气象条件也相对简单，不引人注意。

科索沃战争则不同，以美国为首的北约在其空袭行动中动用了 50 多颗各种功能的卫星，包括全球卫星导航系统的 24 颗卫星，以及各种通信/数传卫星全部投入使用。可以说，最先进的卫星系统均参与了科索沃战争。但是，由于南联盟地区经常云雾笼罩，这些高技术卫星受到气象“阻截”，无法提供清晰图像和实时情报数据，更无法精确跟踪南联盟的机动地空导弹部队，影响了防空压制作战。在这种情况下，无人机就成了战场侦察监视的主角，有效弥补了卫星的不足。

因此，在科索沃战争中动用的无人驾驶飞机也是有史以来最多的，总飞行时间约 4 000 h，而在海湾战争中，美国无人机飞行时间仅 1 700 h。美国、法国、德国以及随后的英国都部署了上百架无人机，每天都有无人机在科索沃上空盘旋，收集作战情报。这些无人机在防卫严密的科索沃领空中执行侦察和目标识别任务。无人机可在数百米之下低空飞行而不受气象条件影响，且对卫星来说，它也起到了“放大镜”作用，提供侦察细节。此外，无人机可对高威胁区直接做出反应，而不会带来人员伤亡，这也正是无人机大量用于科索沃战争的原因。

北约在科索沃出动无人机的架次是空前的，但无人机的主要任务仍然是监视、侦察和目标截获，包括核查实时情报和精确制导任务。此外，还有无线电通信中继，在马其顿和科索沃之间有数座海拔2 400 m以上的雪山，使北约的“猎犬”无人机不能实现控制和通信，只有向山上发射通信中继无人机，才能使“猎犬”的活动半径扩大到300 km，从而深入科索沃境内。这使无人机成为机动的空中无线电中继站，为今后无人机的多机协同、向网络化发展提供了先例和经验。

在随后的阿富汗战争中，“捕食者”中空长航时无人机在美国对阿富汗的空袭行动中，首次挂载导弹对阿富汗地面目标进行实弹攻击，开创了无人机执行对地攻击任务的先例，使无人机作为一种新型武器发射平台出现在新世纪的武器装备行列。

综上所述，基于我国无人机技术水平现状和可以预测的发展趋势，利用无人机平台开展多类红外载荷的综合飞行验证，对开拓无人机技术在民用红外领域的应用，具有跨越性的推动作用。其重大科学意义在于，实现无人机在我国民用红外中规模性应用的突破，开创我国利用无人机进行民用红外载荷综合验证的先河，并以此为基础为国民经济建设和国家可持续发展提供一种新的、用得起和好用的位置信息获取技术手段。同时，系统性地开展飞行验证技术研究，建立完整的红外载荷验证体系，将较好地解决我国在对地观测技术体系发展过程中，技术研究与应用脱节、工程研制与运营分离等技术环节问题，完善和规范我国对目标观测或跟踪系统研制与运行的行为过程，从而提高红外探测技术生产力的社会经济效益转化质量和回报效率，为国家经济建设做出实质性的贡献。此外，通过开展无人机红外载荷综合验证这一引领性工作，还将发现和解决利用无人机开展规模化民用红外应用的技术障碍，探索无人机红外探测系统运营的体制机制，奠定形成无人机探测应用产业链的技术基础，从而带动无人机民用红外探测应用的产业化发展。系统的业务运行，不仅可以实现红外载荷的综合飞行验证，还可以在飞行验证的同时获取高分辨率数据，支持国家空间基础信息体系的建设，在区域性红外探测应用中和应急情况下发挥重要的作用，从而服务于国民经济建设，成为国家对目标观测体系中不可或缺的重要组成部分。

5.2 军用实战运用方式

本节详细介绍军用无人机的分类和在历次战争中无人机的实战运用方式。

5.2.1 军用无人机的分类

军用无人机种类和数量都很庞大，其中比较著名的有美国的“全球鹰”、X-47B、HTV-2、“捕食者”，英国的“雷电之神”无人机，法国的“神经元”无人隐身攻击机，以色列的“哈比”无人机，德国的C1-89，俄罗斯的“队列”和“蜜蜂”，加拿大的CL-227“哨兵”、CL-327“卫士”，中国的“彩虹”-3、“彩虹”-5、“翼龙”-2等。军用无人机按主要用途大致可分为侦察无人机、察打一体无人机、遂行通信任务的无人机(以下简称通信对抗无人机)、靶标无人机4类。

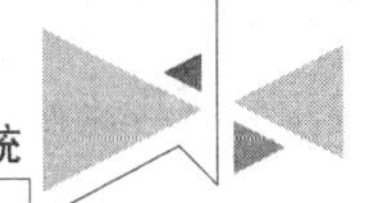

1. 侦察无人机

1)战略侦察无人机

战略侦察无人机主要遂行战略侦察任务，直接向 C^4SR 体系提供信息，成为获取战略情报的重要手段之一，并且有续航时间长、飞行高度高、侦察范围大、侦察精度高等特点。典型装备有美国的“全球鹰”无人机，其续航时间 42 h，飞行高度可达 18 000 m 以上，航程可达 26 000 km，最大飞行速度可达 740 km/h，条幅式侦察照片可精确到 1 m，定点侦察照片可精确到 0. 30 m。

2)战术侦察无人机

战术侦察无人机可按照航程分为中程、短程和近程战术侦察无人机。战术侦察无人机具有体积小、隐蔽性能好等特点，不易被敌人发现；但由于其飞行速度慢、飞行高度低、自身抗毁能力差等弱点，在一定条件下又易暴露，容易遭到敌地面火力的打击。中程战术侦察无人机活动半径一般在 700 ~ 1 000 km，飞行速度多为高亚声速或超音速，主要作战应用是大面积快速可见光照相侦察，微光(红外)摄像和电视摄像侦察，并能实时传输数据，是侦察无人机中的一支重要力量，典型装备有美国的 350 型无人机等。短程战术侦察无人机的活动半径一般在 150 ~ 350 km，飞行速度多为亚音速，续航时间一般可超过 3 h，主要用于遂行战场侦察监视、目标搜索与定位等任务，典型装备有“不死鸟”“侦察兵”“猛犬”等。近程战术侦察无人机活动半径一般在 100 km 以内，飞行高度一般在 2 000 ~ 4 000 m，主要用于遂行师以下部队的战场侦察监视任务，典型装备有以色列的 Micro-V 型、“猎犬”无人机等。

2. 察打一体无人机

察打一体无人机是在侦察无人机的基础上发展起来的，主要解决侦察无人机发现目标后传回信息再攻击，无法满足实时作战需求的问题，其设计最大特点是以任务为中心，不用考虑人的因素，主要可分为武器投放型和自杀攻击型两种。武器投放型察打一体无人机主要用于遂行非常规作战和不对称作战中的大范围侦察、实时打击等军事任务，其典型装备有“捕食者”C 型无人机，可携带“海尔法”在内的空对地导弹，操作人员可在世界任何地方通过卫星连接对其进行控制。自杀攻击型无人机主要用于遂行对敌方雷达系统和其他关键目标进行自主攻击任务，多由自主控制系统、反雷达感应器和炸弹系统等组成，其典型装备有以色列的“哈比”无人机，最大任务载荷 16 kg，主要包括覆盖各种频率的导引头和烈性炸药弹头。

3. 通信对抗无人机

通信对抗无人机是采用无人机搭载通信对抗载荷。虽然通信对抗无人机型号很少，但通信对抗的功能却非常重要，用途也非常广泛。通信对抗无人机一般具有两方面功能：一方面是通过搭载通信设备升空飞行作为通信中继节点，快速建立战术范围内的宽带网络，可实现各个指挥终端间的数据、语音、图像高速传输；另一方面通过有效地压制一些重要的通信节点，从而使敌方通信网络的工作效率大大降低，严重阻碍敌方正常的指挥通信。

4. 靶标无人机

靶标无人机主要用于武器装备系统研制试验鉴定、作战试验鉴定和作战训练，主要模拟真实目标的电磁散射特性、光反射特性和热辐射特性、声特性、核辐射特性和运动特性等。靶标无人机模拟真实目标的数据越趋近，试验结果与实战的作战效果越趋于一致，从而越能达到试验和训练目的。如果与真实目标数据差别过大，就不可能对武器装备的作战性能做出真实完整的考核，也达不到试验目的，从而影响武器装备的发展。

此外，按照承载平台系统分类，军用无人机还可分为机载无人机、舰载无人机、车载无人机等。按照体量大小，还可以分为大型、中型、小型和微型军用无人机。由于从不同的角度分类种类众多，此处不再赘述。

5.2.2 军用无人机的实战运用方式

从历次战争中可以看出，无人机目前的实战运用方式大体上有以下 10 种。

1. 担当靶机

用作靶机是无人机最早的用途之一。无人机用作靶机既廉价又安全。无人机靶机的主要任务就是模拟各种飞机、导弹等飞行器的飞行状态，以供鉴定各种防空、航空兵器性能的检测和训练战斗机飞行员、防空兵器操作员之用。

2. 侦察监视

执行战场侦察任务，是无人机诞生以来的一项最为重要的任务之一。现在全球数万架各类无人机中，大多属于无人侦察机，无人侦察机也是现今发展最完善、门类最齐全的一类无人机，且在实战中有大量运用。无人机自身目标小，不易被对方截获，能进入高威胁区，并根据不同任务调整飞行高度进行侦察监视，它可以深入敌后，依靠机上的侦察设备，对敌主要部署和重要目标进行实时侦察和监视。因此，无人机已成为主要战略和战术侦察装备。在平时和战前可以利用无人侦察机续航时间长、不易被敌人发现和攻击，以及无人员伤亡的危险等优越性，在世界范围内对冲突地区和热点地区进行侦察监测，为军事战略部署和作战计划提供战略情报，以达到己方的战略总体规划目的。它还可以为联合作战提供战略情报和清晰的图像，具有极高的准确性，并且还可将侦察目标图像及时传回，保证指挥员决策的及时性。为了提高目标图像的分辨率和信息传输速率，有些无人机采用了多光谱传感器、高速微处理机和数据链等技术。此外，无人机还可以携带可见光照相机、电视摄像机、侧视雷达、合成孔径雷达、光电设备和红外线传感器等最先进的高分辨率传感器，以达到其作战应用目的。

3. 诱饵骗敌

无人机所具有的机动性、续航力和辐射电磁波的能力，可以在战场上用作诱饵飞机，广泛担负佯动牵制任务。在执行任务时，诱饵无人机在前沿阵地上空进行模拟有人驾驶飞机战术飞行，诱使敌防空雷达开机，使己方迅速掌握对方的雷达频率和阵地位置，为后续的反辐射武器提供参数。同时，己方其他平台的侦察设备乘机遂行侦察和打击任务。在用作突防工具时，诱饵无人机先于有人攻击机群从侧面上空到达目标区，迷惑对方，诱其攻击，达到消耗敌防空火力，为己方有人飞机形成可以利用的火力间隙；还可以使敌防空雷达先把大量宝贵时间消耗在截获、搜索、识别、跟踪这些假目标上，造成可乘之机；也可将有人驾驶飞机与无人电子飞机混编，利用无人电子飞机迷惑、干扰敌雷达，甚至还可加编反辐射无人机，直接摧毁敌军重要的预警雷达系统。此外，无人机还可以作为诱饵来大

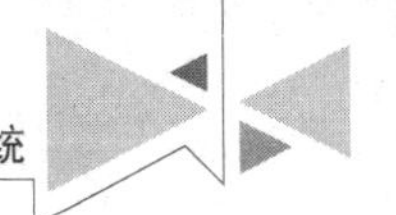

量地消耗敌人防空武器，以掩护己方飞机的安全，或作为掩护主战飞机突防的诱饵。例如，美国为了保证B-52轰炸机的顺利突防，研制出“鹌鹑”无人机，每架B-52轰炸机可装3架“鹌鹑”，到达防区上空后投放。“鹌鹑”上所装的电子装备可以欺骗地面雷达，使它看起来像一架轰炸机，从而提高了B-52轰炸机的突防概率。

4. 火力引导和目标指示

在进行超视距火力打击和目标被地形或云层遮蔽的情况下，无人机能够进入己方火力打击目标区，执行火力引导和校射任务，为指挥员进行火力打击效果评估提供重要依据，有利于提高己方火力打击的效果，降低弹药消耗。海湾战争中，美军使用“先锋”无人机进行对岸火力引导，在第一次齐射后即把着弹点数据发回，并不受云层以及烟雾的影响，保证了对伊军滩头阵地和纵深的有效压制。海军陆战队使用装备前视红外接收机和昼夜电视摄像机的“瞄准式”无人机，仅在60次飞行中，就引导炮兵摧毁了6个火箭炮连，120余门身管炮，7个弹药囤积点和1个机步连。

此外，无人机还装有激光照射器，它可以用来指示地面目标，引导作战飞机用激光制导炸弹进行精确攻击。无人机首次加装激光照射器是在北约轰炸南联盟期间，4架“捕食者”无人机装备AN/AAS-4激光指示器向攻击飞机指示作战目标。美国陆军正在研究直升机与无人机组合的作战概念，并用1架“猎人”无人侦察机和2架“阿帕奇”直升机进行试验，无人机由直升机控制领先20～50 km飞行，用于侦察和指示目标，直升机接收无人机的信号对目标进行攻击，同时又可以保护无人机。除了直升机和无人机的组合外，美军还准备研究战车等机动平台与无人机的组合。

5. 战损评估

在信息稀少的战区，无人机可以用来为计划和实施作战及时反馈信息，以支持战斗部队对目标的再次打击，即进行实时战斗损伤评估。

美军在使用无人机进行战损评估方面比较领先。例如，美国海军陆战队充分利用“蜂群”无人机，执行战斗损失评估，并向作战和实验部队提供使用该型无人机的经验。在1995年北约对波黑塞族空袭期间，“捕食者”无人机在确定目标和评估目标的损坏程度方面起了至关重要的作用。

随着无人机系统的不断发展，现在大部分无人侦察机和多用途无人机都具有战损评估功能，它们在战争中为各级指挥员及时传递战场毁伤情况，报告打击效果，增加战场透明度和指挥员的战场感知度，从而大大提高作战效率。

6. 空中预警和拦截

空中预警无人机是预警机发展的重要趋势之一，集指挥、控制以及通信等多功能于一身。与有人预警机相比，无人预警机具有以下优点：一是经济性好，效费比低，而且体积小，加上采用隐身技术，雷达反射面积小，生存能力强；二是信息处理速度快，美军正在研制的用于取代E-3和E-8的无人预警机，其信息处理能力比E-3快10 000倍，比E-8快1 000倍；三是能实施超前部署，将空中警戒线向前推进200～300 km，并能单独引导和指挥执行特殊任务的空中小分队。此外，还可以将无人机部署在有人预警机的前方，把收集的信息传送至预警机，再由后者传送至指挥控制中心，这样就扩大了预警范围，提高了有人预警机的安全。

以上特点，决定了无人预警机在未来战争中必将得到广泛的应用。目前，典型的无人预警机是美国格鲁门公司研制的D754。该机装载新型机载相控阵雷达，能够在复杂电磁环境中探测和识别像巡航导弹这样的低空飞行目标。

用无人机执行对方防空武器的拦截与压制任务，也是无人机应用的一个重要方面。由于无人机具有留空时间长、造价低、机动性能好等技术优势。因此，它可以在距敌防空系统较近的区域内巡逻警戒，一旦发现对方防空导弹或轰炸机出动，就可以及时进行早期拦截。其主要作战方式是将带有拦截导弹的无人机部署在敌巡航导弹可能的航线上，或导弹发射区上空，一旦发现目标立即进行攻击。美国的LOCAAS无人攻击机就是专门为战区导弹防御、压制对方防空和空中拦截任务的一次性使用无人机。

7. 试验验证

首先，无人机作为一种设计灵活、使用经济的航空靶机，可以较逼真地模拟各种武器如飞机、导弹等的飞行状态和目标参数，用来鉴定各类空空、地空武器系统的技术性能并训练武器操作人员的技能等。这既是早期无人机的主要用途，也是现代无人机的重要用途之一，如澳大利亚的“金迪维克”、美国的“火蜂”BQM-34和“入侵者”等。

其次，无人机可以作为新研飞机或新技术的试验用机。例如，美国的X-36就是一种载人战斗机的28%缩比研究机，主要目的是研究飞机无尾隐身气动布局和飞行机动性能能否成功地结合而互不抑制；“探路者”“百人队长”等无人机则是一种太阳能动力试验无人机，作为弹道导弹防御试验用无人机。

8. 空中投送/补给

在危险区域，任务需求低空、安静飞行以及独立、准确着陆，现有可用的技术均可达到。因此，无人机可以作为一种有力的工具满足未来军队集中后勤的需要。

无人机用于特种作战也是非常具有优势的。例如，发放心理战传单，传统上都是采用C-130散发传单，但是C-130的飞行高度必须要确保散发传单的机组人员在很大区域范围内的人身安全，因此减小了投放效果。美国特种作战司令部已经研究采用无人机执行这些心理战任务，他们研制的CQ-10“雪鹅”无人机，是一种有动力装置、自导引的滑翔机，能够运送272 kg的传单，可持续飞行3 h。CQ-10于2005年开始投入使用。

陆军和海军陆战队也在探索在高危险/风险环境中使用无人机运输物资。陆军已验证使用小型无人机紧急输送医疗物品。海军陆战队将一架K-Max直升机改装成无人机，于2000—2002年测试了舰对地和舰对舰的再补给任务。这两个项目都说明，随着军队变得极为灵活机动和独立，无人机为及时后勤的要求提供了一种可行的解决方案。

9. 电子干扰

现代战争首先是争夺制电子权的战争，为保证对既定目标攻击的顺利实施和攻击兵力安全，在实施攻击中组织电子干扰掩护，是现代战争的主要战法之一。无人机以其低廉的价格和对复杂条件的灵活适应性可以成功用于电子战中进行电子干扰，主要任务是掩护己方飞机突防和实施对地攻击，干扰的重点对象是对方的雷达。无人机可以使用机载电子对抗设备器材对对方电子设备实施软压制，实施干扰的无人机可以装配阻塞式杂波干扰吊舱、噪声干扰/欺骗干扰吊舱等干扰设备和无源干扰设备，干扰对方电子设备、雷达预警系统，淹没对方电子设备企图接收的信号，压制和干扰对方电子系统或进行电子欺骗。因无人机目标小，机动性好，与固定干扰机相比，无人机可以飞抵对方空域进行抵近干扰，还可获得相当的升空增益，以小功率发射机取得更佳的作战效果。除有源干扰外，无人机还可配备无源干扰设备器材，以准确的精度将箔条等无源干扰物散布在指定的空域。

在空中兵力攻击中，无人机可以预先或伴随实施电子干扰掩护。在舰艇兵力攻击中，尚没有专门的兵力担负电子干扰掩护任务，无人机可在面临敌人的严重威胁下，作为先头部队打头阵，担负攻击行动中的电子干扰掩护任务，实施有源欺骗、电子干扰走廊等行动。在舰艇兵力进入敌人近岸海域高危险区对陆上目标攻击时，由无人机对敌人岸基防御兵力实施电子干扰掩护非常重要。

电子干扰无人机除用于干扰对方雷达外，还可用于通信干扰。实践表明，对对方关键的通信节点进行干扰，具有重要的作用，因此使用无人机进行干扰也有广阔前景。

10. 对地/水面的攻击

无人机作为一种无人空中运载工具，也能携带多种对地攻击武器，飞往前线或深入敌战区纵深，对敌空防进行打击和压制，或对地面军事目标进行打击。它可以对敌防空武器实施摧毁、对坦克或坦克群进行攻击和对地面部队集结点等实施攻击。无人攻击机最典型的应用是反辐射无人攻击机。反辐射无人攻击机是利用对对方雷达辐射的电磁波信号的搜索来跟踪该雷达，以致最后摧毁雷达及其装载平台。

对地/水面目标实施打击，通常包括两类：一类是一次性使用的“自杀式”无人机，如美国的“海豚”；另一类是携带导弹、炸弹或鱼雷的可重复使用无人机，如美国早在 20 世纪 60 年代至 70 年代就曾在“火蜂”无人机上携带过激光制导炸弹和“小牛”导弹，其目的是用无人机替代进攻性飞机，执行危险性大的对地攻击任务。如果说无人机在前几场战争中的用途是以侦察、诱饵为主，是一种被动、配合型武器装备，那么美军在阿富汗战争中就是首先使用无人机当先锋发动进攻的。使用无人攻击机是无人机在战争中的一次重大突破，也是战术性空中力量的一场革命。美军在阿富汗战争大量使用的攻击型无人机，直接参与了对阿富汗地面目标的袭击。例如，利用 RQ-1B“捕食者”无人机投放 AGM-II4K 型反坦克导弹，摧毁了塔利班的一支坦克部队。由于无人攻击机配置了先进的 GPS 定位系统，其捕获目标的能力大大加强，对地攻击的精度也很高。随着无人机对地攻击作用的发挥，无人机将会对未来的空中战场产生深远影响。

5.3 无人机遥感系统总体设计

对于战争的不可预料性，需要对战场进行搜查工作，而在战争发生后，在几个小时内对战场进行搜查和探索是最紧要的任务。若凭人工考察，则效率低下且非常危险，而无人机轻便灵活，能够实现自动控制和信息的传输，也可以飞至人员无法到达的区域，为相关工作的开展提供方便。

通常情况下，空中考察方法多通过无人机挂载高清摄像头来进行工作，但是以上场景在雨、雪、雾等恶劣的气候条件下会影响工作的开展。如图 5-1 所示，大雾天气下通过可见光传感器无论是车辆还是行人都非常模糊。

图 5-1　大雾天气下的车辆行人

如图 5-2 所示，利用热成像传感器拍照，又因为受成像原理限制，图像会模糊，且会丢失许多在可见光条件下能得到的细节信息。

图 5-2　红外热成像下的车辆

本书所述的热红外机载平台，任务目标是完成地面人员热红外遥感数据的采集。开发的无人机能够方便外出作业的携带，整体结构简单、易拆卸；动力装置与机身主体连接处要有足够的刚度且连接稳定；旋翼能够提供足够的升力，机身主体布局和全机重心配置合理，能够满足不同型号热红外相机传感器的搭载需求，进行通用性扩展。无人机中心构件强度高、刚性高，机臂部分需具备抗变形能力，在满足以上要求的前提下需要保证整机的带载能力。

5.3.1　红外与可见光融合探测基础

在物理学中，可见光、不可见光、红外光及无线电等都是电磁波，它们之间的差别只是波长的不同而已。下面将各种不同的电磁波按照波(或频率)排成图 5-3 所示的电磁波谱图。由波谱图可知，红外线的波长在 0.76 ~ 600 μm，属于不可见光波。

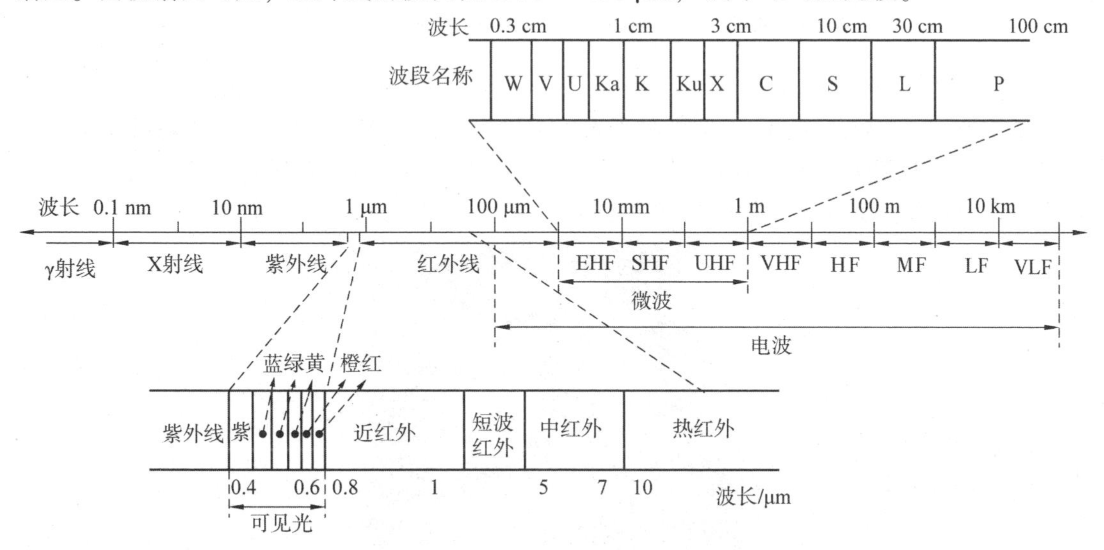

图 5-3 电磁波谱图

使用双传感器将热红外与可见光进行融合，可以实现单一传感器无法获得的效果。在可见光条件下，传感器能获取目标及背景大部分纹理信息；在红外条件下，传感器获取目标的温度特征，在弱光或其他恶劣情况条件下具有天然的优势，但是会缺少可见光下的信息。如图 5-4 所示，圆圈圈出的部分，可见光图像中只有烟雾，而在热成像中可以看见人的轮廓。

(a) (b)

图 5-4 烟雾中的人员

(a)可见光图像；(b)热成像

目前，以大疆创新为代表的多旋翼无人机可见光系统得到较为成熟的发展，现有的商品级无人机可见光系统已经可以满足民用遥感数据采集要求。然而，多旋翼无人机多光谱/热红外系统则由于其更高的专业要求发展较为缓慢，需要结合研究需求，进行系统开发。因此，需结合红外遥感地面人员检测需求进行多旋翼无人机可见光系统选型及多旋翼无人机多光谱/热红外系统开发。

1. 机载计算机选型

在整体任务巡检中，无人机自主飞行主要依靠惯性导航与视觉导航。其中，视觉导航需要机载小型计算机实时处理可见光相机图像。本系统选用 NIVDIATX2 计算设备，这款超级计算机模块采用 NVIDIA Pascal™ GPU、高达 8 GB 内存、59.7 GB/s 内存带宽，可实现 GPU 加速，快速处理图像。

2. 无人机可见光系统

本章选用 DJI 精灵 4 Pro 为例讲解无人机可见光遥感系统(图 5-5)。该系统集成三轴无刷云台，具有起降方便、价格及维护成本低等优势，可以稳定获取带有地理信息标签的可见光遥感图像，其主要技术参数如表 5-1 所示。

图 5-5　无人机可见光遥感系统

表 5-1　无人机可见光系统主要技术参数

参数	参数值
轴距	350 mm
质量	1 388 g
最大上升速度	6 m/s
续航时间	30 min
巡航速度	50 km/h
传感器尺寸	1 in①(英寸)
图像分辨率	4 864×3 648 像素
视场角	84°

3. 无人机多光谱/热红外系统

本章拟选用多旋翼无人机作为多光谱和热红外相机的搭载平台，进行无人机多光谱和热红外遥感信息采集系统开发，主要可以分为光谱传感器及稳定云台选型、多旋翼无人机平台开发和光谱传感器集成等 3 个主要方面。

1) RedEdge 多光谱相机

如图 5-6 和表 5-2 所示，本章拟选用 RedEdge 多光谱相机进行无人机多光谱系统开发，其包含 5 个中心波长分别为 475 nm、560 nm、668 nm、840 nm 和 717 nm 的全局快门独立成像器，焦距为 5.5 mm，视场角为 47.2°，图像分辨率为 1 280×960 像素，配备的全

① 1 in≈0.025 m。

球定位系统模块可以在数据采集时为多光谱图像实时提供经纬度和海拔高度信息，进而为后续拼接处理奠定基础。

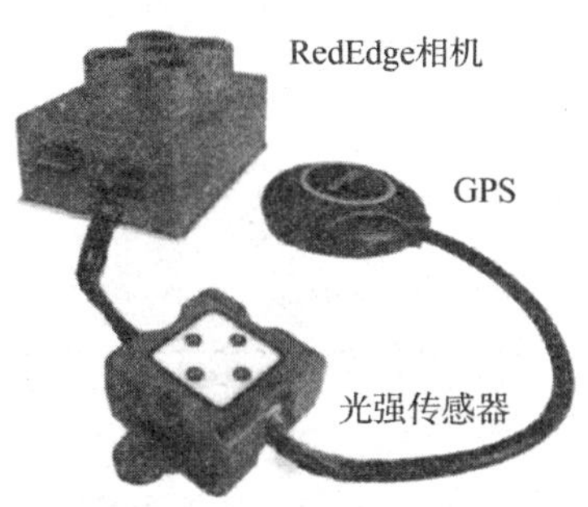

图 5-6　RedEdge 多光谱相机

表 5-2　RedEdge 主要技术参数

参数名称	参数值
中心波段	475 nm、560 nm、668 nm、840 nm 和 717 nm
波段宽度	20 nm、20 nm、10 nm、40 nm 和 10 nm
传感器尺寸	4. 8 mm×3. 6 mm
图像分辨率	1 280×960 像素
焦距	5. 5 mm
视场角	47. 2°
质量	150 g
尺寸	121 mm×66 mm×46 mm

2) Flir Vue Pro R 热红外相机

拟选用 Flir Vue Pro R 热红外相机(图 5-7)作为热红外传感器进行无人机热红外遥感图像采集系统开发，其是 FLIR 公司专门为无人机遥感平台设计的一款轻便的热红外成像仪，视场角为 45°×37°，图像分辨率为 640×512 像素，波段为 7. 5 ~ 13. 5 μm，测温范围为-40 ~ 135 ℃，精度为±5 ℃或读数的 5%。该相机通过集成 MAVLink 协议，可以在数据采集时为热红外图像实时提供经纬度和海拔高度信息，进而为后续拼接处理奠定基础，同时通过 FLIR UAS 手机程序软件，可以轻松设置数据采集方式、场景、存储格式和快门触发方式等参数，其主要技术参数如表 5-3 所示。

图 5-7　Flir Vue Pro R 热红外相机

表 5-3　Flir Vue Pro R 热红外相机主要技术参数

参数名称	参数值
分辨率	640×512 像素
波段	7. 5 ~ 13. 5 μm
焦距	13 mm
视场角	45°×37°
测温范围	-40 ~ 135 ℃
测量精度	±5 ℃或读数的 5%
尺寸	63. 0 mm×44. 4 mm×44. 4 mm

3)红外与可见光图像融合

红外图像和可见光图像具有不同的特性。可见光图像是基于颜色特征形成的图像，可直观地反映物体的表面特征；红外图像可反映物体的温度场分布，间接反映物体的热辐射特性，而热辐射特性又可反映物体的结构特征，因此将二者进行融合，可反映物体的综合特征。双光(可见光和红外光)系统红外相机和可见光相机同轴，且相对位姿固定，使二者采集的图像可进行特征级融合。

依据单应性矩阵原理，从可见光相机成像平面到红外成像平面的投影映射中，两平面中的坐标点是一一对应的。假设点 p 为可见光成像平面中的一点，其齐次坐标为 $\boldsymbol{p}_1=(x_1, y_1, w_1)^{\mathrm{T}}$，将其映射到红外成像平面上，匹配点的齐次坐标为 $\boldsymbol{p}_2=(x_2, y_2, w_2)^{\mathrm{T}}$，则满足

$$\boldsymbol{p}_2=\boldsymbol{H}\boldsymbol{p}_1 \tag{5-1}$$

其中，单应性矩阵 $\boldsymbol{H}$ 为 3×3 的方阵，假设其为

$$\boldsymbol{H}=\begin{bmatrix} h_{11} & h_{12} & h_{13} \\ h_{21} & h_{22} & h_{23} \\ h_{31} & h_{32} & h_{33} \end{bmatrix} \tag{5-2}$$

式中，$h_{33}=1$。

依据单应性矩阵信导原理，可得

$$\begin{bmatrix} x_1 & y_1 & 1 & 0 & 0 & 0 & -x_1 & -y_1 \\ 0 & 0 & 0 & x_1 & y_1 & 1 & -x_1 & -y_1 \end{bmatrix}\boldsymbol{h}=\begin{bmatrix} X_1 \\ Y_1 \end{bmatrix} \tag{5-3}$$

式中

$$\boldsymbol{h}=[h_{11} \quad h_{12} \quad h_{13} \quad h_{21} \quad h_{22} \quad h_{23} \quad h_{31} \quad h_{32}]^{\mathrm{T}} \tag{5-4}$$

通过式(5-3)每组点可以得到两个线性方程，要想求解 $\boldsymbol{h}$，由式(5 - 5) 得 $\boldsymbol{h}$ 含有 8 个变量，故至少需要 4 组不共线的对应点。

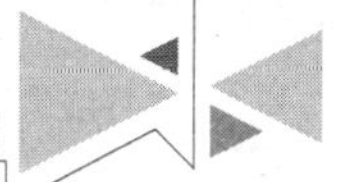

$$\begin{bmatrix} x_1 & y_1 & 1 & 0 & 0 & 0 & -x_1X_1 & -y_1X_1 & 0 \\ 0 & 0 & 0 & x_1 & y_1 & 1 & -x_1Y_1 & & -y_1Y_1 \\ \vdots & \vdots & \vdots & \vdots & \vdots & \vdots & \vdots & & \vdots \\ x_4 & y_4 & 1 & 0 & 0 & 0 & -x_4X_4 & -y_4X_4 & 0 \\ 0 & 0 & 0 & x_4 & y_4 & 1 & -x_4Y_4 & & -y_4Y_4 \end{bmatrix} \begin{bmatrix} h_{11} \\ h_{12} \\ h_{13} \\ h_{21} \\ h_{22} \\ h_{23} \\ h_{31} \\ h_{32} \end{bmatrix} = \begin{bmatrix} X_1 \\ Y_1 \\ X_2 \\ Y_2 \\ X_3 \\ Y_3 \\ X_4 \\ Y_4 \end{bmatrix} \tag{5-5}$$

由式(5-5)通过 SVD 分解可求得矩阵 $\boldsymbol{H}$，利用式(5-1)可将可见光平面上的像素点转换到红外图像成像平面上，从而使可见光图像与红外图像融合，示例图像如图 5-8 所示，可见光图像与红外图像融合后的图像如图 5-9 所示。

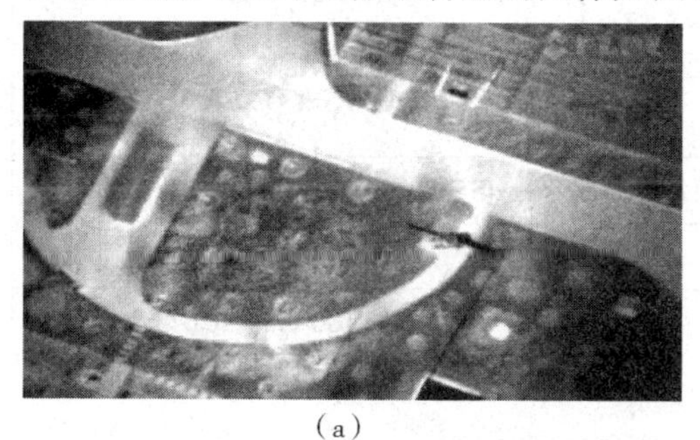

(a)

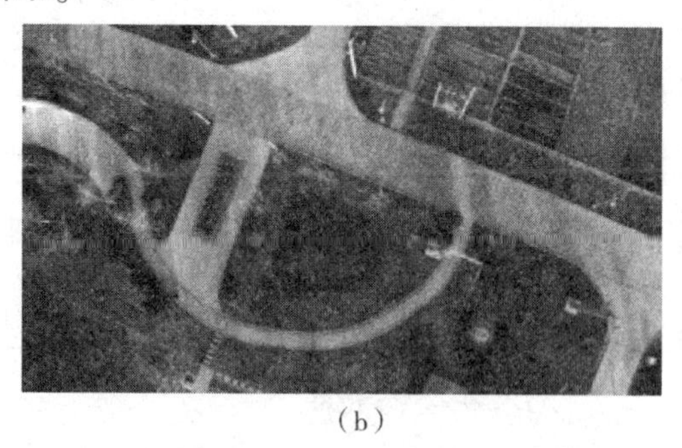

(b)

图 5-8　融合前的红外图像和可见光图像

(a)红外图像；(b)可见光图像

图 5-9　融合后的图像

5.3.2　图像采集稳定云台

1. 传感器稳定云台

相机稳定云台是指在无人机遥感系统作业飞行中保证相机视轴空间稳定的设备，由俯仰轴、横滚轴和航向轴 3 个正交轴构成其空间坐标系，可以消除无人机遥感系统作业飞行中机身抖动和气流扰动带来的影响，从而保证高质量无人机遥感图像的获取。针对不同相机进行稳定云台开发或选型时，一般应考虑两个因素：第一，云台结构中的相机框尺寸是否足够容纳相机，并且可以使其进行横滚、俯仰和航向转动动作；第二，云台动力系统是否可以承载相机重量。在满足以上两个条件的情况下，云台还应尽可能轻，控制器开放的调试参数应尽可能多。针对 RedEdge 多光谱相机和 Flir Vue Pro R 热红外相机的尺寸结构特征，最终选择 MOY 无刷云台和 Tarot GOPRO 云台，其详细技术参数如表 5-4 所示。

表 5-4　云台详细技术参数

参数	参数值	
	MOY	Tarot GOPRO
支持接收机类型	PPM/DSM2/DSMJ/DSMX	S-Bus/PPM/DSM
工作电压	7.4～14.8 V DC	11～26 V DC
工作环境温度	-15～65 ℃	-20～50 ℃
控制精度	0.1°	0.02°
控制角度范围	±45°（横滚），-90°～90°（俯仰）	±45°（横滚），-90°～90°（俯仰）
净质量	600 g	90 g
尺寸	200 mm×160 mm×160 mm	85 mm×100 mm×101 mm

2. 无人机姿态稳定

无人机在前飞过程中，机身整体的飞行姿态与旋翼桨盘的布局有关。多旋翼无人机旋翼桨盘布局方式分为桨盘水平布置和桨盘倾斜布置两种，如图 5-10 所示，旋翼桨盘水平布置的方案是旋翼轴线与机体轴线的垂直线之间的角度为 0°，其优点是结构简单，缺点是前飞时机体要有一个前倾角，必须使用云台来保持摄影相机处于水平状态。旋翼桨盘倾斜布置表示旋翼轴线与机体轴线的垂直线之间的夹角不为 0°，旋翼轴线倾斜方向朝向机体中心，旋翼轴线向机体中心倾斜的角度称为旋翼轴内倾角。这种布局方案的优点是前飞时机体不必前倾，因此通常情况下无须使用云台也能保持摄影相机处于水平状态。相比于桨盘水平的布局方式，桨盘倾斜的无人机在飞行运动过程中机身姿态的变化程度较小，更容易保证相机云台的稳定性。

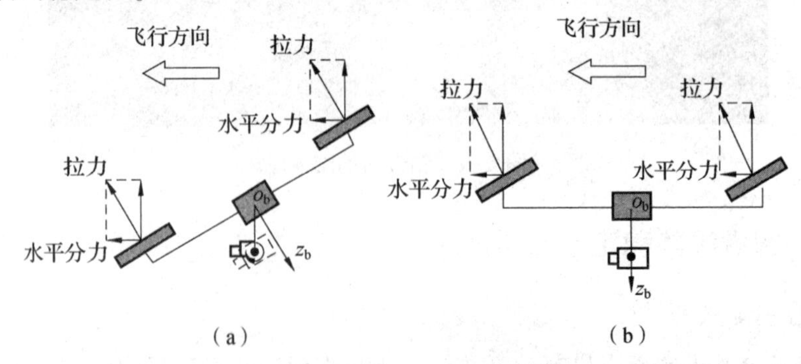

图 5-10　多旋翼无人机旋翼桨盘布局方式

(a)桨盘水平布置；(b)桨盘倾斜布置

在调试组装时，需要协调多旋翼无人机各组合件和各系统相互的空间位置、设备安装布置，将重心设计到多旋翼的中心轴上，需要注意的是将重心设计到多旋翼螺旋桨形成桨盘平面的上方还是下方。本节从无人机前飞和受到外来阵风干扰两种状态下进行具体分析。

多旋翼无人机前飞时，如图 5-11 所示，旋翼所受的气动阻力矢量与多旋翼无人机前飞方向相反，如果全机重心位置在桨盘平面上方，那么阻力形成的力矩会促使多旋翼无人机俯仰角朝发散方向发展，直至翻转。如果全机重心位置在桨盘平面下方，那么气动阻力形成的力矩会促使多旋翼俯仰角转向 0°方向。因此，当多旋翼无人机在前飞状态时，重心在桨盘平面的下方会使前飞运动稳定。

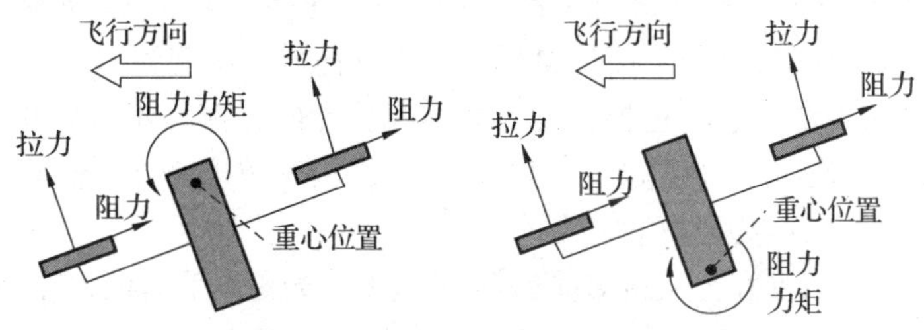

图 5-11　多旋翼无人机前飞时受力情况

多旋翼无人机飞行时受阵风干扰时受力情况如图 5-12 所示。当阵风吹来时，旋翼所受的气动阻力矢量与阵风吹来的方向相同，如果全机重心位置在桨盘平面上方，那么气动阻力形成的力矩会促使多旋翼俯仰角转向 0°方向。如果全机重心位置在桨盘平面下方，那么气动阻力形成的力矩会促使多旋翼无人机俯仰角朝发散方向发展，直至翻转。因此，当多旋翼无人机受到阵风干扰时，重心在桨盘平面的上方可以抑制阵风扰动。

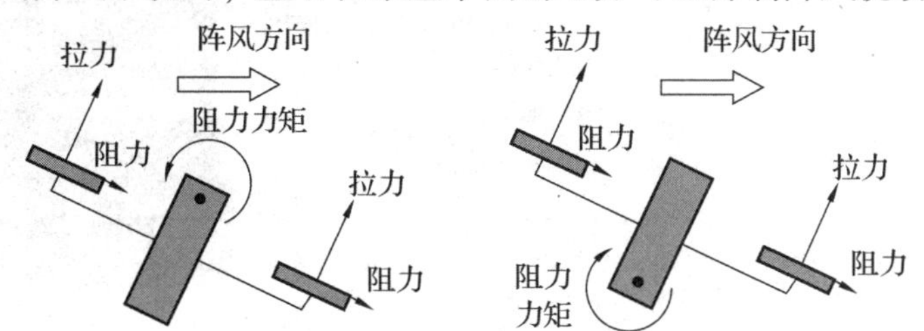

图 5-12　多旋翼无人机飞行时受阵风干扰时受力情况

5.3.3　传感器集成

使用无人机遥感系统进行时空分布数据采集时，采用定时快门触发方式采集单幅遥感图像会造成大量冗余，难以实现快速拼接处理，降低生产效率。因此，相机传感器快门的飞控触发显得尤为重要，Pixhawk 飞控预留 6 个通用输出接口即 Pin 50 ~ Pin 55，通过 Servo 和 Relay 两种方式实现控制信号输出，即分别通过控制 PWM 波不同空占比和高低电平的变化实现控制信号输出。

RedEdge 多光谱相机的快门控制：通过相机参数设置页面将快门触发方式设置为外部信号触发，并提供上升沿触发、下降沿触发、短 PWM 波触发和长 PWM 波触发 4 种方式。结合上述 Pixhawk 快门输出信号设置，本节选择长 PWM 波触发方式，硬件连接如图 5-13 所示。

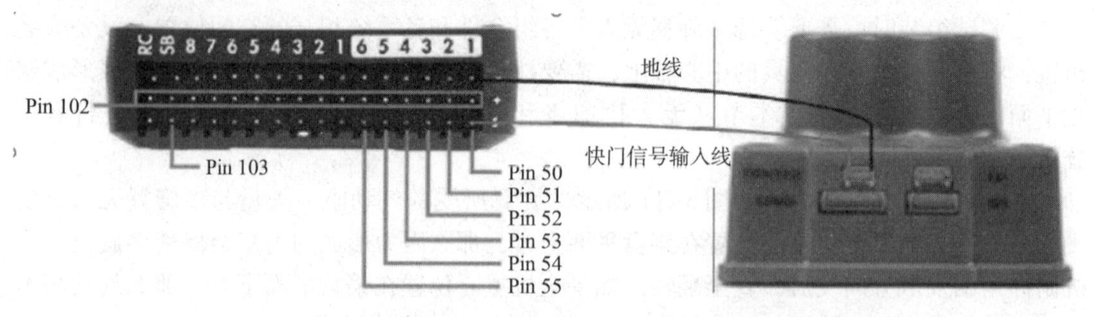

图 5-13　飞控与 RedEdge 相机的硬件连接

Flir Vue Pro R 热红外相机的快门控制，它的硬件连接如图 5-14 所示。Flir Vue Pro R 热红外相机提供 4 个通用接口用于接收 MAVlink 协议信号，实现为图像提供实时 GPS 信息和外部控制信号，实现快门、调色板、放大缩小等功能的控制。本节将预设接口 1、2、3 分别设置 MAVlink 协议接收、输出和快门信号接收，用于实现 Pixhawk 飞控为 Flir Vue Pro R 热红外相机实时 GPS 信息及快门控制。

如图 5-15 所示，为提高无人机多光谱和热红外遥感图像采集的同步性，2019 年实验期间将 RedEdge 多光谱相机及 Flir Vue Pro R 热红外相机同步集成到大疆 S900 六旋翼无人机平台上，分别采用大疆 A2 飞控及配套地面站软件 Gs Pro 进行无人机数据采集控制。

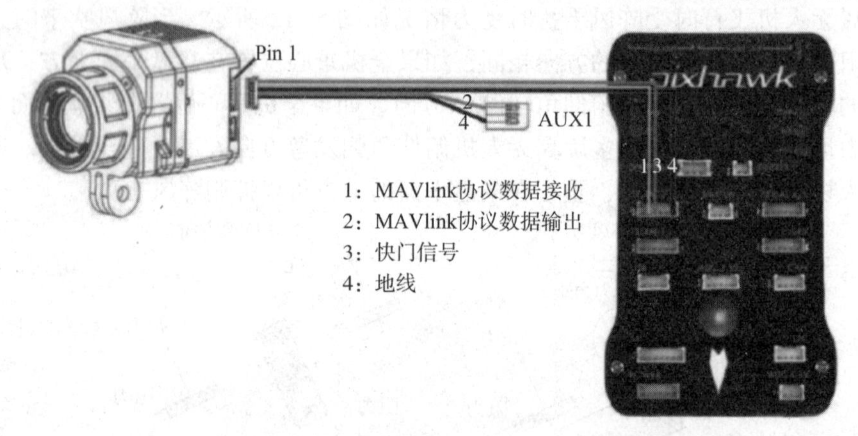

图 5-14　Pixhawk 飞控与 Flir Vue Pro R 相机的硬件连接

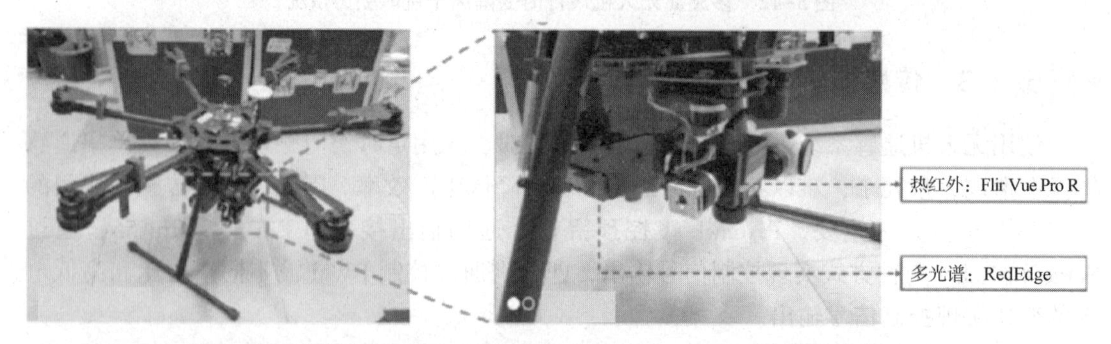

图 5-15　同步集成多光谱及热红外相机的无人机遥感图像采集系统

5.4　作业飞行及数据采集

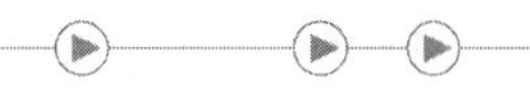

目前，热红外相机存在只能定时采集图像、无定位定向系统（Position and Orientation System，POS）数据的问题和没有实现热红外数据采集飞控控制的问题。本书设计的无人机红外遥感系统可以实现热红外图像采集、飞控控制、获取相关POS数据，是一种稳定的无人机热红外数据采集系统。

地面人员遥感图像采集方式主要有定点数据采集和区域数据采集。区域数据采集主要是指按照一定的图像重叠策略，对某一区域进行多张单张热红外遥感影像，然后通过影像拼接技术，获取该区域的热红外正摄影像。多旋翼无人机支持定点悬停、倒飞和垂直起降等功能，具有控制简单、操作简易、对起降周围环境的要求低等特点，更适合于获取多重复、定点、多尺度、高分辨率的地面人员信息。更重要的是，多旋翼无人机采用更为简单的机械结构，降低了维护成本，简化了设计要求，因此本书选用多旋翼无人机作为热红外相机机载平台。

如果采用定时拍照方式进行图像采集，则会产生大量冗余照片，后期的拼接处理十分麻烦，作业效率极低。因此，实现对热红外数据采集的飞控控制就显得极其重要。以图像采集控制模块作为热红外相机及飞行控制器的纽带，可以用于实现热红外数据采集的飞控控制。

采集系统以三轴稳定云台作为热红外相机安装平台并搭载在多旋翼无人机上，用于保证飞行过程中相机保持相对稳定的状态，从而获取高质量的热红外遥感图像。POS数据指由GPS获取的像片3个位置信息和由惯性测量单元（Inertial Measurement Unit，IMU）获取的3个姿态信息，这称为图像的6个外方位素。设置云台以航向跟随模式工作，云台的航向随多旋翼无人机机头的方向平滑转动。导出飞控存储的飞行日志文件，对其进行解析，则可以获得图像采集时刻的POS数据。

5.4.1　无人机飞行参数设计

无人机遥感图像采集作业中除无人机抖动及气流扰动影响外，相机参数、无人机飞行参数的合理设计同样对遥感图像质量有较大影响。其中，相机参数主要为光参数，而无人机飞行参数主要包括飞行高度、速度，航迹规划的合理与否直接影响遥感图像拼接及后续处理结果好坏。

1. 相机参数设计

若无法保证作业飞行中遥感图像采集时相机传感器具有相同或相近的进光量，将难以保证采集的无人机遥感图像具有一致的亮度，这会造成拼接处理后的正射图像中存在颜色斑块，进而影响植被指数等相关信息提取。同时，针对无人机遥感图像一般要求拖影小于0.5个像元，其与飞行高度、飞行速度、相机快门时间及焦距有关，是指由无人机在相机曝光过程中移动距离造成的图像移动量，拖影的大小可以用式（5-6）计算得出，即

$$b = f \times \frac{v}{h} \times t \tag{5-6}$$

式中，b 为拖影大小；v 为无人机飞行速度；h 为飞行高度；t 为快门时间；f 为相机焦距。

因此，进行相机参数设计时，应保证无人机飞行作业时相机进光量相同或相近，且要综合考虑相机参数与飞行参数的交互影响。其中，RedEdge 多光谱相机和 Flir Vue Pro R 热红外相机并不需要进行感光参数设置，仅需进行可见光相机参数设计。通过实验和调查研究显示，晴朗天气中午时刻 DJI 精灵 4 Pro 最优相机感光参数：快门时间为 1/1 250 s；ISO 为 400；白平衡为晴天。

2. 无人机航迹规划

利用无人机采集较大区域范围内作物信息且单幅遥感图像无法满足采集要求时，则需无人机按照一定的飞行轨迹采集多幅具有交叠区域的单幅遥感图像，并利用遥感图像拼接技术得到覆盖整个目标区域的正射图像，从而提取作物生长信息。进行无人机航迹规划时，需要综合考虑目标区域大小、图像地面分辨率、重叠度、飞行高度、速度、作业时间、相机快门触发时间间隔等因素。图像地面分辨率(Ground Sample Distance，GSD)与相机传感器焦距、像元尺寸和飞行高度相关，GSD 的大小由式(5-7)计算求得，即

$$\mathrm{GSD} = \frac{h \times a}{f} \tag{5-7}$$

式中，GSD 为图像地面分辨率；h 为飞行高度；a 为像元尺寸；f 为相机焦距。

图像重叠度是指相邻两幅图片重叠部分占整个图像的百分比，包括航向重叠度和旁向重叠度，如图 5-16 所示。在目标区域大小及地面分辨率要求确定时，航向重叠度决定航向上所需图像采集个数，旁向重叠度决定航线旁向间距。作业时间则由目标区域大小、图像地面分辨率及重叠度决定，一般不超过无人机遥感图像采集系统最大续航时间。

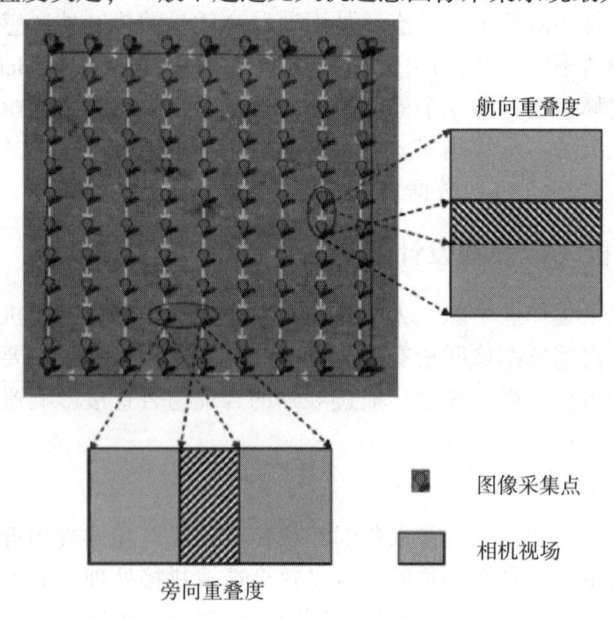

图 5-16 遥感图像重叠度示意

相机快门触发时间间隔是指航向上无人机从上一个图形采集点飞行到下一个图像采集点所需的时间，与飞行高度、速度、航向重叠度、相机传感器焦距、像元个数、像元尺寸相关，可以通过式(5-8)计算。在航迹规划时，应使之大于相机传感器最短快门触发时间间隔。

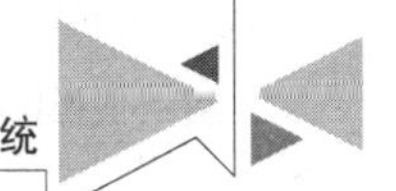

$$t_s = \frac{h \times a \times n \times (1 - h_0)}{f \times v} \tag{5-8}$$

式中，t_s 为相机快门触发时间间隔；v 为飞行速度；n 为航向相机像元个数；h_0 为航向重叠度。

综合考虑所用实验区域大小、相机传感器参数、无人机续航时间等因素后，在表5-5中描述了无人机可见光、多光谱及热红外遥感图像采集系统的航迹规划设计参数，采用双网格航线进行无人机可见光图像采集，镜头与水平线的夹角为70°。

表5-5 无人机航迹规划设计参数

年度	种类	飞行高度/m	飞行速度/(m·s^{-1})	航向重叠度/%	旁向重叠度/%	地面分辨率/mm
2018	可见光	50	2.5	90	90	14
	多光谱	70	5	85	85	74
	热红外	60	5	85	85	78
2019	可见光	30	2.5	80	80	14
	多光谱	70	5	85	85	47
	热红外	70	5	85	85	92

5.4.2 热红外相机快门触发方法

1. 遥感单拍触发

由5.3.1节可知，在Flir Vue Pro R相机快门控制方式设置为遥控单拍之后，可以用低电平实现快门触发。根据其命令接口定义可知，在将热红外相机快门控制方式设置为遥控单拍之后，只需给Pin6一个下降沿，即采集一次热红外图像。经测量可知，Pin6初始状态保持为3.3 V的高电平输出。

2. 飞控控制触发

Pixhawk飞控参数列表中与相机触发相关的参数有Relay参数集和CAM参数集。Relay参数集包括Relay_Default、Relay_Pin、Relay_Pin2、Relay_Pin3、Relay_Pin4，其赋值功能说明如图5-17(a)所示。CAM参数集包括CAM_Dutation、CAM_Feedback_Pin、CAM_Feedback_Pol、CAM_Max_Roll、CAM_Min_Internal、CAM_Relay_ON、CAM_Servo_OFF、CAM_Servo_ON、CAM_Trigg_Dist、CAM_Trigg_Type等，其赋值功能说明如图5-17(b)所示。

根据相应控制参数设置的不同，Pixhawk飞控有Relay和Servo两种控制命令输出格式。Relay方式通过高低电平的变化实现快门控制，而Servo方式通过PWM波的不同空占比实现快门控制。

1) Relay输出格式

Pixhawk飞控预留6个AUX(辅助)接口，即Pin50~Pin55，用于实现控制信号输出。当Pixhawk飞控的快门触发方式设置为Relay输出，需将Relay_Default设置为0，Relay_Pin设置为54，关闭其他Relay输出功能，快门触发信号为具有一定持续时间的3.3 V高电平信号，该信号的持续时间可通过CAM_Duration参数设置，则飞控上电后无Relay信号输出，通过AUX5接口输出快门控制信号。

参数名称	赋值描述	说明
Relay_Default	0: off	设置上电后Relay状态
	1: on	
Relay_Pin	-1: 关闭	设置Relay信号输出接口
	50: AUX1	
	51: AUX2	
	52: AUX3	
	53: AUX4	
	54: AUX5	
	55: AUX6	
Relay_Pin2	同上	设置Relay信号第二输出接口
Relay_Pin3	同上	设置Relay信号第三输出接口
Relay_Pin4	同上	设置Relay信号第四输出接口

(a)

参数名称	单位	赋值描述	说明
CAM_Duration	s	0~50	设置快门信号持续时间，设置为10时表示1 s
CAM_Feedback_Pin		-1: 关闭	设置触发反馈接口
		50: AUX1	
		51: AUX2	
		52: AUX3	
		53: AUX4	
		54: AUX5	
		55: AUX6	
CAM_Feedback_Pol		0: 低电平 1: 高电平	设置触发反馈信号
CAM_Max_Roll	(°)	0~180	设置触发停止横滚角度值
CAM_Min_Internal	ms	0~10 000	设置快门触发最小时间间隔
CAM_Relay_ON		0: 低电平	设置快门Relay触发参数
		1: 高电平	
CAM_Servo_OFF	PWM	1 000~2 000	设置快门Servo触发参数
CAM_Servo_ON	PWM	1 000~2 000	
CAM_Trigg_Dist	m	0~1 000	设置快门间距触发模式，0表示关闭此功能
CAM_Trigg_Type		0: Servo	设置快门触发方式
		1: Relay	

(b)

图 5-17 Relay 参数集和 CAM 参数集赋值功能说明

(a) Relay 参数集；(b) CAM 参数集

2) Servo 输出格式

当采用 Servo 控制命令输出格式时，则需首先在全部参数列表里将 CAM_Trigg_Type 设置为 0，然后在地面站进入初始设置界面，可选硬件中找到“相机云台”，在快门端口的下拉列表里选择安装快门的端口为 Servo10，由于此时 AUX1 ~ AUX6 在 Mission Planner 中分别指向为 Servo9 ~ Servo14，因此触发信号对应输出到 AUX2 接口。接下来在舵机限位和快门处设置 Servo 触发参数，需要设置按下和释放快门两个状态时 Servo 信号值，依据 FLIR Tau 2 相机信号转换硬件定义，两个值分别为 1 100 和 1 900，即参数 CAM_Servo_OFF 为 1 100，CAM_Servo_ON 为 1 900。设置快门按住的时间为 10，即为按住快门 1 s。最后，如果需要在 Servo 输出格式下手动触发采集，则打开全部参数表，对 CH7_OPT 赋值为 9，就指定了通道 7 的功能为手动触发相机快门。

5.4.3 数据采集

本书数据采集所涉及的无人机飞行任务，均向有关部门报备并获得批准，并由持有民用无人机驾驶员合格证的飞手负责无人机的操控。数据采集共涉及两种类型的采集方式：野外数据采集和校园数据采集。

1. 野外数据采集

总共进行 3 个范围的采集，数据具有不同的下垫面类型，数据的采集保证了背景的多样性。采集范围一下垫面类型是稀疏植被和荒漠；采集范围二下垫面类型为农田，主要是玉米地和一些树林；采集范围三下垫面类型主要是芦苇地和木制栈桥。采集时间为下午

16：00—19：00，每间隔30 min进行一次采集飞行；采集过程均在晴朗天气条件下进行；无人机航高在50～90 m切换；航速约为9.5 km/h。传感器观测角度包含垂直向下观测以及侧倾观测等多种观测模式，Flir Vue Pro R红外热像仪在无人机飞行过程中以7.5 Hz的频率记录数据。地面人员在不同的地面背景下以多种姿态进行展示，以获取地面行人目标，单景热红外数据中包含0～5个人员目标。野外数据共采集有效数据2 270组，图5-18所示为俯摄和侧倾拍摄数据样例。

图5-18　俯摄和侧倾拍摄数据样例

2. 校园数据采集

无人机在校园内的飞行有较多安全隐患，并且校园处于市区限飞区域，通过Testo公司生产的Testo 875-i手持式热像仪模拟无人机遥感的数据采集过程。通过在沈阳理工大学的图书馆周围和兵器广场进行等高层位置向下俯拍，模拟无人机对地观测的过程，拍摄时间为19：00—22：00，保持地面人员目标的占比与野外数据采集中的一致，同样尽可能多地囊括各种地面行人的姿态，单景热红外数据中包含0～5个人员目标。Testo 875-i获取的数据为假彩色影像，通过Testo公司官方的IRsoft软件转换该假彩色影像为单通道温度值图像进行后续的处理。校园数据共采集有效数据1 230组，利用假彩色的图像进行标注，获取人员目标的边界框信息，然后在使用时，通过IRsoft软件转换假彩色图像为与Flir Vue Pro R传感器相同的单通道热红外成像数据。校园数据采集如图5-19所示。

图5-19　校园数据采集

5.5 遥感图像预处理

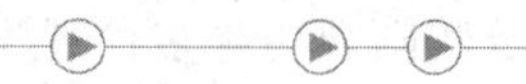

常规的红外探测方法很少考虑基于成像物理过程的预处理和复杂条件下的背景抑制。一般假定成像条件是理想的，背景是相对简单的，识别方法就是在理想条件下进行分割、特征提取等。然而，在复杂背景/环境条件下的自动目标识别系统，必须在场景参数、大气参数、传感器参数和平台动力学特性等因素约束的条件下进行工作，因此预处理和背景抑制是极其重要的处理层次。预处理涉及因大气湍流、传感器平台运动等引起的图像降质及其校正和恢复问题。预处理是必要的，因为图像降质将显著影响后续的目标探测和识别的性能，甚至严重到使自动目标识别成为不可能。

平台的运动包括旋转、不可控制的振动，将使其上承载的传感器获取的单帧图像模糊、畸变，同时还将使序列图像各帧之间的相对关系发生混乱。这时需要研究在平台特定的动力学特性条件下，成像的调制传递函数建模，如何从单帧或多帧图像中估计模糊和畸变的调制传递，并进而估计得到恢复、校正后较清晰的目标图像。平台的运动可能造成序列图像中目标/背景各帧的对应性关系破坏，因此各帧图像的帧配准成为必要。因此，我们就不能利用目标的运动连续性去抑制背景探测目标。

大气湍流将使目标图像模糊、位移，这将大大降低目标的探测距离和正确识别率，并且引入了目标的定位误差。此时，对湍流的等效调制传递函数的建模、估计和湍流降质图像的恢复、校正成为目标探测识别成功的先决条件。

对原始采样图像进行滤波可以有效地消除噪声的影响，但常用的滤波算法不仅平滑了噪声，还模糊了边缘，从而使目标的形状发生退化，进而影响了目标分割和特征提取的准确性。因此，本书采用计算效率很高的快速小波变换进行图像预处理，该算法在信号处理中的应用得到了很大的发展。小波变换具有本质的多尺度特性，它能把图像信号分解成不同尺度上的多个分量，对图像进行多分辨率分析，被誉为数学上的显微镜。许多资料给出了小波变换在边缘检测、图像增强和去噪方面的应用，并取得了很好的效果。

5.5.1 快速小波变换

快速小波变换(FWT)是一种实现离散小波变换(DWT)的高效计算，该变换找到了相邻尺寸 DWT 系数间的一种关系。FWT 类似于两段子带编码方案在子带编码中，一幅图像被分解为一系列限带分量的集合，称为子带，它们可以重组在一起，无失真地重建原始图像，每个子带通过对输入进行带通滤波而得到，原始图像的重建可以通过内插、滤波和叠加单个子带来完成。由于小波空间存在于相邻较高分辨率尺度函数跨越的空间中，任何小波函数可以表示成平移的尺度函数的加权和。根据小波函数 $\psi(x)$ 和尺度函数 $\varphi(x)$ 为函数 $f(x)=L(R)$ 定义小波序列展开，可以写出

$$f(x)=\sum_{k} c_{j_0}(k)\cdot\varphi_{j_0,k}(x)+\sum_{j=j_0}^{\infty} d_j(k)\cdot\psi_{j,k}(x) \tag{5-9}$$

式中，j_0 为任意开始尺度；$c_{j_0}(k)$ 和 $d_j(k)$ 分别为具有实数的输入函数 $f(x)$ 展开函数的展开尺度系数和小波函数 $\psi(x)$ 系数。

其中，给定满足多分辨率分析(要求的尺度函数，能够定义小波函数 $\psi(x)$ 与它的积

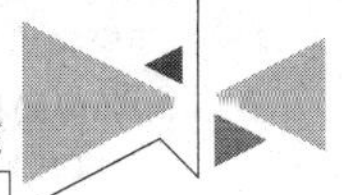

分变换及其二进制尺度)，跨越相邻两尺度子空间 v_j 和 v_{j+1} 的差异，即

$$\psi_{j,k}(x) = 2^{\frac{j}{2}}\psi(2^j x - k) \tag{5-10}$$

再考虑多分辨率尺度函数改善等式，即

$$\varphi(x) = \sum_n h_\varphi(n)\sqrt{2}\varphi(2x - n) \tag{5-11}$$

用 2^j 对 x 进行尺度化，用 k 对它进行平移，令 $m = 2k + n$，得

$$\begin{aligned}\varphi(2^j x - k) &= \sum_n h_\varphi(n)\sqrt{2}\varphi[2(2^j x - k) - n] \\ &= \sum_\varphi (m - 2k)\sqrt{2}\varphi(2^{j+1}x - m)\end{aligned} \tag{5-12}$$

式中，尺度向量 h_φ 是一种“权值”，可以将 $\varphi(2^j x - k)$ 转化为 $j + 1$ 形式的尺度函数。

由小波变换基础可得

$$\psi(2^j x - k) = \sum_m h_\psi(m - 2k)\sqrt{2}\varphi(2^{j+1}x - m) \tag{5-13}$$

当式(5-12)中 $h_\varphi(n) = h_\psi(m - 2k)$ 时，求得式(5-13)，且连续函数 $f(x)$ 的离散小波变换(DWT)对为

$$W_\psi(j_0, k) = \frac{1}{\sqrt{M}}\sum_x f(x)\psi_{j_0,k}(x) \tag{5-14}$$

$$W_\psi(j, k) = \frac{1}{\sqrt{M}}\sum_x f(x)\psi_{j,k}(x) \tag{5-15}$$

现在，考虑式(5-14)及式(5-15)，它们定义了离散小波变换。将小波变换定义式(5-10)代入式(5-15)可得

$$W_\psi(j, k) = \frac{1}{\sqrt{M}}\sum_x f(x)2^{\frac{j}{2}}\psi(2^j x - k) \tag{5-16}$$

用式(5-13)的右端代替式(5-16)中的 $\psi(2^j x - k)$，变为

$$W_\psi(j, k) = \frac{1}{\sqrt{M}}\sum_x f(x)2^{\frac{j}{2}}\left[\sum_m h_\psi(m - 2k)\sqrt{2}\varphi(2^{j+1}x - m)\right] \tag{5-17}$$

交换和式与整数，并重新安排，给出

$$W_\psi(j, k) = \sum_m h_\psi(m - 2k)\left[\frac{1}{\sqrt{M}}\sum_x f(x)2^{\frac{j+1}{2}}\varphi(2^{j+1}x - m)\right] \tag{5-18}$$

这里，括起来的量与式(5-14)在 $j_0 = j + 1$ 相等。利用式(5-16)，并令 $j_0 = j + 1$，可以写为

$$W_\psi(j, k) = \sum_m h_\psi(m - 2k)W_\varphi(j + 1, m) \tag{5-19}$$

将式(5-9)和式(5-11)作为包含 DWT 近似值系数的近似派生的起点，类似地，有

$$W_\varphi(j, k) = \sum_m h_\varphi(m - 2k)W_\varphi(j + 1, k) \tag{5-20}$$

式(5-19)和式(5-20)揭示了 DWT 相邻系数间的重要关系。比较上述结果和式 $h_0(n) \times x(n) = \sum_k h_0(n - k)x(k) \Leftrightarrow H_0(z)X(z)$，尺度 j 的近似值和细节系数 $W_\varphi(j, k)$ 与 $W_\psi(j, k)$ 可以通过尺度 $(j + 1)$ 的近似值系数 $W_\varphi(j + 1, k)$ 和时域反转的尺度与小波向量 $h_\psi(-n)$ 和 $h_\varphi(-n)$ 的卷积，然后对结果亚取样来计算。当 $h_0(n) = h_\varphi(-n)$ 且 $h_1(n) = h_\psi(-n)$，因

此有

$$W_{\psi}(j,\ k) = h_{\psi}(-n) \times W_{\varphi}(j+1,\ n)\mid_{n=2k,\ k\geqslant 0} \tag{5-21}$$

$$W_{\varphi}(j,\ k) = h_{\varphi}(-n) \times W_{\varphi}(j+1,\ n)\mid_{n=2k,\ k\geqslant 0} \tag{5-22}$$

其中，卷积在 $n = 2k$ 时计算（$k \geqslant 0$）。在非负偶数时刻计算卷积与以 2 为步长进行过滤和抽样的效果相同。

图 5-20 中的滤波器族可以迭代产生多阶结构用于计算两个以上连续尺度的 DWT 系数。图 5-21 显示了一个用于计算变换的两个最高尺度系数的二阶滤波器族。最高的尺度系数假定是函数自身的采样值，即 $W_{\varphi}(j,\ n) = f(n)$，$j$ 表示最高的尺度。图 5-21 中的第一个滤波器族将原始函数分解成一个低通近似值分量（其对应于尺度系数 $W_{\varphi}(j-1,\ n)$）和一个高通分量（其对应于系数 $W_{\psi}(j-1,\ n)$）。

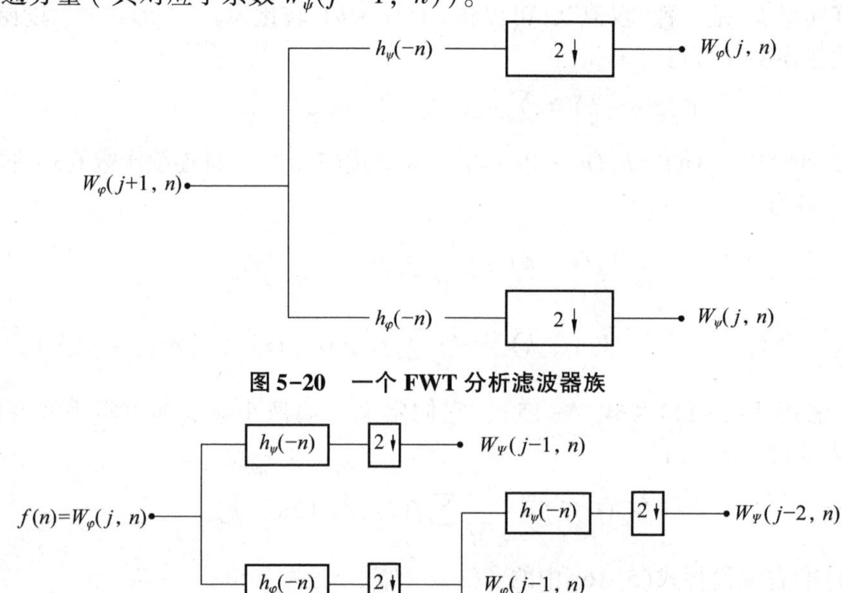

图 5-20　一个 FWT 分析滤波器族

图 5-21　一个两阶或尺度 FWT 分析滤波器族

5.5.2　快速小波变换实验

由于离散正交小波变换对信号具有一种“集中的能力”，所以含有噪声的信号在经过正交小波变换后，其有用的信号的小波系数在部分为 0 或接近于 0 时，只有少数值不为 0 且幅度较大，而噪声的小波变换系数分布比较均匀。根据小波变换系数的这一特点，可以通过对小波系数设定阈值来收缩小波系数，从而达到去噪的目的。

快速小波滤波器的滤波散发步骤可以总结如下：

（1）根据快速小波变换 Mallat 人字形算法对图像进行 j 阶小波变换，得到小波变换系数和尺度系数。

（2）对每一阶小波变换系数设定一个阈值 T_j，对每一阶小波系数根据阈值进行收缩，即

$$D_j f = \begin{cases} \operatorname{sgn}(D_j f_n(|D_j f_n| - T_j)), & |D_j f_n| \geqslant T_j \\ 0, & |D_j f_n| < T_j \end{cases} \tag{5-23}$$

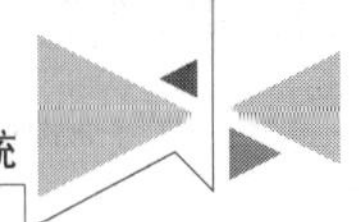

式中，$D_j f$表示图像估计值的小波系数。

(3)根据 Mallat 重构算法，重构图像。

针对人物的图像运用小波变换进行滤波处理，处理前后的图像如图 5-22、图 5-23 所示。

由图 5-22 和图 5-23 可知，通过快速小波变换平缓图像边缘信息后，不会导致振荡效应和图像极性反转，也不会模糊图像，去噪能力很强。

图 5-22　原图像

图 5-23　小波变换后的图像

5.5.3　仿射投影矩理论下的图像处理

在无人作战飞机激光制导武器系统中，目标识别技术主要是使用激光吊舱成像系统的图像信息来进行识别，因此可以将其称为图像识别。图像识别是以研究图像的描述和分类为主要内容，对经过处理的输入图像提取各种特征，然后根据这些特征利用模式匹配识别理论对图像进行目标识别。目标的特征提取是目标识别系统中的关键环节，其目的是从图像中获取有用信息，进而用于模式识别，因此目标特征提取及其分类直接影响到目标识别系统的性能及识别的准确性，而且由于目标识别系统需要解决的是在不同条件下对目标的识别，因此特征提取和分类一直就是目标识别研究中的难点和热点。

在目标识别中，特征提取目的是使用有效的数学工具，减少目标模式表达的维数(Dimensionality)。这种低维表达必须具有区别不同模式类别的特质，称为特征(Features)。

特征提取的用途是多方面的，首先是出于工程的考虑，因为识别分类器的复杂性和其硬件实现的复杂性，随着模式空间的增长而快速增长，其次将降低信息传输通道的容量。此外，有证据表明，模式的维数并非越大越好，存在一个最优维数使错误识别率最小，通过提取特征减少模式维数，可达到提高正确识别率的目的。更重要的是，原始目标图像模式通常是不稳定的测量数据，通过特征提取获得图像中稳定不变的信息，是目标识别成败的一个关键。

在无人作战飞机激光制导武器系统自动目标识别系统中，基准模板图像和实时图像之间存在着各种差异，使自动目标识别系统面临的问题是需要在不同的条件下识别目标。激光吊舱成像系统所接收的图像是在不同位置获取的实时图像，并且所攻击的过程中，无人机也会不断地进行机动，因此基准图和实时图之间往往存在着拍摄距离、角度、位置和姿态等差异。若只存储少量的基准图，则实时图与基准图之间的巨大差异会使匹配精度严重下降。即使不限制基准图的数量，识别系统需要在多维变量空间中对目标类别进行复杂的搜索和匹配，也会使匹配效率下降，并增大匹配的难度。此时如果能针对这些畸变找到目标的不变特征，则各目标在特征空间中就是一个固定点，此时进行分类就可以通过将测试样本归类为与其最近的目标特征不变点来进行分类，即利用简单的最近邻分类算法来分类，从而有效降低了目标识别系统的难度。由于目标在无人作战飞机俯视方向上可以近似看作二维物体，为了提高识别系统的速度并降低识别系统的难度，可以将目标在凝视焦平面上所成的像看作二维物体通过一定变换后得到的结果。当目标姿态仅在与成像平面平行的方向上变化时，可以认为二维目标是通过旋转、尺度和位移(RST)变换投影到成像平面上的，所以此时提取的特征具有 RST 变换不变性即可；但当目标相对无人作战飞机成像系统的姿态在一定范围内存在变化时，二维目标与成像平面的投影图之间则需要仿射变换来进行描述，此时要寻找的是具有仿射不变性的特征向量。本节将对仿射不变特征、自动目标识别展开论述。

当目标相对姿态仅在与成像平面平行的方向进行变化时，可以认为二维目标是通过旋转、尺度和位移(RST)变换投影到成像平面上的；但当目标姿态在一定范围内存在变化时，二维目标与成像平面的投影图之间则需要更为复杂的变换来描述。若目标沿着光轴方向的尺度远小于目标中心到摄像机的距离时(一般要小于 1/10，称为仿射近似条件)，可把目标与成像平面之间的变换关系看作线性的仿射变换，即不同角度的目标图像之间存在仿射变换关系。

若原始二维坐标为 $\boldsymbol{X}=(x, y)^{\mathrm{T}}$，且仿射变换后对应的坐标为 $\boldsymbol{X}'=(x', y')^{\mathrm{T}}$，则存在关系式

$$\boldsymbol{X}'=\boldsymbol{AX}+\boldsymbol{B} \tag{5-24}$$

式中，$\boldsymbol{A}$ 为变形矩阵；$\boldsymbol{B}$ 为平移矢量。

在二维空间中，$\boldsymbol{A}$ 可以按如下的 4 个步骤被分解为尺度、伸缩、剪切、旋转变换。

(1)尺度变换

$$\boldsymbol{A}_s=\begin{bmatrix} s & 0 \\ 0 & s \end{bmatrix},\ s \geqslant 0 \tag{5-25a}$$

(2)伸缩变换

$$\boldsymbol{A}_t=\begin{bmatrix} 1 & 0 \\ 0 & t \end{bmatrix},\ \boldsymbol{A}_t\boldsymbol{A}_s=\begin{bmatrix} s & 0 \\ 0 & st \end{bmatrix} \tag{5-25b}$$

(3)剪切变换

$$\boldsymbol{A}_u=\begin{bmatrix} 1 & u \\ 0 & 1 \end{bmatrix},\ \boldsymbol{A}_u\boldsymbol{A}_t\boldsymbol{A}_s=\begin{bmatrix} s & stu \\ 0 & st \end{bmatrix} \tag{5-25c}$$

(4)旋转变换

$$\boldsymbol{A}_\theta=\begin{bmatrix} \cos\theta & -\sin\theta \\ \sin\theta & \cos\theta \end{bmatrix},\ 0 \leqslant \theta \leqslant 2\pi,\ \boldsymbol{A}_\theta\boldsymbol{A}_u\boldsymbol{A}_t\boldsymbol{A}_s=\begin{bmatrix} s\cos\theta & stu\cos\theta-st\sin\theta \\ s\sin\theta & stu\sin\theta+st\cos\theta \end{bmatrix} \tag{5-25d}$$

即 $a_{11}=s\cos\theta$；$a_{12}=stu\cos\theta-st\sin\theta$；$a_{21}=s\sin\theta$；$a_{22}=stu\sin\theta+st\cos\theta$。此时由这 4 种变换的组合便可以构成仿射变换。

由于仿射变换可以分解为平移、尺度、伸缩、剪切和旋转变换，因此对仿射不变量可以按照规格化过程和投影矩过程分别分析各种不变性。通过分解仿射投影矩，可知其具有如下性质。

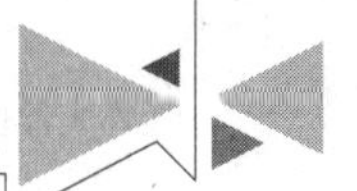

1. 平移、尺度、伸缩和剪切不变性

规格化过程能消除平移、尺度、伸缩和剪切对目标的影响。这是因为坐标系 $\boldsymbol{S}$ 的各阶矩具有以下特征。

$$\begin{aligned} m_{01}(\boldsymbol{S}_4) &= \frac{1}{\boldsymbol{M}}\sum_{x_4,\ y_4=1}^{N} f(x_4,\ y_4)\, x_4 \\ &= \frac{1}{\boldsymbol{M}}\sum_{x,\ y=1}^{N} f(x,\ y)\ [\tau_x\sigma_x(x - m_{10}(\boldsymbol{S})) - \tau_x\sigma_x(x - m_{01}(\boldsymbol{S}))] = 0 \end{aligned} \tag{5-26a}$$

$$\begin{aligned} m_{10}(\boldsymbol{S}_4) &= \frac{1}{\boldsymbol{M}}\sum_{x_4,\ y_4=1}^{N} f(x_4,\ y_4)\, y_4 \\ &= \frac{1}{\boldsymbol{M}}\sum_{x,\ y=1}^{N} f(x,\ y)\ [\tau_x\sigma_z(x - m_{10}(\boldsymbol{S})) + \tau_y\sigma_y(y - m_{01}(\boldsymbol{S}))] = 0 \end{aligned} \tag{5-26b}$$

$$\begin{aligned} m_{11}(\boldsymbol{S}_4) &= \frac{1}{\boldsymbol{M}}\sum_{x_4,\ y_4=1}^{N} f(x_4,\ y_4)\, x_4 y_4 \\ &= \frac{1}{\boldsymbol{M}}\sum_{x,\ y=1}^{N} f(x,\ y)\ [(\tau_y\sigma_x(x - m_{10}(\boldsymbol{S})))^2 - (\tau_y\sigma_y(y - m_{01}(\boldsymbol{S})))^2] = 0 \end{aligned} \tag{5-26c}$$

$$\begin{aligned} m_{20}(\boldsymbol{S}_4) &= \frac{1}{\boldsymbol{M}}\sum_{x_4,\ y_4=1}^{N} f(x_4,\ y_4)\, x_4^2 = \frac{1}{\boldsymbol{M}}\sum_{x_3,\ y_3=1}^{N} f(x_3,\ y_3)\cdot(\tau_x x_3)^2 \\ &= \frac{1}{\boldsymbol{M}m_{20}(\boldsymbol{S}_3)}\sum_{x_3,\ y_3=1}^{N} f(x_3,\ y_3)\cdot x_3^2 = 1 \end{aligned} \tag{5-26d}$$

$$\begin{aligned} m_{02}(\boldsymbol{S}_4) &= \frac{1}{\boldsymbol{M}}\sum_{x_4,\ y_4=1}^{N} f(x_4,\ y_4)\, y_4^2 = \frac{1}{\boldsymbol{M}}\sum_{x_3,\ y_3}^{N} f(x_3,\ y_3)\cdot(\tau_y y_3)^2 \\ &= \frac{1}{\boldsymbol{M}m_{02}(\boldsymbol{S}_3)}\sum_{x_3,\ y_3=1}^{N} f(x_3,\ y_3)\cdot y_3^2 = 1 \end{aligned} \tag{5-26e}$$

设以下所定义的坐标系已将坐标原点移至目标质心。若将原始坐标系和经过仿射变换后的图像坐标系分别定义为 $\boldsymbol{S} = [x,\ y]^{\mathrm{T}}$ 和 $\boldsymbol{S}' = [x',\ y']^{\mathrm{T}}$，其相应的规格化后坐标系分别为 $\boldsymbol{S} = [x^4,\ y^4]^{\mathrm{T}}$ 和 $\boldsymbol{S}' = [x',\ y']^{\mathrm{T}}$，即有

$$\begin{gathered} \boldsymbol{S}' = \boldsymbol{A}\boldsymbol{S} \\ \boldsymbol{S}_4 = \boldsymbol{N}\boldsymbol{S} \\ \boldsymbol{S}_4' = \boldsymbol{N}'\boldsymbol{S}' \end{gathered} \tag{5-27}$$

有坐标系之间的仿射变换关系，但不容易得到仿射变换的各项系数，而且这种描述对噪声较敏感，可以通过标准矩来描述坐标系之间的仿射变换。由于 $\boldsymbol{S}'$ 是 $\boldsymbol{S}$ 仿射变换的结果，$\boldsymbol{S}_4$ 和 $\boldsymbol{S}_4'$ 是对 $\boldsymbol{S}$ 和 $\boldsymbol{S}'$ 进行规格化的结果，而在规格化中所进行的 4 步操作均属于仿射

变换中的尺度和旋转变换，因此由仿射变换的分解特性可知，此时坐标系 $\boldsymbol{S}_4$ 和 $\boldsymbol{S}_4'$ 之间的关系也可由 Shen 所定义的标准矩关系式来描述。由于坐标系 $\boldsymbol{S}_4$ 和 $\boldsymbol{S}_4'$ 的中心都已移至目标的质心，因此可以根据式(5-22)得到坐标系 $\boldsymbol{S}_4$ 和 $\boldsymbol{S}_4'$ 之间标准矩的仿射关系式，即

$$\begin{bmatrix} x_4' \\ y_4' \end{bmatrix} = \boldsymbol{T}_\tau \begin{bmatrix} x_4 \\ y_4 \end{bmatrix} \tag{5-28}$$

式中，$\boldsymbol{T}_\tau = \boldsymbol{N}'\boldsymbol{A}\boldsymbol{N}^{-1} = \begin{bmatrix} t_{11} & t_{12} \\ t_{21} & t_{22} \end{bmatrix}$。

此时由标准矩之间的仿射关系可得

$$\begin{aligned} &\begin{bmatrix} m_{20}(\boldsymbol{S}_4') & m_{11}(\boldsymbol{S}_4') & m_{10}(\boldsymbol{S}_4') \\ m_{11}(\boldsymbol{S}_4') & m_{02}(\boldsymbol{S}_4') & m_{01}(\boldsymbol{S}_4') \\ m_{10}(\boldsymbol{S}_4') & m_{01}(\boldsymbol{S}_4') & 1 \end{bmatrix} \\ &= \begin{bmatrix} t_{11} & t_{12} & 0 \\ t_{21} & t_{22} & 0 \\ 0 & 0 & 1 \end{bmatrix} \begin{bmatrix} m_{20}(\boldsymbol{S}_4) & m_{11}(\boldsymbol{S}_4) & m_{10}(\boldsymbol{S}_4) \\ m_{11}(\boldsymbol{S}_4) & m_{02}(\boldsymbol{S}_4) & m_{01}(\boldsymbol{S}_4) \\ m_{10}(\boldsymbol{S}_4) & m_{01}(\boldsymbol{S}_4) & 1 \end{bmatrix} \begin{bmatrix} t_{11} & t_{12} & 0 \\ t_{21} & t_{22} & 0 \\ 0 & 0 & 1 \end{bmatrix}^{\mathrm{T}} \end{aligned} \tag{5-29}$$

2. 旋转不变性

由于仿射投影矩在进行规格化处理后，由之前的分析可知，此时仿射投影矩同样具有旋转不变性。因此，仿射投影矩对仿射变换便具有了不变性。

5.6 参考文献

[1]刘朝辉. 小型无人机遥感平台在摄影测量中的应用[J]. 工程技术研究，2017(6)：142-143.

[2]姚婉玲. 基于无人机遥感技术的环境监测研究进展[J]. 环境与发展，2017，29(5)：154-156.

[3]毛洁娜，于龙，林莹莹. 无人机遥感应用及红外载荷研究[J]. 红外，2007，28(2)：32-35.

[4]农堂起. 工程测绘中无人机遥感测绘技术的应用[J]. 科技创新与应用，2020(8)：172-173.

[5]兰玉彬，邓小玲，曾国亮. 无人机农业遥感在农作物病虫草害诊断应用研究进展[J]. 智慧农业，2019，1(2)：1-19.

[6]魏鹏飞，徐新刚，李中元，等. 基于无人机多光谱影像的夏玉米叶片氮含量遥感估测[J]. 农业工程学报，2019，35(8)：126-133，335.

[7]王洛飞. 无人机低空摄影测量在城市测绘保障中的应用前景[J]. 测绘与空间地理信息，2014，37(2)：217-219，222.

[8]朱建伟，袁国辉. 基于倾斜摄影测量技术的无人机城市建筑监测系统在违建查找中的应用[J]. 工程勘察，2017，45(7)：59-62.

[9]孙家炳. 遥感原理与应用[M]. 武汉：武汉大学出版社，2009.

[10]PETER VAN BLYENBURGH. UAVs：An overview[J]. Air & Space Europe，1999，1

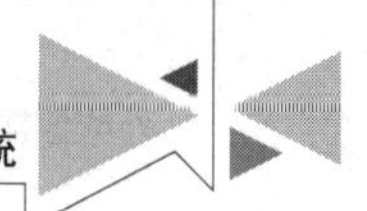

(5-6)：43-47.

[11]秦博，王蕾. 无人机发展综述[J]. 飞航导弹，2002(8)：4-10.

[12]ICAO. Unmanned aircraft systems：UAS[M]. Montréal：International Civil Aviation Organization，2011.

[13]RANGO，LALIBRERTE A，HERRICK J E，et al. Unmanned aerial vehicle-based remote sensing for rangeland assessment，monitoring，and management[J]. Journal of Applied Remote Sensing，2009，3(1)：11-5.

[14]LI D R，LI M. Research advance and application prospect of unmanned aerial vehicle remote sensing system[J]. Geomatics and Information Science of Wuhan University，2014，39(5)：505-513.

[15]孙滨生. 无人机任务有效载荷技术现状与发展趋势研究[J]. 电光与控制，2001(S1)：14-19.

[16]王方玉. 美国无人机的光电载荷与发展分析[J]. 激光与红外，2008(4)：311-314.

[17]SALISBURY J W，WALD A，DARIA D M. Thermal-infrared remote sensing and Kirchhoff's law：1. Laboratory measurements[J]. Journal of Geophysical Research：Solid Earth，1994，99(B6)：11897-11911.

[18]ROGALSKI. Infrared detectors：An overview[J]. Infrared Physics & Technology，2002，43(3-5)：187-210.

[19]WOJEK，DOLLAR P，SCHIELE B，et al. Pedestrian detection：An evaluation of the state of the art[J]. IEEE Transactions on Pattern Analysis & Machine Intelligence，2012，34(4)：743-761.

[20]OTSU N. A threshold selection method from gray-level histograms[J]. IEEE Transactions on Systems Man & Cybernetics，2007，9(1)：62-66.

[21]WANG K，LIU Y，SUN X W. Small moving infrared target detection algorithm under low SNR background[C]//2009 Fifth International Conference on Information Assurance and Security，2009：95-97.

[22]SEZGIN M，SANKUR B. Survey over image thresholding techniques and quantitative performance evaluation[J]. Journal of Electronic Imaging，2004，13(1)：146-168.

[23]LOWE D G. Distinctive image features from scale-invariant keypoints[J]. International Journal of Computer Vision，2004，60(2)：91-110.

[24]RUBLEE E，RABAUD V，KONOLIGE K，et al. ORB：An efficient alternative to SIFT or SURF[C]//2011 International Conference on Computer Vision，2011：2564-2571.

[25]PAPAGEORGIOU C，POGGIO T. A trainable system for object detection[J]. International Journal of Computer Vision，2000，38(1)：15-33.

[26]WU B，NEVATIA R. Detection of multiple，partially occluded humans in a single image by Bayesian combination of edgelet part detectors[C]//2005 International Conference on Computer Vision，2005.

[27]DALAL N，TRIGGS B. Histograms of oriented gradients for human detection[J]. IEEE Computer Society Conference on Computer Vision & Pattern Recognition，2005(1)：886-893.

[28]LECUN Y，BENGIO Y，HINTON G. Deep learning[J]. Nature，2015，521(7553)：436.

[29] LECUN Y, BOTTOU L, BENGIO Y, et al. Gradient-based learning applied to document recognition[J]. Proceedings of the IEEE, 1998, 86(11): 2278-2324.

[30] KRIZHEVSKY, SUTSKEVER I, HINTON G. ImageNet classification with deep convolutional neural networks[J]. Advances in Neural Information Processing Systems, 2012, 25(2): 1097-1105.

[31] GIRSHICK R, DONAHUE J, DARRELL T, et al. Rich feature hierarchies for accurate object detection and semantic segmentation[C]//Proceedings of the IEEE Conference on Computer Vision and Pattern Recognition, 2014: 580-587.

[32] UIJLINGS J R, SANDEK K. Selective search for object recognition[J]. International Journal of Computer Vision, 2013, 104(2): 154-171.

[33] JOACHIMS T. Text categorization with support vector machines: Learning with many relevant features[C]//European Conference on Machine Learning, 1998: 137-142.

[34] HE K, ZHANG X, REN S, et al. Spatial pyramid pooling in deep convolutional networks for visual recognition[J]. IEEE Transactions on Pattern Analysis & Machine Intelligence, 2014, 37(9): 1904-1916.

[35] GIRSHICK R. Fast R-CNN[C]//Proceedings of the IEEE international conference on computer vision, 2015: 1440-1448.

[36] REN S, HE K, GIRSHICK R, et al. Faster R-CNN: Towards real-time object detection with region proposal networks[J]. IEEE Transactions on Pattern Analysis & Machine Intelligence, 2017, 39(6): 1137-1149.

[37] REDMON J, DIVVALA S, GIRSHICK R, et al. You only look once: Unified, real-time object detection[C]//2016 IEEE Conference on Computer Vision and Pattern Recognition (CVPR), 2016.

[38] LIN T Y, GOYAL P, GIRSHICK R, et al. Focal loss for dense object detection[C]//Proceeding of the IEEE International Conference on Computer Vision, 2017: 2980-2988.

[39] PARK J, CHEN J, CHO Y K, et al. CNN-based person detection using infrared images for night-time intrusion warning systems[J]. Sensors, Multidisciplinary Digital Publishing Institute, 2020, 20(1): 34.

[40] GAO C Q, WANG L, XIAO Y X, et al. Infrared small-dim target detection based on Markov random field guided noise modeling[J]. Pattern Recognition, 2018 (76): 463-475.

[41] QIN Y, BRUZZONE L, GAO C, et al. Infrared small target detection based on facet kernel and random walker[J]. IEEE Transactions on Geoscience and Remote Sensing, 2019, 57(9): 7104-7118.

[42] VISWANATHAN D G. Features from accelerated segment test (fast)[C]//Proceedings of the 10th Workshop on Image Analysis for Multimedia Interactive Services, London, UK, 2009: 6-8.

[43] Calonder M, Lepetit V, Strecha C, et al. Brief: Binary robust independent elementary features[C]//European Conference on Computer Vision, Springer, Berlin, Heidelberg, 2010: 778-792.

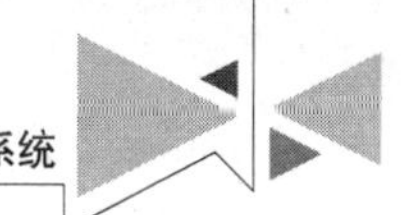

[44] YI K M, TRULLS E , LEPETIT V, et al. Lift: Learned invariant feature transform[C]//European Conference on Computer Vision, Springer, Cham, 2016: 467-483.

[45] JADERBERG M, SIMONYAN K, ZISSERMAN A, et al. Spatial transformer networks[J]. Advances in Neural Information Processing Systems, 2015: 28.

[46] HAN J, MORAGA C. The influence of the sigmoid function parameters on the speed of backpropagation learning [C]//International Workshop on Artificial Neural Networks, Springer, Berlin, Heidelberg, 1995: 195-201.

[47] NAIR V, HINTON G. Rectified linear units improve restricted boltzmann machines vinod nair[C]//Proceedings of the Thirteenth International Conference on Machine Learning, 2010(27): 807-814.

[48] GLOROT X, BENGIO Y. Understanding the difficulty of training deep feedforward neural networks [C]//Proceedings of the Thirteenth International Conference on Artificial Intelligence and Statistics. JMLR Workshop and Conference Proceedings, 2010 (9): 249-256.

[49] WILLMOTT C J, MATSUURA K. Advantages of the mean absolute error(MAE) over the root mean square error(RMSE) in assessing average model performance[J]. Climate Research, 2005, 30(1): 79-82.

第6章 武器红外瞄具系统

6.1 概　述

红外成像体制瞄具具有全天候使用的优势，本章将详细介绍红外瞄具总体设计方案、枪管的生产制作、瞄具温度适应性和辅助瞄准模块。

光学瞄具是武器装备不可缺少的配套装置，它能赋予武器正确的射击方向，提高弹丸命中目标的概率。在当今世界武器装备中，许多高科技新技术逐步应用在瞄具上，瞄具种类也从最初仅有的白光瞄具，逐渐发展出微光瞄具、红外瞄具、光电瞄具等众多新类型。伴随着光电技术与红外技术的不断发展，红外瞄具以其在夜间可以良好工作的特点决定了它不可或缺的地位。在伊拉克战争中，由于美国士兵使用了红外瞄具，所以武器射击更精准，发挥了更强大的威力。科技在不断的发展和进步，光学瞄具的地位也变得越来越不可或缺，很多新技术在瞄具的研制和开发上得到了广泛的应用，新种类的瞄具更是屡见不鲜。

红外热瞄具的发展历程与红外探测器技术的进展息息相关，主要经历由制冷型向非制冷型、由线阵向凝视型面阵的发展。到目前为止，已经发展了三代热瞄具产品，更新换代的标志就是探测器技术的提高。第一代红外热瞄具采用多元线列或小面阵探测器，光机扫描机构复杂，信号处理简单，图像质量低于黑白电视图像；第二代红外热瞄具采用长线列或与黑白电视分辨率相当的凝视焦平面阵列，读出电路采用大规模集成电路，并有一定的信号处理功能；第三代红外热瞄具采用长线列或与高清晰度电视分辨率相当的凝视焦平面阵列，具有多个工作波段，读出电路采用超大规模集成电路并有复杂信号处理功能。

新一代产品仍分为3种类型，轻型武器热瞄准具质量不到0.91 kg，中型和重型武器热瞄准具质量为1.36～1.81 kg，这样将进一步降低热武器瞄准具的成本，并能提供更宽的视野，更远距离的瞄准精度。截至2011年8月，美军从BAE公司及DRS公司采购装备的热武器瞄具达到10万具。

第二代红外热瞄具采用非制冷红外焦平面探测器，具有更大的分辨率(160×120～640×480)、更佳的成像质量、更远的探测距离、更小的功耗尺寸和更低的成本等特点。随着探测器技术的发展，具有更大分辨率、更小像元尺寸及更低噪声等效温差(NETD)的探测器阵列已出现，包括 BAE、DRS 及 ULIS 等公司的 1024×768 的 17 μm 面阵，NETD 仅为 30 mK，为发展第三代红外热瞄具奠定了技术基础，这将为红外热瞄具提供新的发展空间，将热瞄具系统性能提升到一个新的水平。

国内红外热瞄具受红外探测器、红外成像等相关技术领域的限制，发展较西方国家要慢。现定型列装的红外热瞄具仅有 YMH10 式 12.7 mm 狙击步枪红外瞄准具，被配备用于 QBU 式 12.7 mm 狙击步枪上，其采用美国 FLIR320×240 分辨率的 35 μm 氧化钒探测器。红外热瞄具的研制属 QBU 式 12.7 mm 狙击步枪研制内容的一部分，整个研制过程历经方案阶段、工程研制阶段(分为初样机和正样机两个阶段)、设计定型阶段。

6.2　红外瞄具总体方案设计

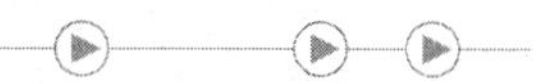

6.2.1　红外成像系统性能指标

本节服从于研制轻型热瞄具的目标，从我国非制冷热成像技术发展现状出发，考虑在实际应用中的各种问题，围绕如何利用允许我国进口的焦平面阵列器件，设计满足我国军事应用要求的轻型瞄具等，需完成以下工作：

(1)深入分析非晶硅微测辐射热计焦平面的结构和原理，分析各种类型的噪声影响，研究焦平面的非均匀校正算法和盲元替代，为系统的开发提供必要的理论依据，为软件算法的流程研究做准备。

(2)设计轻型瞄具的整体系统，介绍红外光学系统，着重研究成像电路的系统，重点是非均匀校正模块、驱动模块、系统信号的整体控制模块、视频合成模块和参数调节模块，展示了在轻型热瞄具上独到的设计方案和思路。

(3)设计红外轻型瞄具的高低温环境适应性试验，通过该试验的实际操作，分析试验的数据和试验现象，解决应用过程中整机功耗过高和影响图像质量的关键问题，使系统的设计更加科学。

(4)研究辅助瞄准模块、开窗思想的应用，增强目标的对比度，并且进行必要的实时动目标检测，以方便估算目标的距离和运动速度方向调整瞄准射击的时间。

6.2.2　光学系统设计

在微光瞄具不能使用的白天，白光瞄具不能使用的夜晚，轻型热瞄具都可以使用。从 21 世纪初至今，国内非制冷红外探测器主要依赖美、法进口。各家公司、研究所和高校通过各种渠道从美、法获取氧化钒及非晶硅红外探测器，然后进行系统设计，实现红外成像系统。由于红外探测器在红外成像技术中的核心位置，国内相关技术发展受制于国外：首先由于技术封锁，国内用于研制生产的探测器均为国外落后一代甚至更多代的产品，从而无法采用国外最先进的探测器技术；其次从国外进口的探测器大大提升了产品的成本，进一步限制红外成像技术的广泛应用。

轻型热瞄具的工作原理：经过光学镜头，8～14 μm 红外光通过，其他波段的光被滤除，红外光投射到焦平面探测器上，经过微测辐射热计将背景与目标温度的不同转换成信号电压的不同输出，然后经过信号处理电路，进行非均匀校正，增强对比度，视频信号合成显示在显示器上。轻型热瞄具系统的示意图如图 6-1 所示，机芯包括焦平面探测器、探测器驱动电路和图像信号处理系统。

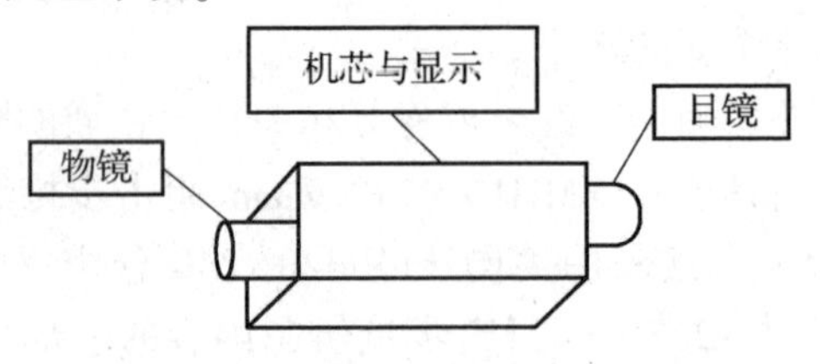

图 6-1　轻型热瞄具系统的示意图

1. 物镜

红外光学系统根据焦平面探测器的不同而采用不同的设计方式。常用的光学系统有折射式、反射式和折反混合系统。一般扫描型的探测器采用反射式，而凝视型的探测器采用折射式镜头。

微光瞄具是直视系统，而对微光系统的视距起决定作用的是微光管的性能。与微光瞄具不同，红外瞄具是间视式系统，因此成像系统的探测器和信号处理系统性能确定时，红外瞄具的视距基本上由红外光学系统的参数决定。对于轻型红外热瞄具的镜头，用长焦距物镜所得到的像大，用短焦距物镜所得到的像较小。物镜的相对孔径 D/f 越大，意味着在同样焦距的前提下，靶面获得的能量越大，其理论分辨率和像面的照度越高，但这需要镜头有大通光口径，镜头的径向尺寸变大，镜头的质量也随之增大。非制冷红外系统由于探测器灵敏度比较低(相对于制冷型而言)，通常使用的红外镜头的相对孔径都在 1 左右。根据现有的红外镜头产品，焦距为 75 mm、相对孔径为 0.8 的红外镜头的质量为 0.9 kg，而焦距为 150 mm、相对孔径为 1 的红外镜头质量达到 2.5 kg 以上，作为单兵使用是不合适的。根据本章参考文献[7]的计算方法和距离公式，光学系统的焦距不能小于 76 mm，目前普遍流行的瞄具镜头的焦距有 70 mm、75 mm、80 mm 3 种，相对孔径则根据不同的使用场合在 0.8 ~ 1。

为了在全视场和全孔径内获得满意的像质，要尽可能降低高级像差、轴上点与轴外点像差以及细光束与宽光束像差。由光线的波长引起的焦距和主面位置的不同会造成色差，因此各种色差都要校正，以利于离焦后有满意的像质。由于采用的是折射式系统，球差会严重影响像质。在一般的透镜系统中，大多只考虑子午光束的色差即可，除此之外，还有慧差、畸变等也要考虑，在其中找到最佳的结合点。

对于镜头的材料，透过波长为 8 ~ 14 μm 的红外镜头一般采用锗玻璃。锗透镜光学系统所应用的光谱为 8 ~ 14 μm。红外光学材料的折射率温度变化系数比可见光大一个数量级以上，折射式红外光学系统的像面热漂移比可见光系统大同样的数量级，因此在设计红外光学系统时一般还要考虑对温度进行补偿。折射式红外物镜的设计分为单透镜和组合式物镜，如图 6-2 所示，组合式又分为两片式、三片式和四片式。锗的单透镜由于材料的折射率，只适用于一些相对孔径较小的系统，否则系统的弥散斑直径会大大增加，从而造成像质不高。两片式物镜视场小，当相对孔径很大时，为了很好地校正像差，其适合作为准直透镜。根据轻型热瞄具整体在体积和质量上的要求，物镜光学系统不能太大，因此考虑设计三片式物镜。为了提高红外辐射的辐射通量，系统的相对孔径比一般的光学孔径要大得多。

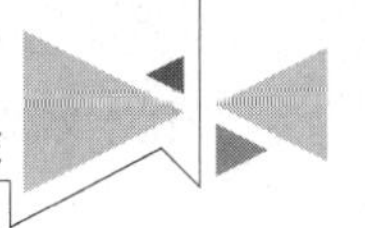

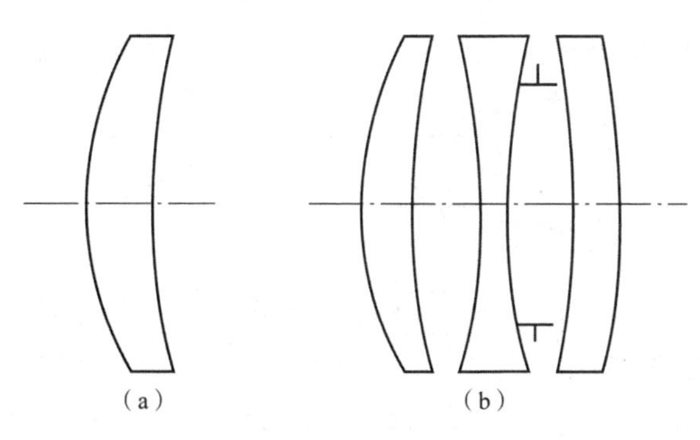

图 6-2　折射式红外物镜

(a)单透镜；(b)组合式物镜

根据以上的要求，本节设计了专门用于瞄具的三片式红外光学物镜，该轻型热瞄具镜头材料为锗，折射率为 4.001 8，增透膜为 ZnS，最大视场角为 6.2°，F 数为 1.0。由于该物镜的相对孔径较大，像差的校正就变得很复杂，因此采用了非球面的方式来解决。物镜的总长为 103.363 mm，入瞳直径为 82 mm，有效焦距为 82 mm，入射光的主波长为 10 μm，图 6-3 所示为该物镜的光路。

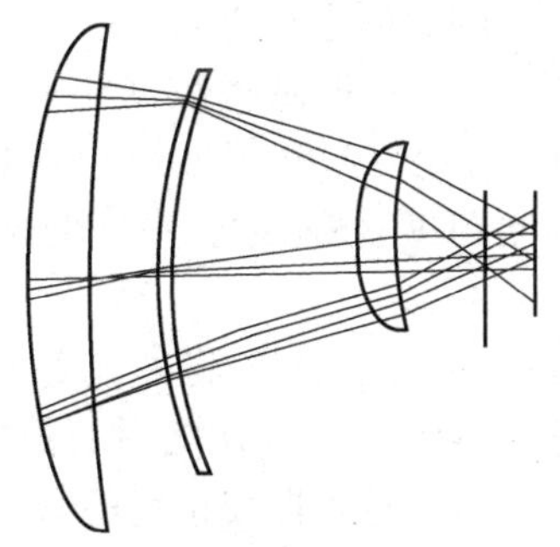

图 6-3　物镜的光路

2. 目镜

对于轻型瞄具来说，在监视器上观察红外成像要有一定的隐秘性，以防止暴露自身的位置，因此瞄具的显示器件一般尺寸会很小。瞄具系统的监视器为 4.8 in OLED 监视器，若没有目镜，直接观察，则图像太小，因此需要合适的光学系统将图像放大才能辨认清楚。由于目镜的要求并不高，显示器自身的发光可以为目镜提供足够的光源能量，因此采用一般的玻璃来设计，视场角和焦距与系统总体结构设计相匹配，总的要求是不要过分增大瞄具的体积和质量。

6.2.3　成像信号处理电路

1. 成像信号处理电路总体设计

校正数据采集时的系统示意图如图 6-4 所示。一般热像仪开机时，首先要校正，然后才能显示校正后的清晰图像。热像仪的两种状态下，对于焦平面的驱动，温控电路和 A/D 的工作状态相同。开机时，首先是温控电路工作，驱动焦平面内部的半导体制冷器(TEC)稳定在设定温度。在不同的环境温度下，稳定所需的时间有所差别，一般设定温度与环境温度越接近，稳定时间就越短。温度稳定之后，才开始上载其他的信号，这个过程是由现场可编辑逻辑器件(FPGA)来控制的。接着就开始启用 A/D 将原始模拟数据数字化，并将数字化数据输入 FPGA 和 DSP 进行处理。在此过程中，电源系统为温控电路和 A/D 器件、IRFPA 提供电源。由键盘选择数据采集状态或者实时成像状态。

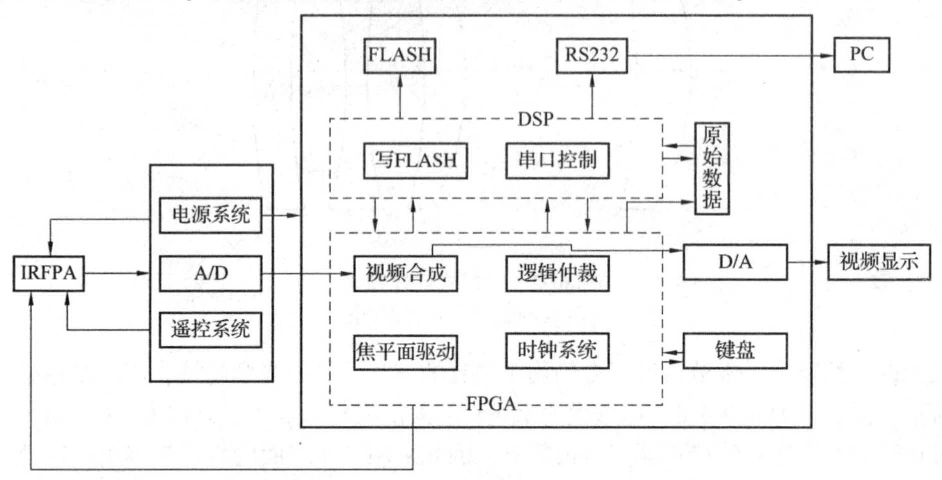

图 6-4　校正数据采集时的系统示意图

在数据采集状态下，A/D 之后的数据直接进入 FPGA 内部的视频合成模块，然后输入视频显示器件。在此同时，FPGA 还可以控制将数据输入 SRAM 中，并通过 DSP 控制串口，把数据采集到 PC 机中，用于理论研究和积累经验数据之用。此外，为了将原始数据固化在电路系统中，DSP 将其存储到 FLASH 中，在实时成像状态时，就可以直接调用校正参数数据。

在实时成像状态下，如图 6-5 所示，DSP 将原始数据从 FLASH 调出，利用其计算 Gain 和 Offset 参数，然后保存到 SRAM 中。A/D 之后的数据输入 FPGA，并利用 SRAM 中的校正参数来校正新输入的原始数据，然后把校正完的数据输入视频合成模块，并在此同时实现直方图统计工作，接着送入显示器。这时，操作者为了将图像的可观看性提高，会调节一些基本的性能参数，如黑热白热、图像的亮度和对比度、积分时间。这些参数是通过键盘来调节的。

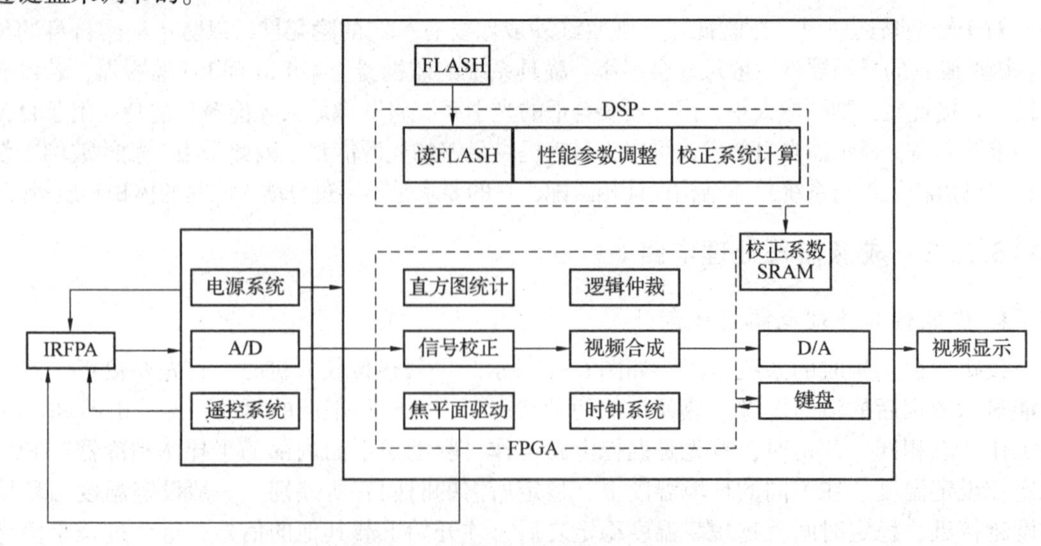

图 6-5　实时成像时的系统示意图

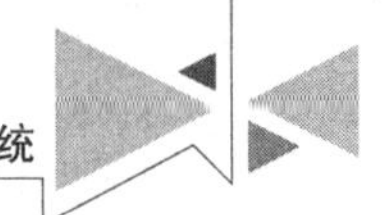

本系统采用了两块电路板相叠的方式，可以适当节省空间。一块电路板上，集成了电源系统、A/D 器件、遥控系统，这块电路板上的器件大部分是模拟器件，但是时钟频率不高。另一块电路板上的器件多是数字器件，像 DSP、FPGA、数字存储器，只有 D/A 器件的一部分引脚是模拟的。之所以这样分配，是考虑到减少电磁干扰和布局的便利性。

2. A/D 数据采集

A/D 数据采集是进行数字信号处理的前提条件，它处于数字信号处理前端。系统根据红外焦平面阵列的时钟频率、响应率、噪声等效温差的大小以及信号的动态范围选择了 ADI 公司的 AD9240 模数转换芯片，其主要特征如下：

(1)单片集成 14 位的 10MSPS A/D 转换器；

(2)超低功耗：285 mW；

(3)单+5 V 供电；

(4)溢出标志指示；

(5)无失真动态范围：90 dB。

对于 UL01011 型红外焦平面阵列，其最佳工作频率约为 5.5 MHz，响应率通常为 4 mV/K，噪声等效温差为接近 120 mK，动态范围通常为 0.4 ~2.1 V。显然，AD9240 完全满足其功能要求。

如果红外焦平面阵列的噪声等效温差为 100 mK，对应噪声电压为 0.4 mV(响应率为 4 mV/K)，而 AD9240 的采样精度为 14 位，满量程为 5 V，那么经过 A/D 采集以后，系统总的噪声电压为 0.41 mV，系统的噪声等效温差为 102.5 mK。因此，系统采集引入的噪声相对于原有噪声来说是可以忽略的。

3. FPGA 的功能设计

在本系统中，FPGA 担负着绝大部分的计算任务和一部分的控制任务，主要包括成像校正、视频合成、时钟系统的产生、直方图统计、FPGA 驱动、逻辑仲裁。因此，FPGA 的选型要有一定的容量和速度要求。考虑到成本和性价比，系统选择的 FPGA 器件为 Altera 公司 Cyclone 系列的 EP1C12，配置器件为 EPCS4。FPGA 提供了灵活的系统可编程能力，在硬件不变的情况下能对软件进行不断升级，因此在当今系统设计中 FPGA 的使用越来越广泛，且开发成本越来越低。正是它的灵活性和高性价比，使它得到了设计开发人员的青睐。

1)时钟系统

该系统采用的是多频率时钟系统。焦平面数据的像素频率 MC 与视频合成模块中的频率是不同的；A/D 数据转换与 D/A 数据转换的频率也不同。这种不同主要由焦平面的主时钟(MC)和 PAL 制式的电视显示时钟决定。为了保证数据采集的准确性，A/D 转换的频率应该与 FPA 主时钟频率是相一致的；为了保证视频输出的清晰度，D/A 转换的速度应该与 PAL 视频合成模块的主时钟一致。

为了视频合成的方便，IRFPA 的帧频和行频应该和 PAL 制标准视频保持一致，那么 IRFPA 的帧频也应该为 50 Hz，行频应该为 15 625 Hz。UL01011 的用户手册指出，其主时钟应该工作在 5.5 MHz 左右，这决定了 IRFPA 的时钟频率不能偏离 5.5 MHz 太远。综合这 3 个因素，确定 IRFPA、A/D 和信号处理流水线的工作时钟为 5.625 MHz，视频合成和 D/A 的工作时钟为 7.5 MHz(或者 13.5 MHz)。

系统使用15 MHz的晶振产生时钟信号，输入FPGA经过二分频得到7.5 MHz的频率，经过8倍频然后再3分频可以得到5.625 MHz的时钟。图6-6为FPGA内部的时序逻辑，可以看到，时钟系统还控制着相位的调节、时间延时、增益控制、存储器的读写信号等。只有当这些时钟都达到同步，系统才能稳定地工作，图像信号才能保持清晰无干扰。

2)图像处理信号的数据流程和控制

热像仪的数据流程分为两种状态，具体状态的选择和控制是通过DSP和FPGA的相互协作实现的。

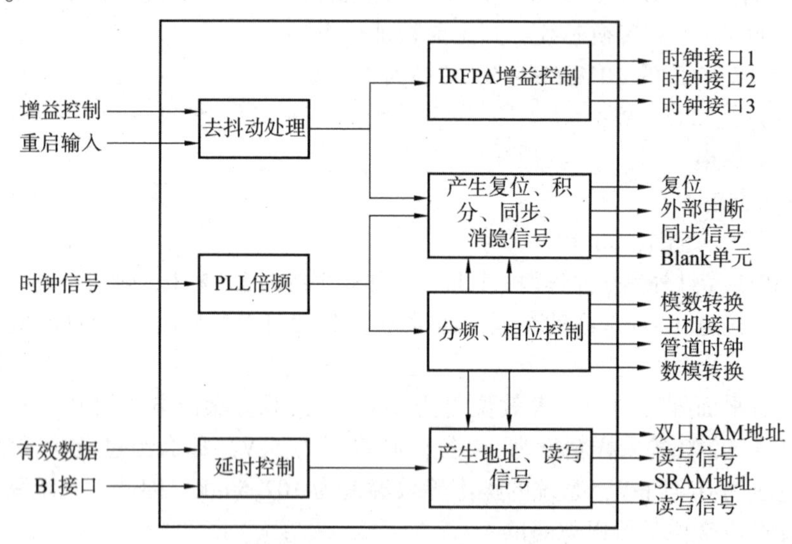

图6-6　FPGA内部的时序逻辑

系统由DSP发出信号S_Pulse，使FPGA进入原始数据采集状态：将来自A/D的原始数据按地址顺序逐一存储到SRAM中，同时输入视频合成模块。在此过程中，FPGA只是时钟系统在起作用，数据传输的速度要与地址的变化速度相对应。通过FIFO模块将5.5 MHz的传输频率转换为7.5 MHz，以适应视频合成的需要。

在实时成像模式下，FPGA要进行非均匀性校正、盲元替代和自动增益控制3种信号处理。该流程采用流水线设计，系统实现时，图像数据依次从A/D采集，其传输速度和IRFPA的MC相同。此时，系数加载模块在IRFPA提供的同步信号、有效数据信号和第一行标志信号的作用下，产生对应像素的地址信号，读取该像素的校正系数和盲元标志。图像数据和校正系数、盲元标志同时进入流水线。首先进行增益校正，此时偏移校正系数$B_{i,f}$保存在D触发器内。经过增益校正后的图像数据经一级流水后到达偏移校正级，而偏移校正系数$B_{i,f}$，也经过了一级流水同时到达偏移校正级。

经过增益和偏移校正以后，图像数据将进行盲元替代。在盲元替代级内，加法器一直计算一个像素前后两个像素的平均值。该平均值作为预备的替代值与该像素同时向后传递，直到双路选通开关，而盲元标志自从进入流水线后就逐级地向后传递，一直到双路选通开关级。在选通开关处，盲元标志将决定是平均值向后输出还是真实值向后输出。

盲元替代结束后将进入自动增益控制级。自动增益控制的主要作用就是增加红外图像的对比度，突出感兴趣的图像灰度区间，改善红外图像的视觉效果。自动增益控制模块包

含两个系数 k 和 f_1。其中，k 代表增益的大小；f_1 代表转换的最小灰度级，如果灰度值小，则变换值直接置零。k 和 f_1 由一帧图像的直方图获得，在每帧图像的消隐期间进行更新。但是对于同一类场景来说，k 和 f_1 是几乎不变的。因此，如果场景不发生突变，k 和 f_1 可以不更新。在经过自动控制级的两级流水以后，图像数据将被写入双口 RAM 内，供视频合成模块调用。

3) 视频合成

经过数字信号处理以后的图像数据不满足标准视频的数据格式，视频合成的作用就是把这些图像数据转化为标准视频数据，按照标准视频的时序要求送往 D/A，转化为模拟视频信号，供显示使用。成像系统选择的视频标准为 PAL 制。

由于视频合成模块和信号处理流水线的工作频率并不相同，因此两者之间采用缓存来解决不同时钟系统的数据传输问题。实际上，IRFPA 和 PAL 制视频的行频和帧频是相同的，因此缓存的大小只要可以容纳一行数据即可。系统中采用的缓存是双口 RAM，其容量为 512 B，由 FPGA 内部的 M4K RAM 模块生成。

双口 RAM 的写信号由有效数据信号产生。有效数据信号可以通过同样时间的延迟以后作为写信号的控制器，而其读信号由消隐信号 $\overline{\text{Blank}}$ 和视频合成像素时钟共同产生。每行的图像信号区间到来以后，读信号逐像素地把 320 个图像数据读出，送往 D/A 进行数模转换。

菜单图形数据由 DSP 写到 QPRAM 内。当红外图像输出结束以后，视频合成模块的数据输入端口切换到 QPRAM。每行的图像信号区间到来以后，读信号依次把 320 个菜单图形数据读出，送往 D/A 进行数模转换。

4) 直方图统计

直方图统计是在盲元替代之后，这时的信号一路到自动增益控制，另一路到直方图统计模块。在每一幅图像输出时，将统计结果存储到灰度阵列中。直方图统计模块值得注意的是如何节省存储空间。

考虑直方图统计模块所需要的存储空间。系统采用 14 位 A/D 进行采样，在极端情况下，即每个灰度级都有像素存在，那么共需要 $2^{14}=16\ 384$ 个存储单元。如果每个存储单元分配 16 个存储位，那么共需要 262 144 位，这已经超过了 EP1C12 的存储能力。实际上，直方图统计模块只对图像数据的高 12 位进行统计，这样只需要 4 096 个存储单元，而系统设计的 QPRAM 为 8 192×16 位。这样既解决了存储空间不足的问题，又保证了较高的统计精度。

5) 自动增益的控制

红外图像的灰度往往集中在较窄的区间，而其他灰度区间则不包含有效图像信息。本文采用将灰度区间 $[f_1,\ f_2]$ 拉伸，而灰度区间 $[0,\ f_1]$ 和 $[f_2,\ f_M]$ 被压缩到 0 或 1 的办法，来控制自动增益，如式(6-1)所示：

$$g(x,\ y)=\begin{cases}0, & 0<f(x,\ y)<f_1\\ k[f(x,\ y)-f_1], & f_1<f(x,\ y)<f_2\\ 1, & f_2<f(x,\ y)<f_M\end{cases} \tag{6-1}$$

式中，k 和 f_1 称为自动增益控制系数。

如何确定 f_1 和 f_2 是很重要的，其决定着图像的最终观察效果。最简单的方法就是采用固定的区间，对所有的图像进行相同的变换。但由于实际图像的内容大相径庭，其直方图分布也各具特点，所以分段区间要根据直方图特点自适应变化。

针对红外图像直方图特点，本节提出依据红外图像统计特性对分段区间进行自适应选择。对于图像 f，由所有像素的灰度值可以得到图像灰度均值和标准方差，即

$$\begin{cases}\bar{x}=\dfrac{1}{N}\sum\limits_{i=1}^{N}x_i\\ \sigma=\sqrt{\dfrac{1}{N-1}\sum\limits_{i=1}^{N}(x_i-\bar{x})^2}\end{cases}\tag{6-2}$$

式中，x_i 为第 i 像素的灰度值；N 为总像素个数；$\bar{x}$ 为平均灰度；σ 为标准方差。

根据参数估计的 3σ 准则，如果图像灰度分布满足正态分布，那么区间 $[\bar{x}-3\sigma,\ \bar{x}+3\sigma]$ 将包含 99.9% 的像素，因此区间分位点 f_1 和 f_2 可以分别取 $x-3\sigma$ 和 $x+3\sigma$，$k=1/(6\sigma)$。

在热成像系统内部，由于每幅图像的统计结果不同，所以自动增益控制系数 k 和 f_1 是在不断变化的。k 和 f_1 的更新是通过 FPGA 内部的直方图统计模块和 DSP 的实时信号处理系数的计算和更新子程序实现的。

6）配置逻辑

配置逻辑包括存储器地址译码和存储器的访问机制。DSP 与 FPGA 之间握手信号的产生、中断信号的扩展、地址空间的映射、键盘信号的传递都是由逻辑仲裁模块管理的。SRAM 是 DSP 和 FPGA 的共享资源，它们均会对 SRAM 进行访问，因此需要加以管理和协调，避免访问权的冲突。DSP 与 FPGA 之间的握手信号共有 4 个，包括 DSP 对 FPGA 的 3 个控制信号（S、T、S_Pulse）和 FPGA 反馈的 1 个应答信号（SRAM_Enable）。DSP 和 FPGA 采用分时访问的方式共享 SRAM，在校正数据采集状态下的图像有效时段和图像采集时段，FPGA 占有 SRAM；在剩余时间，DSP 占有 SRAM。DSP 访问共享资源需要首先判断 SRAM_Enable 的状态，而 FPGA 是在 DSP 的控制下工作的，一旦控制信号来到，它会直接访问 SRAM。

SRAM、FLASH、QPRAM、串口、看门狗等外设都必须映射到某段地址空间，DSP 才能对其访问，地址空间映射是通过逻辑译码实现的。对 DSP 的地址信号进行译码作为外设的片选信号，当 DSP 输出对应地址信号时，逻辑译码模块会自动选通对应外设，此时 DSP 就可以对外设进行访问。例如，片外 SRAM 的地址空间被映射到 400000H～440000H，那么它的片选信号 $\overline{\mathrm{CS}}$ 为

$$\overline{\mathrm{CS}}=\overline{\mathrm{PAGE1}}\ \ \mathrm{or}\ \ \mathrm{A21}\ \ \mathrm{or}\ \ \mathrm{A20}\ \ \mathrm{or}\ \ \mathrm{A19}\ \ \mathrm{or}\ \ \mathrm{A18}$$

式中，Ai 为 DSP 的地址信号；$\overline{\mathrm{PAGE1}}$ 为地址页面信号。

DSP 芯片有 4 个中断，其中 $\overline{\mathrm{INT0}}$ 被用于在 MCBL 模式下加载程序，$\overline{\mathrm{INT1}}$ 被用于串口通信，因此只剩下 2 个中断供 FPGA 使用。四路键盘信号、温度稳定标志、直方图统计完成标志都需要通过中断通知 DSP，因此 2 个中断远远不能满足需要，必须对中断进行扩

展。中断扩展由中断信号和组合逻辑实现。例如，四路键盘信号分别连接 DSP 的 4 个 IO 端口，四路信号的逻辑“与”信号输出至 $\overline{\text{INT3}}$。当有按键被按下后，$\overline{\text{INT3}}$ 和对应端口均变为 0。DSP 执行中断服务程序时，首先读取 IO 端口的状态，然后执行相应的子程序，这样就由 1 个中断端口实现了 4 路中断。

7)数据类型转换

为了合理利用空间，校正系数和盲元标志存储在同一个双字(32 位)内，其增益校正系数 A1，占一个字(16 位)，偏移校正系数 $B_{i,j}$ 占 15 位，而盲元标志 $F_{i,j}$，只需要 1 位就可以表明该像素是否为盲元。图 6-7 给出了校正系数、盲元标志在双字内的位置。FPGA 只能进行定点运算，信号处理所需的校正系数和自动增益控制系数都是定点数据。定点数据的小数点位置与数据精度有很大关系。对于一个定长的数据，如果小数点位置越靠左，数值范围越小，但精度越高；相反，如果小数点位置越靠右，数值范围越大，但精度就越低。因此，对于长度确定的数据，必须综合考虑数值范围和数据精度两种因素。例如，增益校正系数 $A_{i,j}$ 为 16 位数据，其值在 1 附近波动，系统把它的小数点定义在第 13 位和第 14 位中间，那么 $A_{i,j}$ 的最小精度为 $2^{-13}\approx 0.000\ 122$，数据范围约为[0.000 122，7.999 878]，这足以满足系统的需要。偏移校正系数 $B_{i,j}$ 为 15 位数据，系统把它的最高位定义为符号位，而第 14 位与来自 A/D 的图像数据的数据位保持一致。因为 DSP 内部采用的是浮点运算，所以 DSP 在加载校正系数时必须首先把浮点数据转换为定点数据。

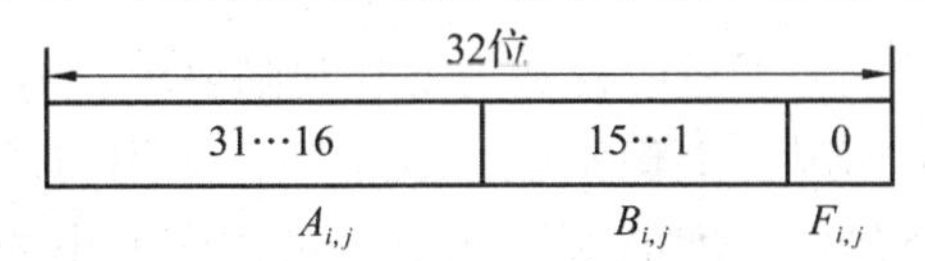

图 6-7　校正系数、盲元标志在双字内的位置

4. DSP 的功能设计

根据系统处理速度和运算精度的要求，系统选择的 DSP 芯片为 TI 公司的 TMS320VC33，FLASH 芯片为 SST 公司的 SST39VF800A，SRAM 为 CYPRESS 公司的 CY7C1041V33。

1)DSP 校正流程

DSP 在整个系统中充当管理者的角色，整个系统的多项功能的安排都是由 DSP 来安排的，其程序的设计也是分为两种状态，即成像状态和原始数据采集状态。

当处于原始数据采集状态时，DSP 的任务是将 SRAM 中的原始数据调出来，存储到 FLASH 中。在此同时，通过串口的控制，将原始数据形成图像传输到 PC 上保存。

在实时成像状态下，DSP 的控制主程序流程如图 6-8 所示。DSP 的主程序首先要将 DSP 初始化，加载开机界面，然后经过一定时间的延时，发送消息进入实时成像状态，然后开始计算 Gain 和 Offset 参数，并将其放在各自的存储空间中，进入中断程序，将 SRAM 的访问权交给 FPGA。

在计算校正系数时，由于内部只能进行定点运算，而且根据信号处理结构的要求，增益校正系数 $A_{i,j}$、偏移校正系数 $B_{i,j}$ 和盲元标志 $F_{i,j}$ 必须存储在同一个双字内，因此在加载系数时必须把浮点数据转化为定点数据，并按照存储要求把 $A_{i,j}$、$B_{i,j}$ 和 $F_{i,j}$ 合并到一起。根据直方图统计，可以计算得到自动增益系数，大体上确定图像的灰度范围，若为了寻找图像中感兴趣的目标而需要调节灰度时，可以通过键盘来调节。

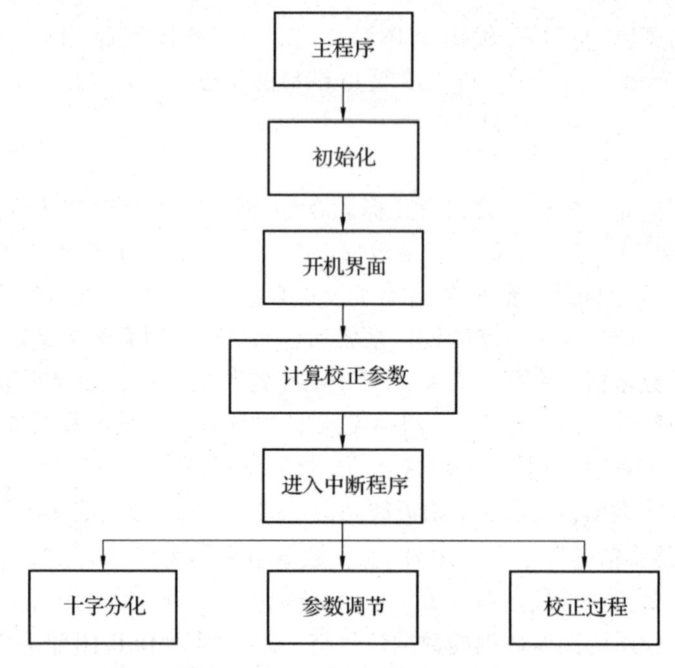

图 6-8　DSP 的控制主程序流程

成像系统用于实际中时，为了适应视觉需要和观瞄要求，需要调节一些基本的性能参数。在热像仪中，为了不占用屏幕上像素显示的空间，采用图像下方 16 行的空间作为参数菜单显示。系统参数调节包括灰度的上下调节、对比度大小的调节、图像灰度翻转(黑热白热)、积分时间调节、电子变倍。这些功能是由 FPGA 实现的，通过中断执行。

十字分化是为了在观瞄时能更好地定位目标。为了提高十字分化的精确度，本系统的十字分化存储在 SRAM 中，将校正参数置为最大值来完成，其位置可以通过键盘进行调节。键盘的控制执行程序也是通过 FPGA 完成。

2)与 PC 的通信控制

为了将采集的原始数据输送给 PC，系统是通过 TL16C550 和 MAX3226 对 DSP 进行串口扩展来实现串行通信的。其中，TL16C550 作为信号的收发器，负责数据的缓冲串行数据和并行数据的相互转换等；MAX3226 作为电平转换器，负责 TTL 电平和 RS-232 电平之间的相互转换。系统采用的异步串行通信的实现方案，其中 FPGA 译码部分主要起地址空间的分配、读写信号的产生、中断信号的裁决和传输等作用。

上电后 DSP 对 TL16C550 进行初始化，然后等待 TL16C550 中断 DSP 来进行通信处理，包括接收数据和发送数据两种状态。若为接收数据请求，则先查询线路状态寄存器 LSR 的 D0 位是否为 1(该位表示数据是否已经准备好)，为 1 则可以把数据读入 DSP。若为发送数据请求，则先查询线路状态寄存器 ISR 的 D6 位是否为 1(该位表示发送保持寄存器(THR)是否为空，为空才可以进行发送数据)，为 1 则把数据送到发送保持寄存器进行发送。

TL16C550 初始化的具体程序如下：

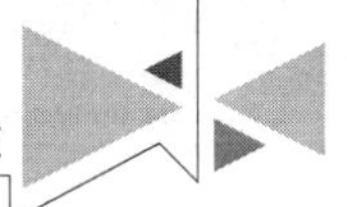

```
    *((unsignedint*)(Serial_Rst))=0; 写任意数据，复位串口
    *((unsigned char*)(IER))=0x05; 开中断
    *((unsignedchar*)(FCR))=0x87; 使能接收和发送 FIFO
    *((unsigned char*)(LCR))=0x83; 设置 LCR
    *((unsignedchar*)(DLL))=(BAUD&0x00ff); 设置波特率为 9600
    *((unsignedchar*)(LCR))=0x7f&(*(unsigned char*)(LCR)); 写
DLL 结束
    *((unsigned char*)(LCR))=0x80 |(*(unsigned char*)(LCR)); 设
置波特率
    *((unsigned char*)(DLM))=((BAUD&Oxff00)>>8);
    *((unsigned char*)(LCR))=0x7f &(*(unsigned char*)(LCR)); 写
DLM 结束
    *((unsigned char*)(LCR))=0x80(*(unsigned char*)(LCR));
```

程序中 Serial_Rst、IER、FCR、LCR、DLL、DLM 代表 TL16C550 内部的寄存器，分别为复位、中断、使能寄存器和 FIFO 控制寄存器、线路控制寄存器、波特率分频因子低 8 位寄存器、波特率分频因子高 8 位寄存器。要实现串口通信除了硬件和初始化程序支持外，还需要编写相应的通信程序。

5. D/A 数据转换设计

为了将数字图像信号显示在监视器上，因此需要 D/A 转换。系统选择了 ADI 公司 ADV7123 实现模拟视频信号的生成。ADV7123 是一种 3 通道高速数模转换集成电路，它自带 1.23 V 内部参考电压源，兼容 5 V 和 33 V 供电；包含 3 个独立的 10 位数据输入端口，提供两个独立的视频控制信号：消隐信号 $\overline{\text{Blank}}$ 和同步信号 $\overline{\text{Sync}}$；可工作于-40 ~ 85 ℃，满足战场恶劣条件的需要。

系统采用 5 V 供电，灰度显示。图像数据、视频控制信号 $\overline{\text{Blank}}$、$\overline{\text{Sync}}$ 和时钟均来自 FPGA 的视频合成模块，并且已经按照标准视频格式进行编码。为了增加系统的负载能力，在 D/A 后增加了一级运放。

6.3　瞄具系统温度适应性

轻型瞄具需要在很宽的温度范围内操作，因此研究其温度适应性是必要的。目前国内的轻型瞄具机芯大多是由民用厂家开发生产，在追求短期效益的情况下，并没有将性能做到军用标准。尤其在温度适应性方面，其研究设备和人员受到一定的限制，生产的热像仪在 0 ℃时，难以成像，已不能正常工作。

本节基于现状，对焦平面器件做温度的特性分析，推导出偏置电压和 NETD 偏置电压与功耗的具体关系，明确推出了 4 种温度与 NETD 的关系，并由此给出了降低功耗的实施方法；设计了温度适应性试验，获得了具有研究价值的数据；根据对这些数据的分析，改进了热像仪在温度性能方面的设计，表明在军用温度范围内，本设计可以形成清晰的图像，并且在功耗上也可以满足军方的要求。

6.3.1 偏置电压与温度适应性

图6-8为a-Si非制冷焦平面微测辐射热计的经典电路。LET/LIR公司用33 V CMOS 0.5 μm的设计标准，每个探测元R_d都配套了直接注入式的晶体管Md，这里探测元以脉冲偏置电压方式减少衬底热敏感度振荡。

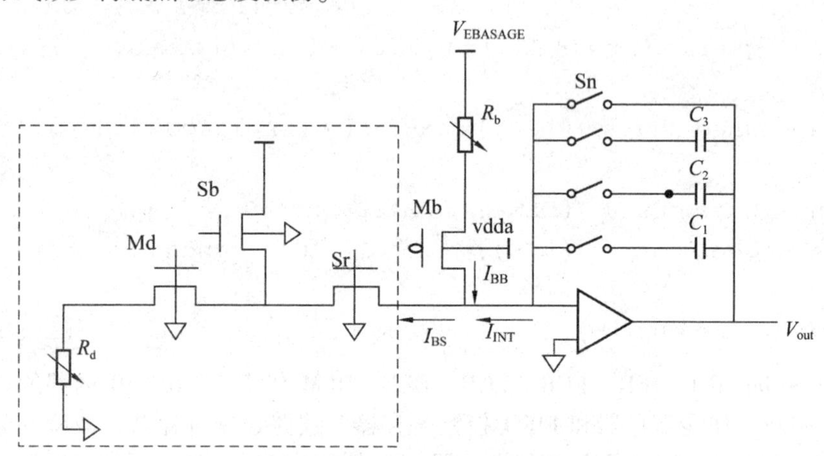

图6-8 a-Si非制冷焦平面微测辐射热计的经典电路

在焦平面器件与外部器件的接口引脚中，FID电压相当于图6-8中MOS管Md的G端电压。MOS管的G端电压控制着漏极电流I_{DS}，MOS器件的3个工作区，即截止区、线性区、饱和区的描述公式为

$$I_{DS}=\begin{cases}0, & V_{GS}-V_t\leqslant 0 \quad \text{截止区}\\ \beta\left[(V_{GS}-V_t)V_{DS}-\dfrac{V_{DS}^2}{2}\right], & 0<V_{DS}<V_{GS}-V \quad \text{线性区}\\ \beta(V_{GS}-V_t)^2/2, & 0<V_{GS}-V<V_{DS} \quad \text{饱和区}\end{cases} \tag{6-3}$$

式中，I_{DS}为漏极电流；V_{GS}为栅源电压；V_t为器件的开启电压；β为MOS管的跨导系数，其表达式为

$$\beta=\frac{\mu\varepsilon}{t_{ax}}\left(\frac{W}{L}\right) \tag{6-4}$$

式中，μ为沟道中电子的有效迁移率；ε为栅绝缘层的介电常数；t_{ax}为栅绝缘层的厚度；W为沟道宽度；L为沟道长度。

根据式(6-3)在MOS管的非饱和区，可以通过改变G端电压来改变其内部电阻R_m，再根据MOS管工作特性曲线可知，FID电压增大，R_m减小。由图6-8可推出

$$i_d=V_{EBASAGE}/(R_b+R_m+R_d) \tag{6-5}$$

因此，可得FID电压增大时，热敏电阻的电流i_d增大。NETD的计算公式如下：

$$\text{NETD}=\frac{4F^2V_n}{\tau_0A_dR_v(\mathrm{d}P/\mathrm{d}T)\Delta\lambda} \tag{6-6}$$

式中，F为光学系统的F数，设为1；τ_0为光学通过率；A_d为探测面的面积；R_v为探测器的响应率；V_n为总噪声电压；$\mathrm{d}P/\mathrm{d}T$为温度T时黑体辐射的单位面积上的功率变化，300 K时黑体目标为2×10^{-14} W/(cm^2·K)；$\Delta\lambda$为调制系数。

其中，微测辐射热计的响应率 R_v 的计算公式为

$$R_v = \frac{dV}{dP} = \frac{dV}{dT}\frac{dT}{dP} = \frac{i_b a R_d \eta_e}{G(1+\omega^2\tau^2)^{1/2}} \tag{6-7}$$

$$\frac{dT}{dP} = \frac{\eta}{\sqrt{G^2+\omega^2 C^2}} \tag{6-8}$$

式中，i_b 为偏置电流；τ 为热响应时间且 $\tau = C/G$；η_e 为吸收效率；ω 为瞬时功率的调制频率；G 为支撑材料的热传导；C 为支撑材料的热容。

微测辐射热计焦平面不加调制，并假设其热传导是常数，将 R_v 代入式(6-6)，得到

$$\text{NETD} = \frac{4V_n G}{i_b R_d \tau_0 A_d \alpha \eta_e (dP/dT)} \tag{6-9}$$

因此，PID 电压增大，NETD 会减小。由于动态范围与 NETD 是成反比的参数，因此动态范围减少。反之，PID 电压降低，NETD 会增加，动态范围也会增加。在偏置电压 $V_{EBASAGE}$ 一定时，可以调节电压来改变电压以减少每个单元灵敏度的不一致，减小非均匀性。因此图 6-8 在这里对 PID 电压具有偏压补偿作用。ULIS 公司 45 μm 焦平面的温度动态范围为 60 K，在-60 ~50 ℃，焦平面的温度与 PID 电压取值有直接的关系。在探测材料选定和 R_d 在常温下的阻值一定的情况下，V_{out} 的范围取决于在高低温的峰值。

图 6-8 中 Mb 是 PMOS 晶体管，vdda 接 CMOS 读出电路的电源电压。Mb 的 G 端电压相当于焦平面器件中 V_{EB} 偏电压为 0。R_b电路起到了去除背景噪声的作用。

已知 ULIS 公司生产的 320×240 a-Si 非制冷焦平面 IDML073-V3 常温下的 TCR 为 2.5 K，NETD 为 120 mK，$V_{EBASAGE}$ 为 3.061 V，并作以下假设：

(1)由于非制冷型焦平面中，起决定作用的噪声是约翰森噪声，其计算公式为

$$V_J = \sqrt{akTR_dB} \tag{6-10}$$

式中，$k = 1.38\times10^{-23}$ W · s/K 为玻尔兹曼常量；B 为噪声频率；a 为电阻温度系数。假设 V_n 只包含约翰森噪声。

(2)微测辐射热计焦平面不加调制，并假设其支撑材料的热传导是常数。假设微测辐射热计在 300 K 时的电阻温度系数 a 为 20 kΩ，将式(6-5)、式(6-10)代入式(6-9)可得

$$\begin{aligned}\text{NETD} &= \frac{4(\alpha kBR_dT)^{1/2}(R_d+R_b+R_m)}{V_{EBASAGE}R_d\tau_0 A_d \alpha \eta_e (dP/dT)} \\ &= \frac{H(R_0\exp(\Delta E/kT)+R_b+R_mT}{\exp(\Delta E/2kT)V_{EBASAGE}}\end{aligned} \tag{6-11}$$

式中，α 为系统常数；ΔE 为材料的禁带宽度的一半；k 为玻尔兹曼常量；T 为微测辐射热计的稳定工作温度。

已知 300 K 的 TCR 可以计算出焦平面材料的 $\Delta E \approx 0.19$ eV。H 的计算公式为

$$H = \frac{4k\sqrt{B}}{\sqrt{\Delta ER_0}\,\tau_0 A_d \eta_e (dP/dT)} \tag{6-12}$$

H 可以根据不同的系统参数计算出来，在操作时不会随温度改变。R_b 为常量，R_m 由 FID 电压控制，这样 NETD 的影响因素为 FID 电压、$V_{EBASAGE}$ 和 T。式(6-11)也验证了在较低温度下焦平面如能稳定工作，可以通过调节 FID 电压和 $V_{EBASAGE}$ 改变 NETD。最重要的是，可以根据该特性来提高轻型热瞄具的低温特性。轻型热瞄具的操作要求适应的温度范围很大，在温度比 300 K 低很多时，根据式(6-11)，NETD 会下降，图像的质量提高：

由于 a-Si 负的电阻温度系数，微测辐射热计电阻增大，根据式(6-5)焦平面的功耗增大。为了降低焦平面的功耗，可以降低 FID 电压并降低 $V_{EBASACE}$，使得 NETD 参数在常温下保持一致，而微测辐射热计的功耗降低。由于每种类型焦平面所用的 MOS 管类型参数不同，个体之间存在很大的差异，FID 电压与 R_m 之间的对应关系，可通过试验获得准确的数据。

6.3.2 温度适应性优化设计

普通的设计在低温下操作会出现一系列不良反应，具体包括非均匀性变差、功耗升高、成像质量变差等。为消除这些不良反应，对 6.2 节的设计做了优化。

1. 温控电路的优化设计

焦平面的衬底温度与外界环境温度相差太多，会造成整体功耗急剧上升，并且当环境温度较低时，衬底温度过高，将会使系统的 NETD 上升，成像质量严重下降。因此为了提高轻型热瞄具低温性能，将 6.2 节的温控电路做了优化设计，来适应武器系统低温操作的要求。

根据焦平面的原理，当温度降低或升高时，TEC 的功耗用于将焦平面内部温度保持到预先设好的衬底温度。因此，环境温度与衬底温度的差值越大，功耗就会越高。为了降低高低温操作时的功耗，采用减小衬底温度与环境温度差值的办法。

图 6-9 为 ADN8830 工作原理，图中的温度传感器，一般采用的是一个负温度系数热敏电阻(Negative Temperature Coefficient Thermistor，NTCT)来感应焦平面阵列的温度。偏差放大电路采用的是高精度差分放大器作为输入级，该放大器可以区分 250 μV 以上的偏差，且具有自校正、自归零、低温漂的特性。电压参考电路输出的是典型值为 2.47 V 的标准参考电压。通过调整 PID(比例-积分-差分)补偿网络的参数，可以改变系统的响应特性。通过对限制控制器的调制，可以设置 TEC 的最大加热、制冷电流及其最大偏压。晶振部分控制着 MOSFET 的开关频率。采用一半开关输出、一半线性输出的 MOSFET 驱动器，可以减少一半的输出电流纹波，同时减少一些外围器件，从而提高了效率。

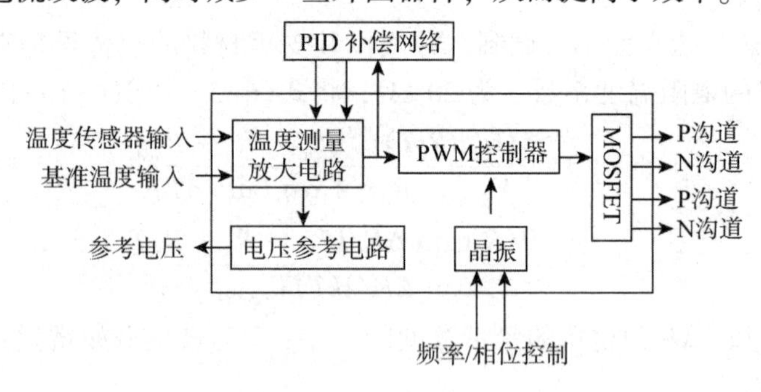

图 6-9　ADN8830 工作原理

由上分析可知，只要将电阻阻值改变，就可以改变衬底温度。根据热敏电阻的温度和阻值查找表，可以将衬底温度控制在某一点或者某个范围，在本系统当中需要将温度控制在一点。根据 ADN8830 的工作原理，本节设计了可以选择衬底温度的电路。温度可以人工选择，也可以通过外界温度传感器智能选择，设置了 3 个温度点，可以在全军用温度范围内适当选取温度点。例如，根据表 6-1，设置衬底温度 30 ℃，热敏电阻平均为 3.879 1 kΩ，这时 ADN8830 的电阻也应为 3.879 1 kΩ。本节建议分别在低温区、常温区和高温区各设置一个温度点，这样可以照顾到全军用范围的功耗。

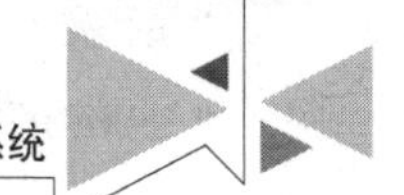

表 6-1　焦平面 NTCT 温度-阻值一览表

NTCT 温度/℃	最小电阻/kΩ	平均电阻/kΩ	极限电阻/kΩ
-40	86. 652 1	105. 705 2	127. 658 3
-30	49. 861 4	59. 794 1	70. 988 5
-20	29. 777	35. 144	41. 063 5
-10	18. 384 5	21. 376 9	24. 607 8
0	11. 696 2	13. 411 1	15. 223 8
10	7. 646	8. 652 5	9. 693 6
20	5. 123 3	5. 726 4	6. 336 5
30	3. 471 2	3. 879 1	4. 291 7
40	2. 376 2	2. 685	3. 003 5
50	1. 659 9	1. 895 3	2. 142 4
60	1. 181 5	1. 362 5	1. 555 5

2. 非均匀校正的优化设计

在操作温度逐渐两极化的过程中，焦平面的非均匀性校正的剩余非均匀性随之增大。分析其原因，认为是校正参数采集不够准确造成的。目前的产品多采用的是两点校正法，一般是将一套校正参数采集下来，存在固定存储器中，不管外界温度怎么改变，都会用这一套数据校正焦平面探测器，这势必会造成校正准确度下降，影响成像质量。基于上述问题，本节采取设置不同温度区域校正的策略。根据上文电路设置的 3 个温度点，通过温度传感器来决定使用哪一个温度点，这时相应的校正参数也要变。

6. 3. 3　探测器性能与温度关系

从式(6-11)可以看出，微测辐射热计的自身温度降低时，可以降低 NETD，其他的温度与成像特性之间存在什么关系，这是研究温度特性考虑的问题。a-Si 探测器是将环境温度的不同转换为电压的不同，而温度的灵敏度不仅取决于所采用的热敏材料，其中的热结构和电子结构同样影响着器件本身的性能。在 6. 4. 1 节已经分析了 a-Si 微测辐射热计焦平面读出电路偏置电压对焦平面探测器重要性能指标 NETD 性能的影响，本节将就热结构对 NETD 的影响进行探讨。

1. 微测辐射热计的 NETD 公式分析

微测辐射热计 NETD 是热像仪成像质量的重要决定因素，同时又受到操作温度的极大影响。微测辐射热计集成在硅芯片上，其电阻阻值的变化来自自身温度 T 的变化，T 的变化由本身吸收红外辐射量、偏置电压和焦平面内部稳定衬底温度的联合作用而引起。随着 T 的变化，焦平面的 NETD 也会随之变动。电阻型微测辐射热计的 NETD 公式还可以写为

$$\mathrm{NETD}=\frac{4F_{\mathrm{no}}^{2}V_{\mathrm{n}}}{\Re_{\mathrm{v}}A\varepsilon_{\mathrm{e}}\pi(\mathrm{d}L/\mathrm{d}T_{\mathrm{t}})}\tag{6-13}$$

其中，

$$L=2hc^{2}\varepsilon_{\mathrm{t}}^{*}\int_{\lambda_1}^{\lambda_2}\frac{\mathrm{d}\lambda}{\lambda^{5}\exp[hc/(kT_{\mathrm{t}}\lambda)-1]}\tag{6-14}$$

则可推出

$$\mathrm{d}L/\mathrm{d}T_{\mathrm{t}} = \int \frac{2\exp\left(\frac{hc}{kT_{\mathrm{t}}\lambda}\right) h^2 c^3 \varepsilon_{\mathrm{t}}^{*} \mathrm{d}\lambda}{k\lambda^6 T_{\mathrm{t}}^2 \left[\exp\left(\frac{hc}{kT_{\mathrm{t}}\lambda}\right) - 1\right]^2} \tag{6-15}$$

式中，F_{no} 为镜头的光学系数；A 为焦平面像元的面积；ε_{e} 为微测辐射热计的发射率；T_{t} 为目标黑体的温度；h 为普朗克系数；c 为光速；k 为玻尔兹曼常量；λ 为吸收的红外波长；L 为辐射率；$\varepsilon_{\mathrm{t}}^{*}$ 为目标发射率；$\Re_{\mathrm{v}}$ 为微测辐射热计的响应率，由式(6-16)来表示：

$$\Re_{\mathrm{v}} = \frac{\alpha\varepsilon_{\mathrm{e}} V}{G(1 + \omega^2\tau^2)} \tag{6-16}$$

式中，V 为微测辐射热计的电压。

式(6-13)中 V_{n} 为探测器的系统总噪声，其主要组成部分为约翰森噪声、$1/f$ 噪声、温度波动噪声，分别由式(6-17)～式(6-20)来计算，如下：

$$V_{\mathrm{J}} = \sqrt{akT\frac{R(T)R_{\mathrm{L}}}{R(T) + R_{\mathrm{L}}}\Delta f} \tag{6-17}$$

$$V_{1/f} = \sqrt{kV_{\mathrm{b}}^2\left\{\frac{R(T)R_{\mathrm{L}}}{(R(T) + R_{\mathrm{L}})^2}\right\}^2 \ln(f_2/f_2)} \tag{6-18}$$

$$V_{\mathrm{TH}} = \sqrt{V_{\mathrm{b}}\frac{\alpha R(T)R_{\mathrm{L}}}{(R(T) + R_{\mathrm{L}})^2}\left[1 + \alpha\Delta T\frac{R(T) - R_{\mathrm{L}}}{R(T) + R_{\mathrm{L}}}\right]^{-2}\left(\frac{kT^2}{c}\right)} \tag{6-19}$$

$$V_{\mathrm{n}} = \sqrt{V_{\mathrm{J}}^2 + {V_{1/f}}^2 + {V_{\mathrm{TH}}}^2} \tag{6-20}$$

式(6-21)用来表示微测辐射热计的当前电阻与内部稳定衬底温度的关系，即

$$R(T) = R(T_{\mathrm{s}})\exp\left[\alpha T_{\mathrm{s}}^2(1/T - 1/T_{\mathrm{s}})\right] \tag{6-21}$$

式中，$R(T)$ 为微测辐射热计温度为 T 时自身的电阻；T_{s} 为器件内部的稳定衬底温度。

由式(6-15)可以看出，$\mathrm{d}L/\mathrm{d}T_{\mathrm{t}}$ 只与目标温度、波长、波长范围及材料有关，与焦平面器件内部温度是没有关系的。a-Si 材料对波长为 8～14 μm 的红外光波吸收率在 80 % 左右，因此式中的波长范围取在 8～14 μm。从式(6-13)～式(6-21)可以看出，器件的 NETD 是由器件的材料和结构来决定，同时受到偏置电压、噪声和稳定衬底温度的影响。

2. NETD 与稳定温度的关系分析

焦平面内温度由目标温度决定，目标温度对焦平面内测辐射热计的温度影响可根据式(6-22)计算，即

$$\frac{\delta T}{\delta T_{\mathrm{t}}} = \frac{\delta T}{\delta P_{\mathrm{t}}}\frac{\delta P_{\mathrm{t}}}{\delta T_{\mathrm{t}}} = \frac{1}{g}\frac{A\varepsilon_{\mathrm{e}}\pi}{4F_{\mathrm{no}}^2}\frac{\mathrm{d}L}{\mathrm{d}T_{\mathrm{t}}} \tag{6-22}$$

a-Si 的材料特性很稳定，在一定的温度范围内没有相变，不会导致电阻的骤然降低，其变化符合一定的规律。根据焦平面的材料特性及半导体的电阻计算公式，计算不同温度下的微测辐射热计的电阻和电阻温度系数，这样分别得到在不同的外界温度和不同的衬底温度下的曲线。

在热成像仪系统中，能够影响 NETD 的温度有 4 种：微测辐射热计自身温度 T、外界的环境温度 T_{w}、衬底温度 T_{s}、目标黑体的温度 T_{t}。从图 6-10 的(a)和(b)比较可以看出，对 NETD 起决定作用的是微测辐射热计自身的温度。该温度的变化取决于目标温度的变

化，并受环境温度和衬底温度的影响。随着目标温度的升高，NETD 下降，成像质量提高；外界温度降低时，衬底温度相同，则对器件的 NETD 影响不大，但是功耗会升高。

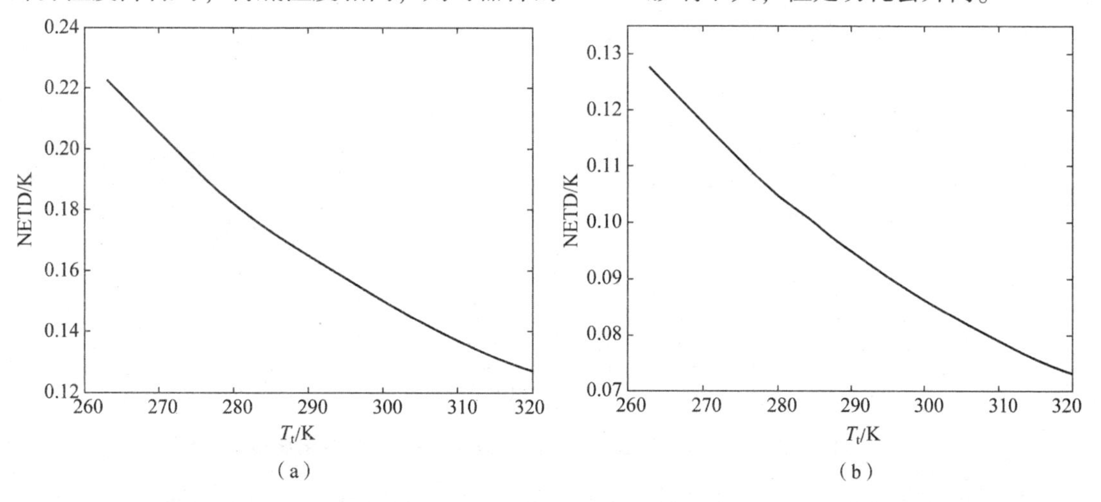

图 6-10 外界常温(300 K)下，不同衬底温度，对 NETD 的影响曲线

(a) T_s=300 K；(b) T_s=273 K

由图 6-11 可以看出，若在相同的外界温度和相同的目标温度下，降低衬底的温度就会使 NETD 降低，收到较好的图像效果。分析其原因为，衬底温度升高时，测辐射热计的电阻温度系数升高，响应率减小，而系统的总噪声却由于 $1/f$ 噪声的影响大幅度提高。因此，根据式(6-13)可以看出，器件的 NETD 随之升高，造成成像质量下降。那么可以推出，在常温下，若要提高成像质量，最有效的办法是降低焦平面内部的衬底稳定温度，但是这将大大提高焦平面器件的总体功耗，这可以通过图 6-12 说明。图 6-12 为类似型号的焦平面器件在常温下，功耗随衬底温度的变化曲线。当内部衬底温度也在常温时，功耗最小；随着衬底温度的下降，功耗迅速地上升，在 0 ℃左右，功耗就已经达到了 1 100 mW 以上，这对于轻型热瞄具是一个很大的负担。因此，需要采取措施降低高温和低温时的功耗。

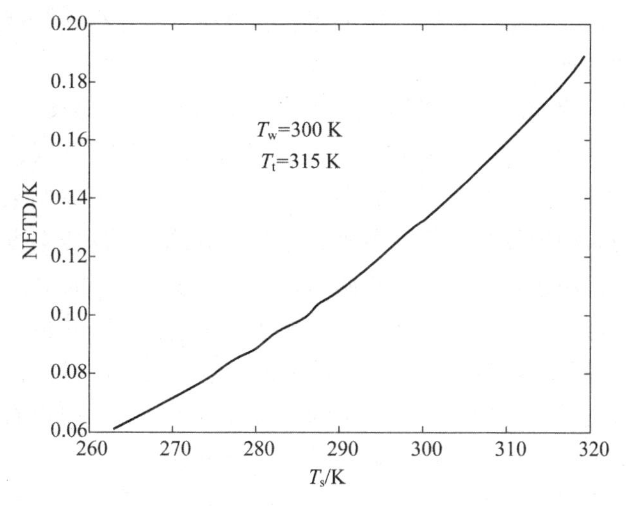

图 6-11 外界和目标温度稳定时，衬底温度对 NETD 的影响曲线

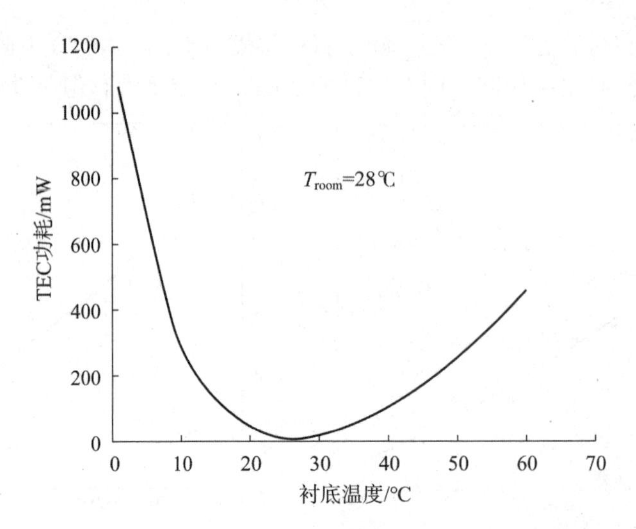

图 6-12　半导体制冷器(TEC)功耗随衬底温度的变化曲线

根据本节的分析，当轻型热瞄具处于低温环境时，降低衬底温度不会造成成像质量的降低，反而会提高成像的 NETD 特性，这在解决低温功耗问题时具有很重要的意义。

6.3.4　两点校正法

微测辐射热计焦平面探测器依靠热敏电阻决定输出电压的高低，由此决定热图像灰度的高低，因而表现出对目标温度非常敏感的特性。但是环境温度除了对焦平面的工作功耗影响很大之外，对成像质量也有很大的影响。对于相同温度对比度、相同温度的场景，当仪器的操作环境温度不同时，其响应图像也不一致。通过热电稳定器将焦平面的内部温度稳定在一定的温度值，虽然从理论上讲，不应该出现这种差异，但是由于制造工艺复杂，结构复杂，材料性质等并不能做到内部温度绝对的稳定，因此出现了探测器的环境温漂现象。为了防止器件过于严重的温漂，需要保持探测器内部一定的真空度，a-Si 探测器需要经过一段时间之后重新抽真空。否则，焦平面的温漂现象会变得比较严重，此时的图像质量会对操作温度更加敏感。

不同的操作温度，相同的目标黑体温度，对于 14 位的响应图像来说，其响应数值可以相差 5% 左右，当环境温度降低时，焦平面探测器的响应值会升高，可见器件环境温漂是一个不可忽视的问题。由于温漂现象的存在，当操作温度偏离原始数据采集时的环境温度很多时，焦平面的非均匀校正准确度会明显降低。温漂现象同样会发生在校正定标点原始图像采集的过程中，用这种定标图像来做非均匀性校正，会导致剩余非均匀性的增大。

这种校正结果是与校正方法紧密联系的，现在的两点校正公式以及其他的研究探测器性能的公式，都没有提及环境温度对于校正性能的影响。本节的试验以及实际的应用过程表明环境温度对成像质量的影响是不可忽视的。从本节的试验中可以看出，随着环境温度的两极化，图像的剩余非均匀性噪声也随之增加，产生这种现象的原因是两点校正中，各项参数没有包含环境温度变化的信息。因此，如何建立一个可以考虑环境温度变化的实时校正方法，是很值得研究的问题。

为了在实时状态下去除环境温度变化造成的剩余非均匀提高的问题，在两点校正过程

中引入环境温度变化的信息，增加校正算法抵抗环境温度变化的能力，本节采取了一种新的方法，将两点校正法的公式变为

$$G_{ij}=\frac{V_{\mathrm{H}}-V_{\mathrm{I}}}{\bar{y}_{ij}(\Phi_{\mathrm{H}})-\bar{y}_{ij}(\Phi_{\mathrm{L}})} \tag{6-23}$$

$$O_{ij}=\frac{V_{\mathrm{H}}\bar{y}_{ij}(\Phi_{\mathrm{L}})-V_{\mathrm{I}}\bar{y}_{ij}(\Phi_{\mathrm{H}})}{\bar{y}_{ij}(\Phi_{\mathrm{L}})-\bar{y}_{ij}(\Phi_{\mathrm{H}})} \tag{6-24}$$

其中，

$$V_{\mathrm{H}}=\sum_{n}a_nV_{\mathrm{H}n},\ V_{\mathrm{L}}=\sum_{n}a_nV_{\mathrm{L}n}$$

$$\bar{y}_{ij}(\Phi_{\mathrm{H}})=\sum_{n}a_n\bar{y}_{ij}(\Phi_{\mathrm{H}n}),\ \bar{y}_{ij}(\Phi_{\mathrm{L}})=\sum_{n}a_n\bar{y}_{ij}(\Phi_{\mathrm{L}n})$$

式中，a_n 为加权系数，$a_n\leqslant1$；$V_{\mathrm{L}n}$，$V_{\mathrm{H}n}$ 为环境温度不同时，定标高温和低温点响应值的加权平均值；$\Phi_{\mathrm{L}n}$，$\Phi_{\mathrm{H}n}$ 为环境温度不同时，黑体定标高温点和低温点的辐射通量。

环境温度可以选择不同的几个点，这样既不会增加系统实时运行时的计算量，节省存储空间，又适当地在校正中增加了环境温度的信息。加权系数 a_n 的选择，可以根据环境温度来决定，与环境温度最接近时，取得的数据的加权系数是最大的。环境温度点的个数不宜太多，具体的个数可以由试验获得。图 6-13 是环境温度-30 ℃时人脸部的原始图像，未经校正时，非均匀性导致难以辨认。

图 6-13　环境温度-30 ℃时人脸部的原始图像

图 6-14、图 6-15、图 6-16 为对图像几种校正效果的比较。可以看出，用-20 ℃定标点校正的图像，剩余非均匀性变得很大，图像的灰度阶变少，严重影响了图像的视觉效果。在用本节方法校正时，图 6-16(a)-20 ℃定标点的权值与-30 ℃定标点的权值之比为 5∶1，校正效果还可以看清楚非均匀性造成的条纹，图 6-16(b)的两权值之比为 8∶3，从视觉上已经难以看出与图 6-14 的差别了。因此，此比值越小，校正效果越好。本节的方法可以缓解温度变化对非均匀性造成的不好影响，图像的灰度级以及灰度对比度都有明显地提高，使图像的非均匀性处于可以接受的范围。在实际的硬件系统中，定标数据可以分为几次采集，确定加权值后，直接存入同一个地址中，这样就缓解了存储空间带来的压力。

图 6-14　用-30 ℃定标点校正的图像

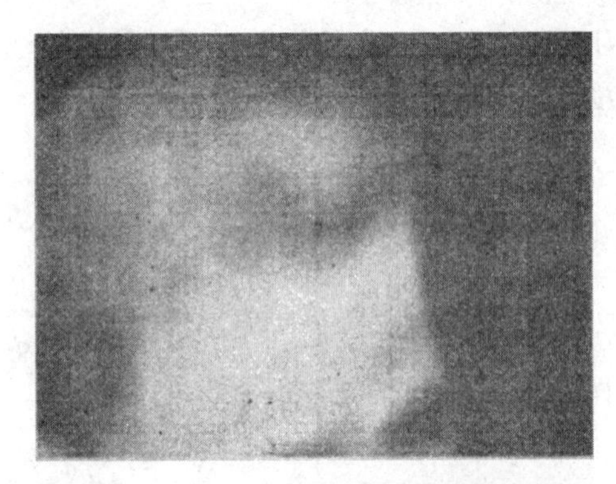

图 6-15　用-20 ℃定标点校正的图像

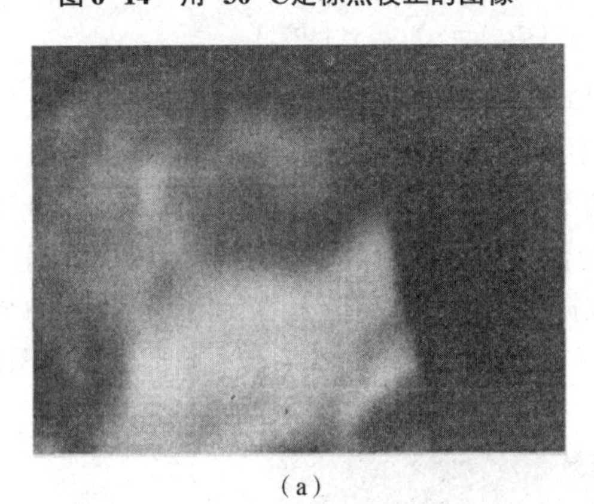

(a)

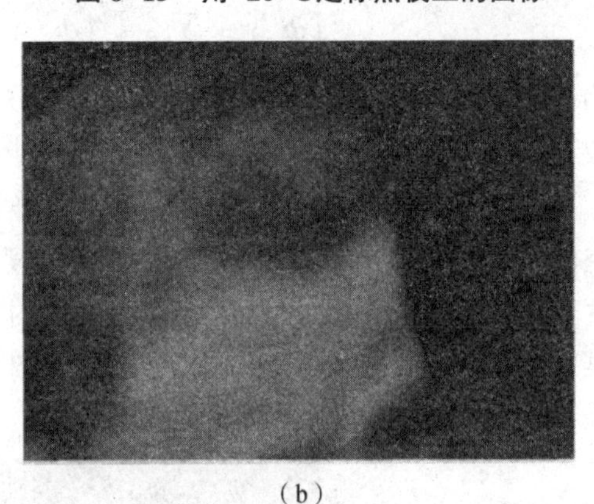

(b)

图 6-16　用-20 ℃和-30 ℃定标点校正的图像

(a)权值比为 5∶1；(b)权值比为 8∶3

本节分析了偏置电压对 NETD 的影响，NETD 特性取决于焦平面自身的温度，同时受到 FID 电压的严重影响，低温时可以通过调整偏置电压来平衡 NETD 特性参数与功耗。对 4 种温度影响焦平面性能的规律做了理论分析，阐述了 4 种温度对探测器性能的影响，并根据理论分析，对热像仪系统的温控和非均匀性校正部分做了优化设计。通过优化设计前后热像仪的性能变化，说明优化设计后，该系统更加能够适应实际应用和军用标准。最后讨论了能抵抗温度变化的两点校正的方法。

6.4　辅助瞄准模块

作为轻型热瞄具机芯的热像仪，其最主要的功能是在夜间观瞄目标，辅助瞄准模块的研究是为了提高射击时的命中率。十字分化是最简单的一种辅助瞄准的手段，这可以从图 6-16 中看出来。轻型热瞄具机芯不像工业用的热像仪需要洞悉整幅图像细节的全部，而是要把着重点放在目标上。作为瞄准对象的目标大部分为移动目标，这决定了目标的温度一般会比背景的温度偏高。但是在场景景物的温度差很小时，如凌晨或雨天，这时的景物温度都很均匀，整个热像的清晰度会大大降低，目标也就难以辨认。在这种情况下，如何将目标凸显出来，就成了研究的重点。

对于一些瞄具来讲，需要将瞄准对象的移动速度、瞄准距离、运动方向等因素及时地在屏幕上反映出来，以有利于操作者估计发射时间，提高命中率。对于此项要求，国外的瞄具已经实现。图6-17是两幅由中国高德智感热瞄具TU450提供的红外图像。

（a）

（b）

图6-17 红外图像

（a）野鹿；（b）野熊

由此看来，轻型热瞄具的辅助瞄准模块的研究是很有价值的，在一定程度上方便使用，提高了武器的性能，使其能在更广泛的场合应用。服从于瞄具整体性能的要求，辅助瞄准模块不仅要能在一定程度上提高瞄准特性，还要不会引起整体功耗的太大增加，不会造成体积的过量增大。有人建议在估计目标的距离时，直接在瞄具上添加激光测距机，这在功耗和体积上都难以满足瞄具的要求，因此本模块功能都是通过数字信号处理来实现的。在实际的产品中，本模块可以直接与已经开发好的热像仪系统相融合，只要电路板系统布局合理，不会引起功耗的过量增加和体积过大的问题。基于这种设计的辅助瞄准模块，会涉及信号处理的速度问题。由于军用瞄准仪器瞄准射击精度的要求，对移动的目标，瞄具的显示时间延迟不能太长，也就是要有很好的实时性，否则将会造成命中率的下降。国内的视频显示器件的帧频大部分为50 Hz，可推出所有的信号处理过程所用的时间不能大于40 ms。因此，实时性是研究本模块要遵循的基本思想。在考虑选择算法和算法简化等方面的问题时，实时性是一条贯穿其中的指挥棒。

6.4.1 辅助瞄准开窗处理

1. 开窗的定义

一般非制冷观瞄系统视距要求保持中等视距和中等视角。以美国W1000-9热瞄具为例，视角为9°×6.75°，1 000 m视距可以清楚地探测到人，600 m可以识别人，2 400 m可以辨别一般的车辆。观瞄系统成像场景中，大部分面积被背景占据，传统的图像增强算法花费了大量的时间对背景增强，目标增强的时间只占整体处理时间的一小部分。人眼的视觉模型如图6-18所示，眼睛正视可以看到的景物要比余光扫描到的景物清晰明了，这可以用图6-19表示。观瞄器具就是将人眼的功能拓展，其对景物的视域模型类似于人眼的视域模型，因此可以根据该视域模型来设计热像仪的观瞄模型。在热像观瞄器具的整个观察视域中，观察者感兴趣的目标往往只集中在一小部分区域，因此可以理解为观察者需要看清楚的图像区域并不是焦平面所探测到的整幅图像，只需要将目标的细节特性清晰显示，而对大面积背景图像的清晰度要求相对低得多。在这种情况下，当采用数字视频增强提高清晰度时，对整幅图像进行增强处理，将会造成处理时间的大大浪费。在硬件速度难以提高，软件算法不能再精简的情况下，为了节约处理时间，提高增强算法的实时性，本节提出了在图像内部开窗的概念，即在320×240个像素的焦平面图像中，选取适当大小的子图像进行增强算法的处理，子图像之外的部分不经过处理直接显示。在使用观瞄系统时，当在子图像之外发现模糊的目标踪影时，可立即移动观瞄镜头的角度，使之处于增强区域，然后进行仔细观察瞄准。开窗面积的大小可根据不同应用环境有所变化。如此一来，既不影响目标清晰度的增加幅度，又兼顾了增强处理的实时性，为实时化增强开辟新的途径。由于经过增强后的子图像明显变得清晰，看起来就像在图像中间开了一个窗口，因此叫开窗增强思想。

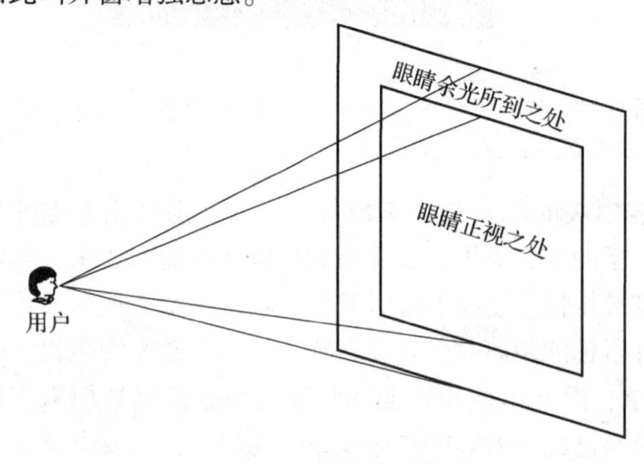

图 6-18　人眼的视域模型

图 6-19　人眼视域模型中的景物

2. 开窗在轻型瞄具系统上的实现

在硬件系统中，可采用现场可编程逻辑器件(FPGA)和数字信号处理器(DSP)来完成红外图像开窗功能。以ULIS公司的UL01011型320×240焦平面为例，假设子窗口在图像正中间，大小为160×120像素。

将非制冷焦平面的主时钟信号(MC)、第一行标志信号(LINE1)、有效数据信号(DATAVALID)和经过校正的数据信号(SORTIE)(根据探测器说明书得到这几个信号)输入到FPGA中，设置2个计数器分别为行计数器和列计数器，当行计数器在[80，240]区间，并且列计数器在[60，180]区间时，就将校正后的图像数据输入增强处理模块，然后到视频合成模块。否则将图像数据流进行相应的延时，直接进入视频合成模块，最后显示的图像即为开窗增强的图像。在实际使用环境中，子图像的大小和位置是可调的，只要保证子图像面积大于观测目标的面积，目标的整体及细节就能很清楚地显示。开窗增强的硬件处理流程如图6-20所示。根据该流程，在FPGA内部编写程序来总体控制开窗的大小，再通过DSP和FPGA来开发辅助瞄准的其他程序。图6-20虚线框内的部分为为了提高图像的效果所增加的部分，如辅助瞄准模块的增强模块和DSP处理模块等。

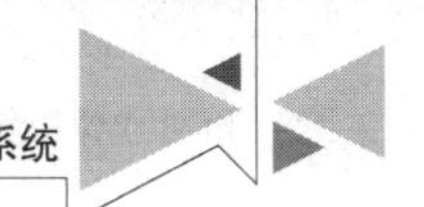

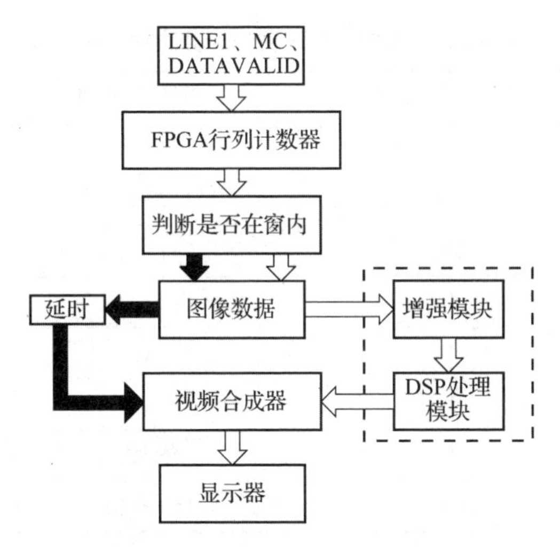

图 6-20　开窗增强的硬件处理流程

3. 解析分析

为了说明开窗图像增强在实时性上的影响，本节做了解析分析。从处理流程图 6-20 中可以看出，开窗处理所用的时间包括判断所用的时间和增强处理所用的时间。由于开窗是在 FPGA 中实现的，采用流水线作业的方式时，判断所用的时间会小于一个时钟周期，若主频时钟为 75 MHz，那么判断所导致时间延迟为纳秒级。在解析分析增强算法时，首先做以下假设：

(1)子图像大小为 n 行，m 列。

(2)采用灰度直方图拉伸作为增强算法，其算法变换的表达式如式(6-25)所示。

$$S'_k = \mathrm{INT}\left[(L-1)\sum_{k=0}^{L-1} P_s(S_k) + 0.5\right] \tag{6-25}$$

其中，

$$P_s(S_k) = N_k/N, \quad 0 \leqslant S_k \leqslant 1; \quad k = 0, 1, \cdots, L-1$$

式中，$P_s(S_k)$为原始图像第 k 个灰度级的出现概率；N 为图像总像素数目；N_k 为第 k 个灰度级的像素数目；L 为图像总灰度级数；INT 为取整运算；S'_k 为原始图像灰度级 S_k 变换后的结果。

(3)采用 FPGA+DSP 来作增强处理。

增强算法硬件实现时，需要经过以下步骤：灰度统计 N_k、概率计算 $P_s(S_k)$、求和项 Σ、乘积项、+0.5 项、取整项、赋值项。那么，硬件需完成的计算次数根据式(6-26)计算，即

$$D_z = D_e(D_f + D_a + D_m + D_p + D_i) + D_s \tag{6-26}$$

式中，D_z 为总计算次数；D_e 为赋值次数；D_f 为求概率次数；D_a 为求和次数；D_m 为求乘积次数；D_p 为+0.5 项的计算次数；D_i 为取整次数；D_s 为灰度统计计算次数。

根据表 6-2 可以得出，子图像增强所用的计算次数为整幅图像的 Mn/76 800 倍。子图像面积越小，节省的时间就越多，因此可以有更多的时间采取更有效的增强算法。

表 6-2　两种方法处理图像计算次数的比较表

步骤	子图像计算次数	全图计算次数	完成芯片
灰度统计	Mn	76 800	FPGA
概率计算	L-1	L-1	DSP
求和	L-2	L-2	DSP
乘积	1	1	DSP
+0. 5	1	1	DSP
取整	1	1	DSP
赋值	Mn	76 800	DSP
总计	2MnL	153 600L	

6. 4. 2　开窗增强算法

1. M 帧累加平均

对于有小目标的红外图像，为了积累目标能量，抑制固定图像噪声，提高图像的信噪比，可以采用 M 帧累加平均，在这里可以将观瞄图像中的人看成小目标。根据相关文献，累加平均后的图像信噪比会提高 $\sqrt{M}$。M 越大，信噪比提高得越多。由于目标随着帧的变化，位置有特定移动，所以 M 不可能无限增大。一般中距离瞄具视距保持在 500 ~ 1 000 m，视角为 30°，观瞄的对象主要为人与车等。红外瞄具主要作为夜间观瞄器具。为了具体说明瞄具图像的特点，本节假设瞄具的观测距离为 600 m，人的身高为 18 m，身宽为 5 m。若用 320×240 的焦平面作探测器，忽略焦平面的面积和焦平面与镜头的距离后，计算出瞄具的视域为 6 583 m^2。因此在焦平面所成图像中，人所占的像素大约为 10 个，可以看成比较小的目标，并且每个像素所代表的实际场景的面积约为 0. 085 7 m^2。如果热像仪显示图像的场速为 25 场/s，当目标的移动速度等于 5. 42 m/s 时，可以计算出相邻帧之间的目标位置相差一个像素。当速度小于 5. 42 m/s 时，可以认为相邻帧之间的目标没有位置移动。人行走的速度满足连续 3 帧没有位置移动的条件。根据以上对目标实际速度和在图像上速度的分析，本节采用 3 帧累加平均抑制随机噪声，图像的信噪比提高到原来的 $\sqrt{3}$ 倍。

2. 灰度直方图非线性拉伸

在实时图像增强的处理中，由于直方图的线性拉伸算法简单，并且对于图像细节要求较低的情况有明显的效果，常用来拉大目标与背景的对比度，其表达式为

$$S'_k = (L-1)\sum_{k=0}^{L-1} P_s(S_k) = (L-1)\sum_{k=0}^{L-1}\frac{N_k}{N} \tag{6-27}$$

式中，$P_s(S_k)$ 为原始图像第 k 个灰度级的出现概率；N 为图像总像素数目；N_k 为第 k 个灰度级的像素数目；L 为图像总灰度级数；S'_k 为原图像灰度级 S_k 变换后的结果。

但是在红外瞄具图像中，由于目标像素太少，背景像素的数量大且灰度值较小，线性拉伸的结果是目标消失。为了更清晰地反映目标细节，本节通过非线性灰度拉伸的算法增强对比度，变换公式为

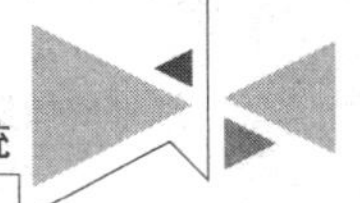

$$S'_k=\begin{cases}S_k & ,\ S_k\leqslant \text{Th}\\ (L-T)\sum\limits_{k=T}^{L-1}P_1(S_k)=(L-T)\sum\limits_{k=T}^{L-1}\dfrac{N_k}{N'}, & S_k>\text{Th}\end{cases} \tag{6-28}$$

式中，Th 为图像的灰度阈值；N 为图像的大于阈值 Th 的像素个数；$P_1(S_k)$ 为灰度值为 k 的像素相对于 N 的概率。

当 Th 取适当值，灰度小于 Th 的图像为变化缓慢的背景部分，而大于该阈值的则为目标或噪声部分。经过前面的图像噪声抑制，大大提高了信噪比，因此大于该阈值的基本上为目标像素。本节只将大于阈值的部分像素进行灰度的线性拉伸，这样计算灰度级出现概率的基数变小，减少了小目标因线性拉伸而消失的概率，突出了目标，克服了式(6-28)的缺点。由于灰度统计的像素数变少，所以明显地减少了计算次数，实时性提高。这种方法也符合人眼的视觉特性，即对暗的景物极其不敏感，即使对这些暗的像素进行拉伸，视觉效果的变化也不大。对于阈值 Th 的选择也可根据不同的使用环境来决定。对于大面积为背景的观瞄图像，阈值 Th 可以根据目标的面积和人眼的视觉特性来确定。设包含目标的子图像为 I，其像素个数为 Num，像素灰度值为 $x[i,\ j]$，可根据式(6-29)式确定：

$$\text{Th}=\frac{1}{\text{Num}}\sum_{\text{Num}}x[i,\ j] \tag{6-29}$$

之所以用子图像求平均是考虑到小目标图像的特征，若整幅图像求平均得到的 Th 值会非常接近背景的像素值，本算法实时性就会降低。

3. 开窗增强对于瞄具视距的影响

根据前人的研究，红外成像系统的总体视距与焦平面的 MRTD 和镜头相关。在焦平面参数和光学系统参数确定的情况下，对于同样大小、同样形状和同样温度目标的极限识别探测视距是一定的，但是在不同的大气衰减度和不同的温度对比度下，同样的目标其识别距离是不相同的。当大气衰减度增大时，目标与背景的温度对比度会很低，这表现在热图像上是图像的对比度降低。当目标与背景的温度对比度降到眼睛难以识别的程度时，其识别率自然就会下降，随之，视距也会下降。增加模糊图像的对比度，尤其是增加目标与背景之间的对比度，就是将场景中目标与背景的温度对比度拉大，当对比度拉大到与小的大气衰减度相当时，就可以在同等条件下，将本来难以识别的目标识别出来，也就增大了瞄具对于该目标的识别距离，起到增加视距的作用。开窗增强只将含有目标的小图像给予增强处理，对于周围不包含目标的背景信息予以忽略，这是仿照了人眼对于其正前方的目标能清晰洞察，对于有一定视角的目标只能模糊察觉的现象，因此开窗增强对于瞄具有窄视域增加视距的功效。关于对比度增加与视距增加之间的量化关系，还有待进一步的探索和研究。

6.5 参考文献

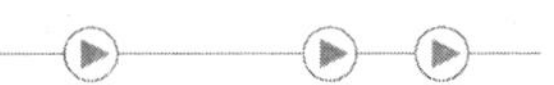

[1]陈小明. 红外热瞄具成像系统研究[D]. 北京：北京理工大学，2015.

[2]佚名. 美国陆军采购第 10 万具热武器瞄准具[J]. 每日防务快讯，2011(3)：33.

[3]史衍丽，张若岚. 第三代红外探测器的发展[C]//全国光电子与量子电子学技术大会.

中国电子学会，2011：104-108.
[4]何春发，舒发，叶挺. YMH10 式 12.7mm 狙击步枪红外瞄准具[J]. 轻兵器，2012(15)：2.
[5]唐树岚. 国外美法独秀 国内依赖进口——非制冷红外探测器产业现状及发展策略分析[J]. 产业研究，2011(30)：164-166.
[6]潘平. 非制冷红外侦察仪红外镜头配置研究[J]. 红外技术，2004，26(2)：37-39.
[7]KRUSE P W. A comparison of the limits to the performance of thermal and photon detector imaging arrays[J]. Infrared physics and technology，1995(36)：869-882.
[8]黄心耕. 小视场红外光学系统设计[J]. 航空控制，2004，22(5)：85-88.
[9]KOLBE G. The making of a rifled barrel[DB/OL]. http://www.leebell.net/.

第7章 红外成像制导引信

7.1 概　述

精确制导武器，使作战部队具备了对固定和运动目标实施远程精确打击的能力，以及对敌方关键/要害部位实施外科手术式打击的能力，不仅加快了战争的节奏和进程，而且有可能将附带损伤减到最低程度。因此，世界各国，特别是技术发达国家无不大力发展、研制、装备、使用各种精确制导武器。

红外成像制导技术是利用目标和景物的热辐射成像进行目标识别，并对目标图像进行实时处理，获取误差信号反馈跟踪，用于引导导弹准确攻击目标的集光、机、电及信息处理于一体的一项技术，是一种具有较强抗干扰能力的制导体制。因此，红外成像制导技术是一种可以实现“发射后不管”的制导手段，并具有其他光电制导技术所不具备的一系列优点，包括可以通过形成二维图像，利用目标与背景之间的温度差，来准确地捕获、识别、跟踪目标；可以区分曳光弹等干扰物，有效对抗红外干扰；可以24小时全天候，甚至透过战场烟雾作战。因而，集高灵敏度、高空间分辨率、大动态范围、良好隐蔽性于一身的红外成像制导技术，受到了普遍的关注，得到了迅速的发展，已被广泛应用于近程空空导弹、空地导弹、反坦克导弹、制导炸弹、制导炮弹等精确制导武器。其全天时、对气象条件要求低等特点，代表着当今精确制导武器的发展方向和发展趋势，在武器装备领域有着越来越重要的地位，倍受美、英、法、俄等国军方的高度重视。

随着战争的不断演进和高新技术的迅猛发展，未来武器装备需要实现态势感知、电子对抗、精确打击、高效毁伤和毁伤评估等功能，向高精度命准、自动寻的、强抗干扰能力、智能化、多能化的精确制导发展，而精确制导武器作战效能的不断提高，更多的是以红外成像制导技术的不断发展为基础的。因此，红外成像制导技术将会有越来越广阔的应用前景。

7.2 制导引信一体化技术

武器系统的最终目的是对目标最大杀伤。一体化正是出于这种需要，将武器系统的引信子系统和制导子系统协同起来，优化设计。具体来说，一体化是指近炸引信和导引头在工作体制、结构和电路设计及信号处理、信息利用等方面综合考虑，其中心内容是信息共享和设备共用，最终目的是提高引战配合效率、抗干扰性和可靠性。就信息共享和设备共用关系而言，信息共享是关键，确立了信息共享原则，然后就可以对设备、结构等方面做出合理地改进。

7.2.1 总体设计与性能参数

引信是一个信息控制系统，其有获得必要信息并经过处理进行引爆控制的装置。导弹引信也可根据导引类型从制导部分获得一些信息，随着战场环境的日益复杂和目标性能提高，作战空域的扩大，要完成对目标量的识别、精确定位、最佳杀伤需更多的信息。由引信探测器获得的信息是有限的，要完成精确炸点控制，有必要全面认识武器系统，不再将引信系统和制导系统看成是独立的两部分或者是简单的信息链关系，从系统论角度，对一系统的系统元素保持不变而对之进行重构，会导致系统功能质的飞跃。当然，对大量信息的处理和有用信息的提取，依赖于信号处理技术和探测技术的提高，以及可靠控制方面依赖于单片机技术和微电子技术等的发展，从这方面看，它又会使引信处于一个新阶段。

下面我们将导弹系统看作信息系统，描绘其信息模型如图 7-1 所示，然后再根据此模型分析制导和引信一体化的关系。

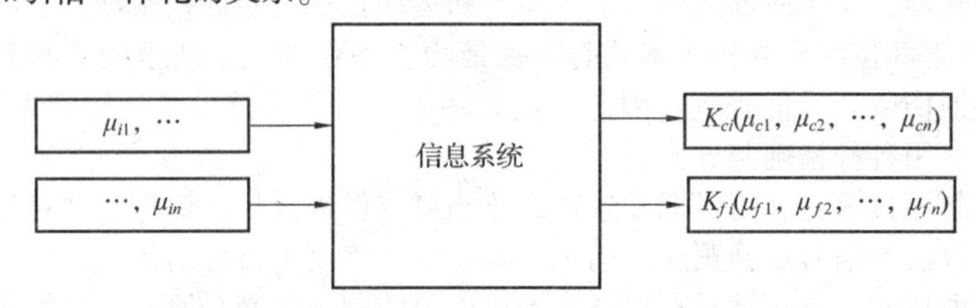

图 7-1 导弹系统信息模型

μ_{i1}，μ_{i2}，…，μ_{in} 是输入信息；K_{c1}，K_{c2}，…，K_{cn} 是输出信息；其用来完成对导弹系统的控制。K_{f1}，K_{f2}，…，K_{fn} 是一组引信输出信号，包括延时控制信号、执行级推动信号、解保信号等。

信息系统功能是完成信号处理，包括目标识别、定位、弹道控制、引炸战斗部等。现利用上面的模型来分析配备多普勒引信导弹系统信息模型如图 7-2 所示，该模型中的制导系统和引信系统是相互独立的。

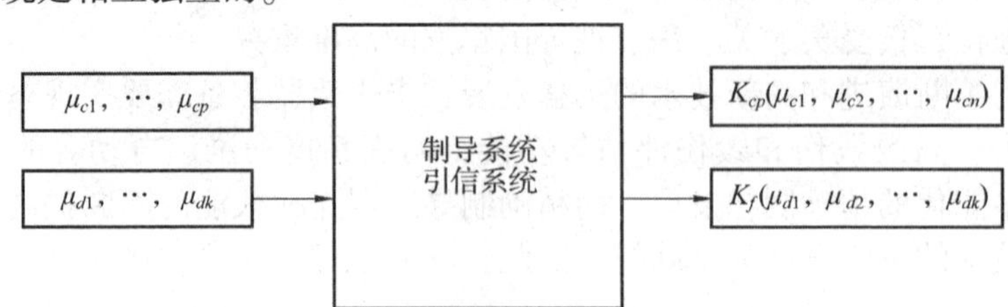

图 7-2 多普勒引信导弹系统信息模型

μ_{c1}，μ_{c2}，…，μ_{cp} 是完成制导所需要的输入信息；μ_{d1}，μ_{d2}，…，μ_{dk} 是由引信获得的输入信息；K_{c1}，K_{c2}，…，K_{cp} 是制导系统的控制信息；K_f 是推动引信执行级的信号。

引信系统利用引信探测器获得的目标信息 μ_{d1}，μ_{d2}，…，μ_{dk} 来控制炸点。由于探测器

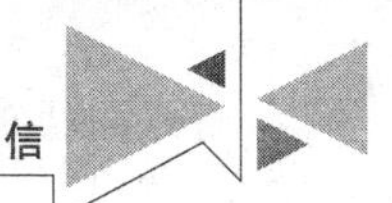

获得的目标参数、交会参数等具有随机性，所以引战配合的效率也是随机的。因引信系统处理的信息都有这种随机性，故引战配合的效率是建立在概率中心的条件下，若概率中心条件得不到满足，将严重影响引战配合的效率。

引信探测器在近距离上完成对目标的探测，一般情况下能探测的信息量少，而且在目标的体效应明显、多点反射、球面波、局部照射和高速运动等条件下，在遭遇段要使引信对目标精确定位是有一定困难的。从制导系统的控制信息 $K_{ci}(i=1, \cdots, n)$ 的表达式知，控制信息是利用制导系统获得的信息经处理而得到的。其不在近距离修正制导误差，在这种情况下，我们要获得高引战配合效率所要做的是尽量多地利用信息来消除 K_f 的不确定性，而这种模型特点是制导和引信完全分开，不能利用充分多的信息。

1. 一体化模型(制导、引信并存)

再来看图 7-1 描述的信息系统的含义：把输入信息划分成制导输入信息 μ_{i1}，μ_{i2}，…，μ_{iq-1}(包括地面站给的)和引信输入信息 μ_{iq}，μ_{iq+1}，…，μ_{in}。制导输入信息 μ_{i1}，μ_{i2}，…，μ_{iq-1} 控制导弹对目标的跟踪，在远距离时可用下面表达式表示：

$$K_{ck}=K_{ck}(\mu_{i1}, \mu_{i2}, \cdots, \mu_{iq-1}, 0, \cdots, 0)k=1, 2, \cdots, r \tag{7-1}$$

$$K_{fj}=0, \quad j=1, 2, \cdots, s \tag{7-2}$$

制导输入信息 μ_{i1}，μ_{i2}，…，μ_{iq-1} 和引信输入信息 μ_{iq}，μ_{iq+1}，…，μ_{in}，在近距离跟踪(包括遭遇段)目标和引爆战斗部，此时可用下面表达式表示：

$$K_{ck}=K_{ck}(\mu_{i1}, \mu_{i2}, \cdots, \mu_{in}, 0, \cdots, 0), \quad k=1, 2, \cdots, r \tag{7-3}$$

$$K_{fj}=K_{fj}(\mu_{i1}, \mu_{i2}, \cdots, \mu_{in}, 0, \cdots, 0), \quad j=1, 2, \cdots, s \tag{7-4}$$

也就是说在近距离时，制导系统利用制导输入信息和引信输入信息完成导弹近距离制导误差修正，以及给出引爆指令，像有的现代防空导弹引信除利用导引头信息外，还参与制导，如在遭遇前给出测高信息，修正飞行弹道，以避免导弹碰地起爆，导引头天线和引信天线共用。

上述是一体化的信息论含义，其揭示引信参与终点制导(或引信终点制导)和引信输出指令利用导引信息。显然图 7-1 所示的模型可以期望比图 7-2 所示的模型有更高的导引精度和炸点控制精度，从而有更高的引战配合效率、抗干扰性、可靠性。

2. 引信系统(不含制导系统)

假设控制信号是由引信探测器的输入信号经处理得到，那么从信息论角度，控制系统可简单地认为等于引信系统，即

控制系统=引信系统

那么，相应的数学表达式为

$$\begin{aligned} K_{ci} &= K_{fi} \\ &= K_{ci}(0, \cdots, 0, \mu_{iq}, \mu_{iq+1}, \cdots, \mu_{in}) \end{aligned} \tag{7-5}$$

或

$$= K_{fi}(0, \cdots, 0, \mu_{iq}, \mu_{iq+1}, \cdots, \mu_{in}) \tag{7-6}$$

例如，鱼雷和不移动水雷采用声呐引信完成对目标的定位和跟踪，从原理上讲，制导部分已由声呐引信所代替，从而控制系统简化为引信系统。据报道，美国海军发展的一种鸭舵式末制导引信，也属于此类系统。侧甲雷引爆系统和末敏弹探测器，它们虽然无制导功能，但是“寻的”引爆，达到提高命中精度的目的，广义上讲，也可以认为属于此系统范围。

3. 制导系统(兼并引信功能)

假设引信输出信号由制导部分的输入信号经处理得到，那么从信息论角度，控制系统可简单地认为等于制导系统，即

控制系统=制导系统

那么，相应的数学表达式为

$$K_{ci} = K_{fi} = K_{ci}(\mu_{i1}, \mu_{i2}, \cdots, \mu_{iq-1}, 0, \cdots, 0) \tag{7-7}$$

或

$$= K_{fi}(\mu_{i1}, \mu_{i2}, \cdots, \mu_{iq-1}, 0, \cdots, 0) \tag{7-8}$$

例如，美国“爱国者”导弹PAC-3的最新改进是增设了与引信一体化设计的毫米波主动式导引头。该导引头能起到引信的功能，它与固定波束倾角的PAC-2不同之处是安装在万向支架上的天线，其波束在遭遇前就始终对准目标，保证提供对目标的连续跟踪数据。

4. 制导和引信不相关的系统

其信息模型如图7-2所示，其模型的数学表达式如下：

遭遇前

$$K_{ci} = K_{ci}(\mu_{i1}, \mu_{i2}, \cdots, \mu_{iq-1}, 0, \cdots, 0) \\ K_{fi} = 0 \tag{7-9}$$

遭遇后

$$K_{ci} = 0 \\ K_{fi} = K_{fi}(0, \cdots, 0, \mu_{iq}, \mu_{iq+1}, \cdots, \mu_{in}) \tag{7-10}$$

5. 制导引信一体化的技术内涵和模式

制导引信一体化技术是导弹引信技术的一个发展方向，这一点应肯定，因这一技术在美国“爱国者”导弹PAC-3和俄罗斯C300-B导弹上已实现，并取得了良好效果，现在的问题是如何实现制导和引信一体化的设计，有哪些技术途径？从对弹上的信息控制系统进行的一般性分析中可以看出，制导引信一体化的技术内涵和模式包括两个主要方面，即引信的探测和利用一体化及设备共用一体化。

1)引信的探测和利用一体化

根据对引信的探测和利用一体化问题研究，从信息论的角度进行了分析，从中可以看出有以下几种模式可供选择。

(1)制导引信并存的一体化模式。

制导引信并存的一体化模式，如图7-2所示，此时制导和引信两个系统同时存在，信息互为利用，主要是引信充分利用制导和引信信息，如相对速度、视线方向、弹目距离脱靶方位角，进行炸点控制，以满足最佳炸点的要求。当然，在必要时引信信息也可以为制导系统服务。这种模式最有现实性，实现起来比较容易。实际上在现有的或正在研制的型号中，引信利用制导系统提供的相对速度和失控信息来提高其抗干扰性、可靠性和有效性，已有先例。今后应开展引信对制导信息综合利用的研究，提高引信信息利用密度，以满足现代战争对精确炸点控制的要求，并将这一模式作为制导引信一体化技术研究的突破点加以推广，为进一步一体化设计创造条件。

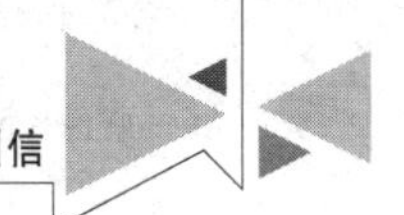

(2)制导系统兼并引信功能。

制导系统兼并引信功能，兼并确切的含义应是制导和引信合二为一，其信息模式如式(7-7)和式(7-8)所示。典型的例子是改型的美国“爱国者”导弹的主动式毫米波导引头和引信。毫米波导引头，由于其分辨能力高，故在较近的距离上能起到修正制导误差的作用，在遭遇段又能很自然地起到引信的作用，在功能上把引爆战斗部和末制导误差修正结合为一体，既提高了制导精度，又保证了适时引爆战斗部，是一种较理想的一体化模式。但是现有的导引头在对目标运动进行近场探测时，大多存在失控区，像多普勒体制，在近场时角度速度加大，引起速度和角度失控；又如被动红外体制存在失控，这类导引头无法替代引信的功能。

此外，像触发引信或超近距的近炸引信(7 m以内炸高)，以及引信的安全保障系统更是制导系统无法取代的。

(3)引信替代制导功能。

这种信息模式的表达式如式(7-9)和式(7-10)所示，又被称为制导引信，其典型的代表就是资料报道的美国海军发展的一种鸭舵式引信，即将鸭舵装在引信上，发射平台和飞行载体都不变(无控)，只是在弹道末端利用引信探测器，测量目标误差，控制舵机来修正弹道，提高命中精度。

2)设备共用一体化

如弹上计算机的共用，失控前为制导系统服务，而在遭遇段为引信服务。再如，制导系统天线和引信天线装在一起使引信天线成为随动天线，能为引信提供较多的目标信息和充裕的信号处理时间，还能提供小启动角，以对付高速目标，如俄罗斯的C-300B导弹上就用了这种技术。

制导引信一体化技术是一个新鲜事物，人们将在不断的发展中慢慢加深对它的理解和认识。

7.2.2 超近距跟踪

在导弹飞行过程中，目标图像充满导引头视场后，导引头将迅速丢失目标，导弹进入无控飞行，即失控。对于采用常规成像跟踪算法，失控时对应的弹目距离一般为200~300 m。导弹引信可以利用失控前的一段测量数据进行炸点估计，但导弹失控并不意味着导引头没有能力对目标进行进一步的跟踪，仅说明常规成像跟踪算法不适用于导引头对目标的超近距跟踪。通过采用局部跟踪方法，可以在导弹失控后，由导引头对目标进一步进行跟踪测量至足够近，这是提高红外成像引信炸点控制精度的一个重要技术途径。

1. 局部跟踪方法

在弹道终端，由于受导弹弹体响应时间(一般为0.25~0.50 s)以及目标状态估计器响应时间的限制，导弹无法对目标的机动做出反应。同时，由于导引头瞬时视场(通常为3°×3°)及跟踪角速度有限，在弹目距离几百米(与目标类型、交会参数等有关)时，导引头将因目标图像充满视场而丢失目标，此后导引头将无法继续获取该阶段目标飞行过程中的位置参数以及运动参数。

实际上，目标图像充满视场时的视线角速度/角加速度一般小于导引头最大跟踪角速度/角加速度，此时的导引头视线角也往往小于导引头的离轴角，即导引头还有足够的能力对目标进行继续跟踪，实现对目标更近距离的探测。因此，为防止图像充满视场而丢失对目标的跟踪，可以对目标局部图像进行跟踪。

图 7-3 为超近距局部图像跟踪过程示意图。导引头以常规图像跟踪方式跟踪目标到 A 点时，切换为指向目标边沿的局部跟踪。A 点为目标图像充满导引头瞬时视场时刻，该时刻即为常规图像跟踪导引头失控点。局部跟踪目标至 B 点时，导引头因跟踪能力不足而失控，超近距跟踪过程结束。

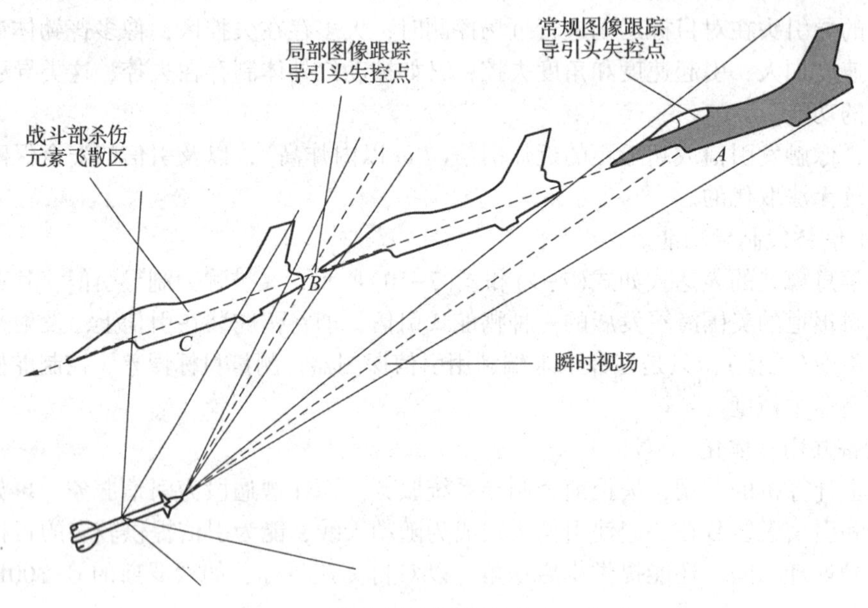

图 7-3　超近距局部图像跟踪过程示意

研究成像制导型空空导弹超近距跟踪算法的前提是，导引头在采用常规图像跟踪算法失控时仍具有足够大的跟踪能力，即导引头失控是由目标图像充满导引头视场引起的，而不是由导引头跟踪能力不足引起的。现代红外成像型近距格斗空空导弹都配备了具有较大跟踪角速度和跟踪视场的成像导引头，在实际跟踪过程中，一般不会出现因导引头跟踪能力不足而导致导弹在目标图像充满导引头视场之前就失控的情况。

为了满足近距格斗对空空导弹的要求，现代红外成像型近距格斗空空导弹的位标器大都采用双轴转动的滚转/高低万向支架系统，如图 7-4 所示，其外支架和内支架的驱动元件和测量元件都安装在弹体上，用于减小支架的转动惯量，并为万向支架内的敏感器提供最大的活动空间，因而第四代红外成像型近距格斗空空导弹都具有较大的极限框架角和较大的跟踪角速度，AIM-9X 位标器的高低角速度可以达到 800°/s，滚动角速度则达到了 1 600°/s。同时，为兼顾导引头对目标的捕获能力和跟踪精度，导弹都采用了较大的跟踪视场和较小的瞬时视场。如俄罗斯的 R-73 改进型具有 60°的离轴角、60°/s 的跟踪角速度和 3°×3°的瞬时视场，美国的 AIM-9X、德国的 IRIS-T、南非的 A-Darter 等近距格斗空空导弹则都具有接近甚至大于 90°的离轴角和 3°×3°的瞬时视场。在特定的交会条件下，红外成像导引头的跟踪能力除与导引头的最大跟踪角速度、极限框架角、瞬时视场和跟踪视场有关外，还与成像探测器的帧频、弹目相对速度、脱靶量、交会姿态等因素密切相关。

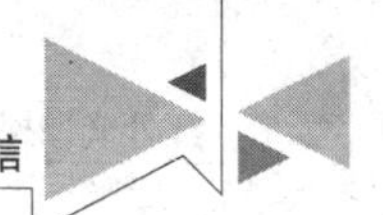

图 7-4　高低万向支架系统

2. 影响跟踪能力的关键因素

在图 7-5 所示的导引头探测坐标系中，导引头最大离轴角为 φ，最大跟踪角速度为 $\dot{q}$，导引头瞬时视场角为 γ。目标在弹体坐标系中的脱靶量为 ρ，A 和 B 两点分别为目标局部跟踪点在导引头图像序列中 1 和 1+1 时刻时所处的空间位置，η 为 A、B 两点的视线夹角，θ、ϕ 为 B 点在弹体坐标系中的极角和方位角，相对速度为 v_R，导引头图像探测器的帧频为 f。

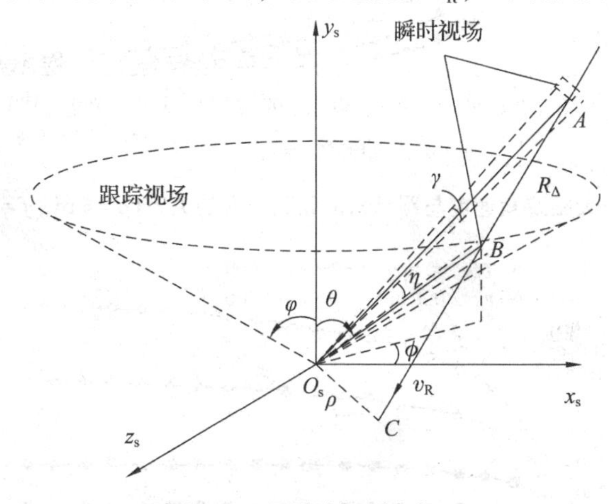

图 7-5　导引头探测坐标系

定义跟踪点运动至 B 点（局部跟踪失控点）处导弹的剩余飞行时间 t_{gob}，则跟踪盲区可以表示为

$$R_B = \sqrt{\rho^2 + (v_R t_{gob})^2} \tag{7-11}$$

导引头所需的最大跟踪角速度发生在失控时刻，即

$$\omega_{max} = \eta \cdot f = \left[\tan^{-1}\left(\frac{v_R}{\rho}\left(t_{gob} + \frac{1}{f}\right)\right) - \tan^{-1}\left(\frac{v_R t_{gob}}{\rho}\right)\right] f \tag{7-12}$$

联立上面两式，消去 t_{goh} 得到最大跟踪角速度 ω_{max} 与跟踪盲区距离 R_B 之间的关系如下：

$$\omega_{max} = \left(\tan^{-1}\frac{\sqrt{R_B{}^2 - \rho^2} + \frac{v_R}{f}}{\rho} - \tan^{-1}\frac{\sqrt{R_B{}^2 - \rho^2}}{\rho}\right) f \tag{7-13}$$

由图 7-6、图 7-7 与图 7-8 的曲线可知：

（1）导引头跟踪盲区与弹目相对速度有关，在最大跟踪角速度相同的情况下，相对速度越大，对应的跟踪盲区越大。因此，在导引头最大跟踪角速度较小的情况下，采用尾追攻击比迎头攻击更有利于减小跟踪盲区。

(2)相对速度越大，则达到相同跟踪盲区距离所需的导引头的最大跟踪角速度 $\dot{q}$ 也越大。

(3)在同一相对速度和达到同样的盲区距离，脱靶量变小时，相应的跟踪角速度也变小，这将更有利于导引头的终端跟踪；当跟踪角速度为0时，可判断为导弹直接命中目标。参考图7-5，如果 $\theta+\gamma/2\geqslant\varphi$，则此时导引头的盲区距离将由跟踪视场角决定。不过，现代红外成像导引头的最大离轴角一般都在80°以上，有的甚至达到或超过90°。因此，在超近距跟踪过程中，导引头跟踪目标至盲区距离时的极角将远小于导引头的最大离轴角，这表明制约成像导引头跟踪能力的主要因素在于导引头的最大跟踪角速度而不是跟踪视场角。

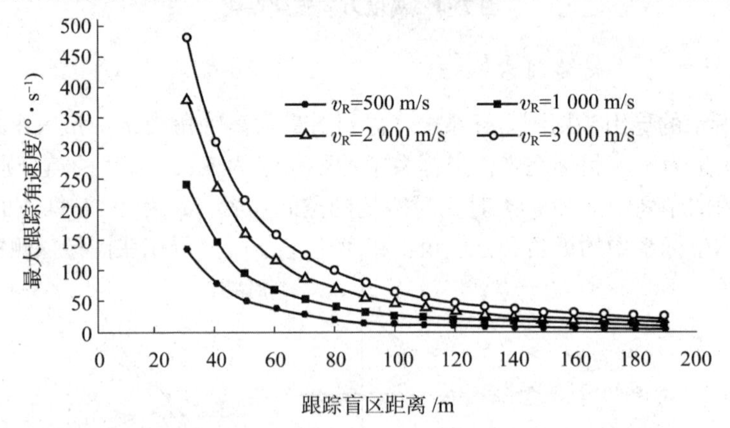

图7-6 最大跟踪角速度与跟踪盲区距离之间的关系(ρ=5 m，f=100 Hz)

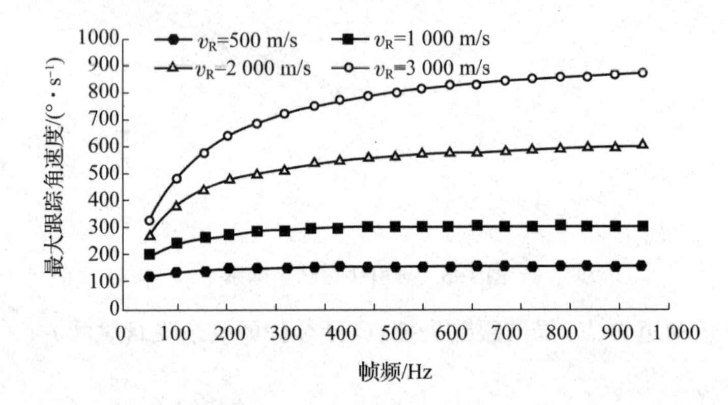

图7-7 最大跟踪角速度与帧频之间的关系(ρ=5 m，R_B=50 m)

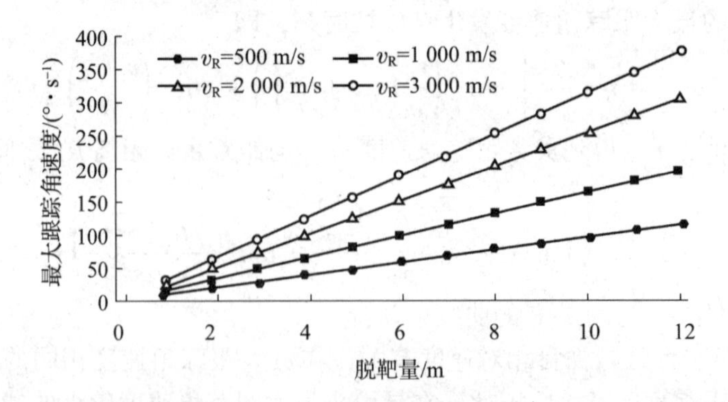

图7-8 最大跟踪角速度与脱靶量之间的关系(f=100 Hz，R_B=50 m)

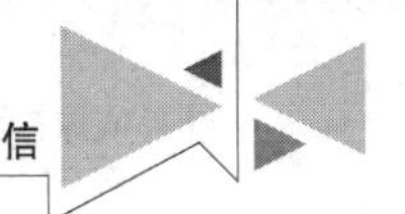

3. 超近距跟踪的启动

在目标图像充满视场前适时地由常规的形心跟踪转换为局部图像跟踪是缩短成像导引头跟踪盲区的关键所在。在导引头瞬时视场确定的情况下，目标图像的大小及其变化反映了弹目空间位置的变化。因此，如果仅从跟踪的角度考虑，超近距跟踪的起点可以利用导引头视场内目标图像面积变化率的归一化形式 $U(t)$ 来确定，只要 $U(t)$ 在增大，就说明目标图像没有充满视场。红外成像导引头光学系统是一个定焦系统。在图 7-9 所示的导引头图像探测器透视投影成像过程的几何模型示意中，导引头光学系统的焦距为 f，光轴 OZ 与像平面垂直，空间目标沿视场纵轴方向的实际长度为 m。

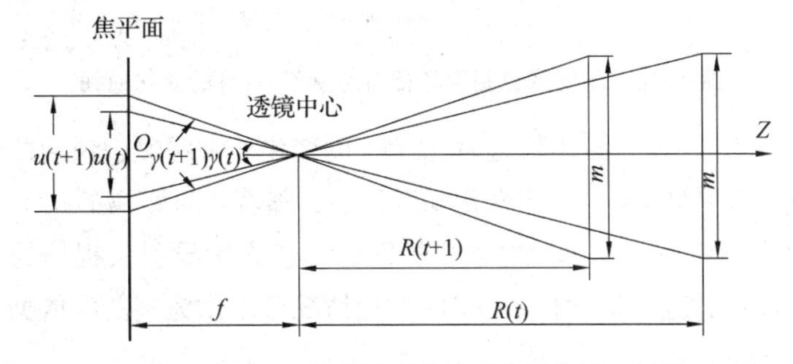

图 7-9　导引头图像探测器透视投影成像过程的几何模型示意

假设在时刻 t，弹目距离为 $R(t)$，此时目标在沿视场纵方向的张角为 $\gamma(t)$，对应的像长为 $u(t)$，由图 7-9 所示投影关系，可得到 t 时刻的像长 $u(t)$ 为

$$u(t)=f\gamma(t)=\frac{R(t)u(t)}{R(t)-v_{\mathrm{R}}(t)\Delta t} \tag{7-14}$$

式中，$v_{\mathrm{R}}(t)$ 为弹目相对运动速度；Δt 为图像序列中相邻两帧图像的成像间隔。

同理，假设空间目标沿视场横轴方向的实际长度为 n，时刻 t 目标在沿视场横方向的张角为 $\eta(t)$，对应的像长为 $v(t)$，可得到 t 时刻的像长 $v(t)$ 为

$$v(t)=f\eta(t)=\frac{R(t)v(t)}{R(t)-v_{\mathrm{R}}(t)\Delta t} \tag{7-15}$$

则 $(t+1)$ 时刻目标在焦平面上的像的面积 $\Delta S(t)$ 为

$$\Delta S(t)=u(t)v(t)\frac{R^2(t)}{(R(t)-v_{\mathrm{R}}(t)\Delta t)^2} \tag{7-16}$$

设 w 和 h 分别为导引头图像探测器的宽度和高度，对 $\Delta S(t)$ 进行归一化处理，得到

$$U(t)=\frac{\Delta S(t)}{w\cdot h} \tag{7-17}$$

由于 Δt 为一个小量，在弹目距离 $R(t)$ 较大时，$\Delta S(t)\approx 0$；随弹目距离的减小，当 $R(t)$ 可与 $v_{\mathrm{R}}(t)\Delta t$ 相比拟时，$\Delta S(t)\to+\infty$。因此，可以利用 $U(t)$ 来描述导引头视场内目标图像的变化幅度。

取图像探测器的元数为 128×128 元，帧频为 100 Hz，$u(t)=v(t)=40$ 像素，弹目距离 $R(t)$ 由 500 m 变化到 40 m，得到 $U(t)$ 变化曲线如图 7-10 所示。

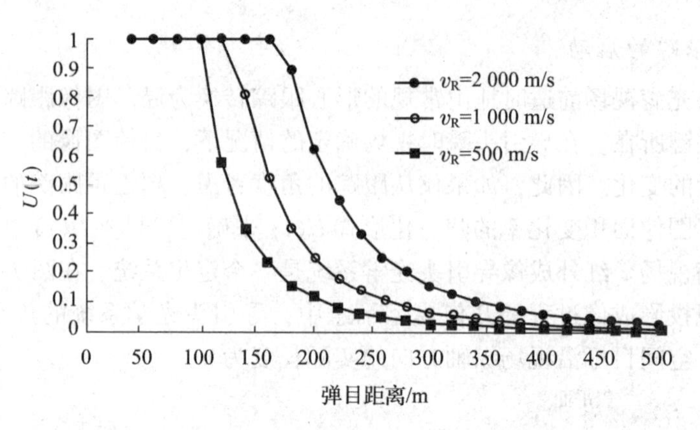

图 7-10　不同弹目距离和相对速度下 $U(t)$ 的变化曲线

从图中可以看出，在弹目距离较远时，$U(t)$ 的变化非常缓慢，说明此时图像探测器获得的图像序列中相邻两帧图像的面积变化幅度很小；随着弹目距离的减小，$U(t)$ 很快增大趋向于1，这种变化直接反映了弹道终端目标图像迅速充满导引头视场的过程。因此，在确定超近距跟踪算法的转换时机时，$U(t)$ 的变化情况可以作为判断的依据之一。

4. 滤波算法分析

基本的跟踪滤波与预测方法有线性自回归滤波、两点外推滤波、维纳滤波、加权最小二乘滤波、α-β 与 α-β-γ 滤波、卡尔曼滤波和简化的卡尔曼滤波等。

维纳滤波是一种常增益滤波，它仅适合于平稳、定常和物理可实现线性系统的状态估计，而不适合于非平稳随机过程，因而其应用受到限制。加权最小二乘滤波适用于对先验统计特性一无所知的情况。

α-β 与 α-β-γ 滤波是两种简单并且易于工程实现的常增益滤波方法。前者适用于目标做匀速运动的情况，后者适用于目标做匀加速运动的情况。它的最大优点在于增益矩阵可以离线计算，并且在每次滤波循环中大约可节约计算量 70%。

随着现代微处理技术的发展，卡尔曼滤波的计算要求与复杂性已不再成为其应用的障碍，并且越来越受到人们的青睐。

卡尔曼滤波算法适用于线性系统，它要求系统的状态方程和观测方程都必须满足线性要求。在线性、高斯情况下的卡尔曼滤波，由均值和协方差构成的充分统计量的递推计算是最简单可行的状态估计滤波。在具有非高斯随机变量的线性系统情况下，同样简单的递推式产生近似的均值和协方差最佳线性估计。

5. 多项式拟合算法

在弹道终端采用超近距跟踪算法的目的不仅仅是跟踪，更重要的目的是利用超近距跟踪过程中获得的测量信息实现精确起爆控制。因此，必须考虑导引头在由常规图像跟踪导引头失控点到超近距跟踪导引头失控点这一过程中，获得的测量信息点数能否满足起爆控制参数估计算法收敛的需要，并留有余地。

给定一组导引头参数及交会信息，导引头的超近距跟踪盲区距离 R_B 可利用式(7-13)

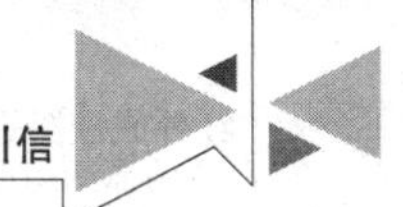

估计。末制导过程中成像导引头获得目标数据的频率与帧频相等，在导引头失控前的每个测量点上，导引头都能获得一组目标测量数据。起爆控制算法收敛所需的数据点数可利用统计的方法得到，综合考虑以上因素，可得到超近距跟踪起点需满足的条件为

$$t_A \geqslant \frac{N}{f} + \frac{R_B}{v_R} \tag{7-18}$$

式中，N 为起爆控制算法收敛需要的数据点数；f 为成像导引头帧频。

在实际应用时，考虑到相对速度 v_R 、剩余飞行时间 t_{go} 和脱靶量 ρ 估计时存在的误差，为确保起爆控制算法收敛，实际取值应大于此计算值。

在仿真分析中，采用 α-β-γ 滤波和卡尔曼滤波算法，并未取得好的效果，原因分析如下：

(1) 部分交会条件下，数据点数有限，导致算法不能收敛；

(2) 当增加数据点数，即超近距跟踪提前，由于距离较远时数据信噪比低，对于部分交会条件效果仍然较差，并且超近距跟踪提前可能面临牺牲制导精度；

(3) 由于变换之后，q 的噪声特性变得复杂化，因此稳态误差较大。

下面考虑采用多项式拟合方法对 q 进行估计，可表示为如下的二次多项式形式，即

$$q = \frac{1}{\xi} + \xi(\Gamma - t)^2 = a \cdot t^2 + b \cdot t + c \tag{7-19}$$

式中，Γ 为当前位置开始的剩余飞行时间；t 为从 0 开始的飞行时间，也可表示为 $t=kT$，$k=0, 1, 2, \cdots, L-1$，T 为计算步长；ξ 为拟合数据长度。

令 $T=1$，对 $q(0)$，…，$q(L-1)$ 共 L 点数据拟合算法如下，矩阵 $\boldsymbol{X}$，$\boldsymbol{Y}$，$\boldsymbol{B}$ 分别表示为

$$\boldsymbol{X} = \begin{bmatrix} 1 & 0 & 0 \\ 1 & 1 & 1 \\ 1 & 2 & 4 \\ 1 & 3 & 9 \\ 1 & 4 & 16 \\ \vdots & \vdots & \vdots \\ 1 & L-2 & (L-2)^2 \\ 1 & L-1 & (L-1)^2 \end{bmatrix}, \quad \boldsymbol{Y} = \begin{bmatrix} q(0) \\ q(1) \\ q(2) \\ q(3) \\ q(4) \\ \vdots \\ q(L-2) \\ q(L-1) \end{bmatrix}, \quad \boldsymbol{B} = \begin{bmatrix} c \\ b \\ a \end{bmatrix} \tag{7-20}$$

多项式拟合系数 $\boldsymbol{B}$ 通过如下方程求解

$$\boldsymbol{B} = (\boldsymbol{X}^{\mathrm{T}}\boldsymbol{X})^{-1}\boldsymbol{X}^{\mathrm{T}}\boldsymbol{Y} \tag{7-21}$$

二次多项式拟合曲线为

$$q(k) = a \cdot k^2 + b \cdot k + c \tag{7-22}$$

图 7-11 表示的是某交会过程中失控前 q 的 16 个数据及其二次多项式拟合曲线。

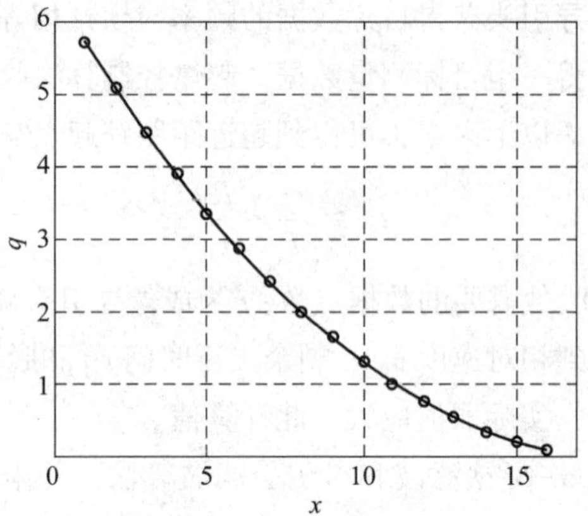

图 7-11 q 的 16 个数据及其二次多项式拟合曲线

下面分析采用二次多项式拟合算法的红外成像一体化引信跟踪和处理过程。

如图 7-12 所示，末制导结束从 A 点开始转入局部跟踪。B 点为局部跟踪结束点，局部跟踪测量点数为 N 点。K 点为目标丢失确认点。

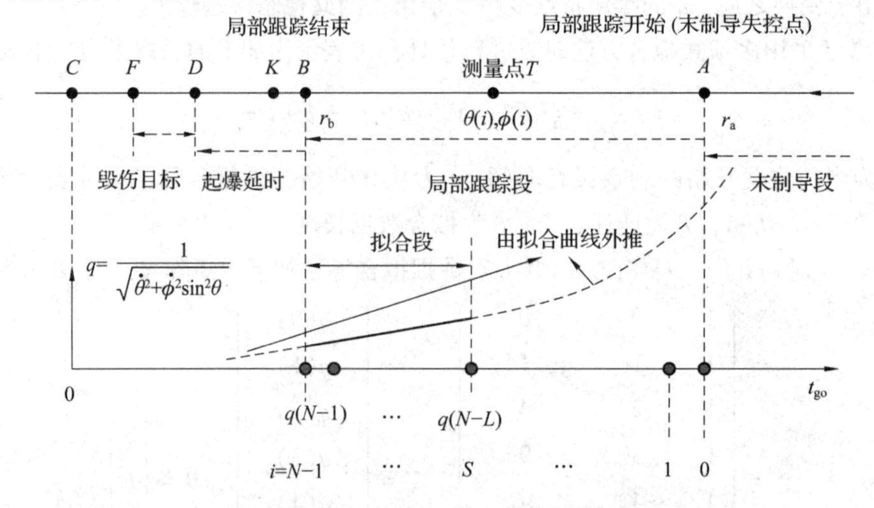

图 7-12 红外成像一体化引信工作时序图

q 拟合段为包括 B 点往前的 L 点数据 q_i，$i = N - L - 1$，…，$N - 1$。

一体化引信从 B 点开始延时 t 后战斗部起爆，目标相对于弹体坐标系中 F 点被破片命中。延时 τ 满足

$$\tau = t_b - t_{FC} - \frac{r_f}{V_f} \tag{7-23}$$

式中，t_b 是目标从 B 点开始到 C 的飞行时间；t_{FC} 是目标从 F 点开始到 C 的飞行时间。

当从 B 点开始延时，则上式中减去一个帧时间。

图中 C 点和 D 点分别为目标沿相对速度方向与弹体坐标系横截面的交点及弹目距离最近点(脱靶点)。

超近距跟踪是为了获取更近距离上对目标的测量信息，以实现炸点更精确的估计。

7.2.3 目标信息测量

距离/速度信息对改善红外成像导引头的跟踪能力有重要作用，红外成像导引头能否直接测距及如何测距是备受关注的一个问题。本节主要从红外成像一体化引信起爆算法角度讨论获取距离信息和速度信息的被动测量方法，其要求获取导引头转入局部跟踪开始时刻的一点距离，用于脱靶量和速度矢量等信息的估计，进而修正炸点延时和战斗部起爆方位控制。就剩余飞行时间估计而言，其与距离无关，因此红外成像一体化引信起爆算法对测距精度要求不高，仅需要获得粗略的距离信息。下面对红外成像一体化引信起爆控制算法的被动测距方法进行分析研究。

1. 双镜头立体视觉测距

用配置在不同位置的双镜头同时拍摄某一目标获取关于目标的立体像对，然后通过各种算法匹配相关像点得到视差，进而得到目标距离。

双镜头立体视觉测距公式为

$$R = \frac{bf}{x_1 - x_2} \tag{7-24}$$

式中，R 为目标到摄像机的垂直距离；b 为两摄像机间距离（基线长度）；f 为两摄像机的焦距；$x_1 - x_2$ 为视差。

双镜头立体视觉测距要求两摄像机光轴平行，并要求基线长度已知且不能太小，基线长度如果太小，会使被测点对两镜头的张角过小，影响测距精度。

2. 双镜头测向测距

双镜头分别在各自的机位上对同一目标（或目标特征点）测向，得到相应的目标方位角及位置线，设基线长度已知，利用三角测量原理，即可得到目标至各个机位的距离。对于双镜头测向测距，设两镜头测得的目标方位角分别为 α_1 和 α_2，基线长度为 D，则目标至两镜头的距离 R_1 和 R_2 可由下式解得，即

$$R_2\cos\alpha_2 = D - R_1\cos\alpha_1 \tag{7-25}$$

$$R_1\sin\alpha_1 = R_2\sin\alpha_2 \tag{7-26}$$

进而可得到目标与两镜头基线之间的距离。双镜头测向测距适用于对固定目标测距，在系统与目标都运动的情况下，将出现多值问题。

3. 运动立体测距

运动立体测距法是用时间换取空间的一种方法，也就是说用一个成像传感器在不同时间和不同空间位置获取一系列的物体图像，然后采用基于三角测量的方法计算目标距离。目标本身运动，尤其是迎头运动时，目标位于镜头运动方向附近且光轴方向与运动方向相近，会产生较大的测距误差。

由于弹上空间有限，运动立体测距要求的基线长度难以保证，同时弹目相对运动时空间交会情况复杂，因此立体视觉测距无法应用在成像制导导弹平台上。

4. 单目视觉测距，基于目标辐射特性和大气传输特性的被动测距

目标红外图像灰度值反映了探测器接收的目标以红外方式辐射的信号强度。设目标辐射特性已知，红外探测系统与目标间的大气组分均匀（弹道全程无云团影响），则红外探测

器接收的目标信噪比与弹目距离有如下关系：

$$\frac{V_s}{V_n}=\frac{\tau_0 J A_0 D^*}{(A_d \Delta f)^{1/2} R^2}\int_{\lambda_1}^{\lambda_2}\exp(-\mu(\lambda)R)\mathrm{d}\lambda \tag{7-27}$$

式中，$\frac{V_s}{V_n}$为信噪比；$\lambda_1\sim\lambda_2$为工作波段范围；τ_0为λ_1、λ_2之间的平均透过率；J为λ_1、λ_2之间的平均辐射强度；A_0为光学系统的入瞳面积；D^*为D_λ^*在λ_1、λ_2之间的平均值；A_d为探测器面积；Δf为噪声等效带宽；R为距离；$\mu(\lambda)$为大气消光系数(衰减系数)。

因此，从理论上讲，可通过分析红外探测系统接收的目标信号特征得到距离。精确估计大气透过率是预测距离是否充分接近实际距离的根本所在，关键在于采用或建立与实际测试相吻合的透过率函数模型。美国海军通过在世界各地的大量实际测量，建立了适用于海平面附近的目标红外辐射(3.4～5 μm 和 8～12 μm)谱平均透过率计算经验公式及对应的系数数据库，采用美国海军模型，在海平面附近的测距误差不超过7%。但是，其他环境条件下的大气透过率计算，目前还没有相关模型。此外，由于目标辐射特性随目标类型及其飞行状态的不同在不断变化，所以要获得它的准确值，特别是外军典型目标的辐射特性难度较大。因此，基于目标辐射特性和大气传输特性的被动测距方法难以应用在成像制导导弹平台上。

5. 基于状态预测的滤波算法

该方法根据传感器平台对目标的角度和角度变化率来测距。设目标方位角为β，俯仰角为ε，相对速度$v_r(t)=(\dot{x}_0(t),\dot{y}_0(t),\dot{z}_0(t))$，则距离求解公式为

$$R=-\frac{x_0\cos\beta-y_0\sin\beta}{\dot{\beta}\cos\varepsilon} \tag{7-28}$$

$$R=-\frac{z_0\cos\varepsilon-(x_0\sin\beta+y_0\cos\beta)\sin\varepsilon}{\varepsilon} \tag{7-29}$$

上述算法适用于平台速度已知且不为零情况下的固定目标或相对速度已知且不为零情况下的运动目标。对于红外成像制导型空空导弹，测量平台的速度(弹速)是已知参数，但目标速度未知，即弹目相对速度不可测。因此，基于状态预测的滤波算法无法实现红外成像一体化引信的被动测距。

6. 基于几何成像的被动测距法

1)单目外基线测距

对目标距离的估计依据事先建立好的图像库，这些图像是各种目标在已知距离处拍下的。系统测距时首先对目标成像和识别，然后再与图像库中的参考图像进行比较，并根据目标的尺寸推出目标的距离。该测距法需要有庞大的图像库支持，这常常是难以实现的。

2)利用目标图像的面积变化测距

在红外探测系统对目标的成像过程中，目标图像的大小及其变化反映了弹目空间位置的变化。图7-13所示为弹目接近过程中，弹体在成像导引头平面上的占空比及占空比变化率曲线，图中RTgo为弹体探测模块响应时间。

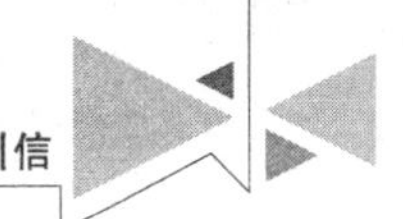

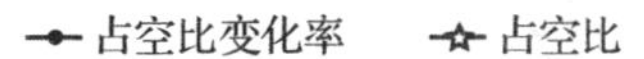

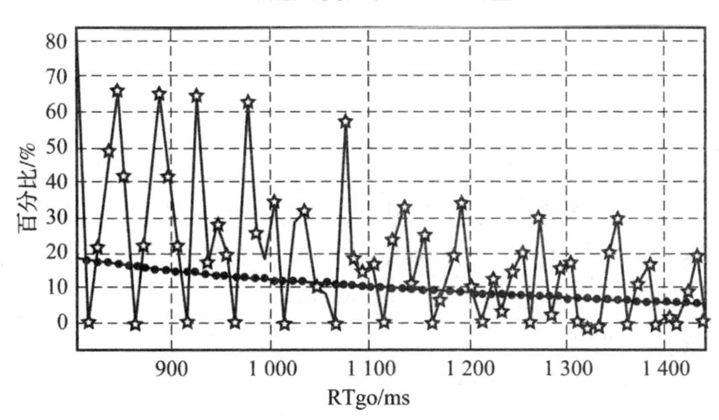

图 7-13 弹体在成像导引头平面上的占空比及占空比变化率曲线

令 $S(k)$、$S(k+1)$ 分别为 k、$(k+1)$ 时刻的目标成像面积，$S_0(k)$、$S_0(k+1)$ 分别为 k、$(k+1)$ 时刻垂直于导引头光轴的目标投影面积，$f'(k)$、$f'(k+1)$ 分别为 k、$(k+1)$ 时刻的成像系统焦距，ΔR 为 k 至 $(k+1)$ 时刻弹目相对距离变化量，$R(k)$ 为 k 时刻的弹目距离，则有

$$S(k)=\beta^2 S_0(k) \tag{7-30}$$

$$S(k+1)=\beta'^2 S_0(k+1) \tag{7-31}$$

$$\beta=\frac{f'(k)}{R(k)} \tag{7-32}$$

$$\beta'=\frac{f'(k+1)}{R(k)-\Delta R} \tag{7-33}$$

得到被动测距公式为

$$R(k)=\frac{\Delta R}{1-\sqrt{\dfrac{S(k)}{S(k+1)}}\cdot\dfrac{f'(k+1)}{f'(k)}} \tag{7-34}$$

红外成像导引头的光学系统为一个定焦系统，即 $f'(k)=f'(k+1)$，则红外成像导引头被动测距公式为

$$R(k)=\frac{\Delta R}{1-\sqrt{\dfrac{S(k)}{S(k+1)}}} \tag{7-35}$$

公式中 $S(k)$ 和 $S(k+1)$ 可通过图像处理得到，弹目相对距离变化量 ΔR 在目标运动速度为 0 时可由导弹测得，目标运动速度未知时则无法得到，因此上述被动测距公式仅适用于固定目标或相对速度可测情况下的被动测距。

7. 利用目标特征线度测距

目标通过导引头光学系统在焦平面上成像，光学系统焦距 f 已知，像平面上目标图像特征线度可通过目标图像处理技术得到。若已知目标的几何特征尺寸及交会条件，则可通过目标在物平面投影与像平面上目标图像特征线度之间的关系得到弹目距离。

目标特征尺寸通过目标类型识别得到或由载机提供，交会条件并不要求非常精确地提供，仅需知道大致的导弹相对目标的进入角即可，在交会条件无法确定的情况下，也可根据目标特征线度的分布区间对弹目距离进行粗略估计。

此方法本书中不进行过多介绍。

7.2.4 引战配合的时间/空间控制

引战配合是指引信启动区和战斗部动态杀伤区最大限度的重合。防空导弹面临的目标速度变化范围越来越大以及机动能力越来越高(飞机、战术弹道导弹等)，增加了引战配合的难度，因此必须提高导弹的作战能力和生存能力，使其在全部交会条件下(或至少是较宽交会条件下)都有最佳的引战配合效率和强抗干扰能力。例如，探测场宽度的减小，有助于提高引战配合效率，但探测场宽度的减小是有限的；又如，改善战斗部性能、作用方式，也可提高引战配合效率，但关键是自适应改变探测场的倾角使引信启动区和战斗部动态杀伤区重合，这就使得参数利用情况较复杂。

引战配合的设计原理：引战配合的设计主要体现在延迟时间的确定和划分上，设计方法依据不同的导弹配置而不同，但主要有两种：

一种是将所有可能的延迟时间范围分为几组，每组之间又可分为几档，根据系统测量的参数和预先对延迟划分的设计，通过指令控制装订要求的延迟时间，这种设计称为“延迟时间分档设计”。

另一种是延迟时间的自动装订，这种设计更多地体现在引战系统的工作体制和原理上，没有明显独立的“引战配合”设计，因此一般指的引战配合设计主要是第一种，即“延迟时间分档设计”。

1. 延迟时间设计的原则

引战配合设计主要是体现引信启动区与战斗部动态飞散区的协调性，因此要规定一个设计准则，根据“协调性”这一概念，提出以下两个设计准则：

(1)最佳延迟时间准则：若引信启动后延迟 τ (ms)引爆战斗部，目标的中心正好落在战斗部破片动态飞散区的中心，则此时的延迟时间定义为“最佳”延迟时间。

(2)有效延迟时间准则：若相对“最佳”延迟时间，有偏移量 Δt 仍能使战斗部破片飞散区落在目标所占空间内的延迟时间，将其定义为“有效”延迟时间，则 Δt 为允许偏移量。

2. 最佳延迟时间的表达式

在相对速度坐标系中，最佳延迟时间导出示意图如图 7-14 所示。

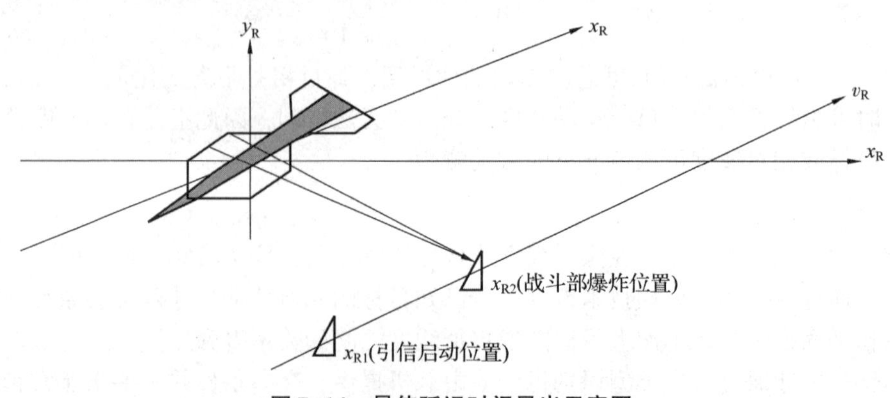

图 7-14 最佳延迟时间导出示意图

根据图 7-14，最佳延迟时间可用公式表示为

$$\tau = \frac{x_{R2} - x_{R1}}{v_R} \tag{7-36}$$

单位为 ms。

3. 设计参数的分解

由式(7-36)可知，延迟时间取决于引信沿相对速度方向的启动位置和相对速度，启动位置又可表示为

$$x_R = \frac{L_p G(1,\ 1)\cos\Omega_f \sqrt{L_p^2 + U_p G^2(1,\ 1)\cos^2\Omega_f}}{G^2(1,\ 1)\cos^2\Omega_f} \tag{7-37}$$

式中，Ω_f 为引信启动角(从统计意义上讲为引信启动区)；L_p，U_p，$G(1,\ 1)$ 由交会参数和弹道参数决定。

v_R 可以写成相关参数的函数

$$v_R = F(v_t,\ v_m,\ \varphi_{tm}) \tag{7-38}$$

式中，v_t 为目标速度；v_m 为导弹速度；φ_{tm} 为弹目交会角。

对于被动式攻击的导弹，导弹速度可以表示为遭遇点斜距 $R_t(t)$ 的函数，即

$$v_m = F(R_t(t)) \tag{7-39}$$

根据图 7-14 给出的关系可知，延迟时间还与目标的几何尺寸有关，但几何尺寸只能是个定性的概念，因为对不同的目标或同一个目标不同的交会姿态，随 x_R 的位置不同(即启动角不同)，所谓的"目标几何尺寸"可能相差很大。具体来讲，不同的交会姿态有时可能对目标的"头部"启动，有时可能对目标的"弹翼"启动。显然，由于启动角的差异，两者就形成延迟时间的"尺寸"相差甚远，因此所谓的"目标几何尺寸"实际是隐含在引信的启动区中。

根据分析，相对速度是影响延迟时间的第一要素。

4. 延迟时间指令要素的分解

导弹延迟时间的装订，最终要靠系统形成的指令来实现，系统一般对有限量的参数进行测量。有些参数虽然对延迟时间的设计非常重要，如脱靶量、脱靶方位、弹体姿态角和目标姿态角等，但系统不能对这些参数进行测量，这些量只能靠弹道数据获得，体现在统计计算中。

根据一般系统可测量的参数，延迟时间划分指令形成要素可用图 7-15 表示。

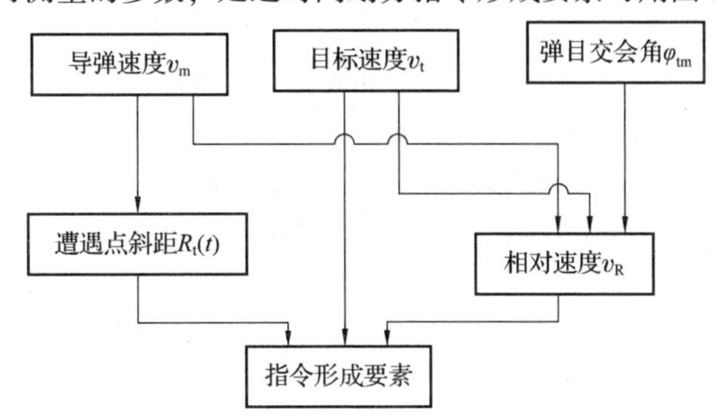

图 7-15 延迟时间划分指令形成要素

5. 关于引信启动区

引信的启动区一般要通过试验获得，在引战配合设计的初期，引信样机一般尚未研制出，只能根据经验数据给定一个启动角固定值。此时的设计是方法研究阶段，所给出的配合效率的具体值误差较大。对设计结果最终的校验和认定，必须待获得实际的启动区后才能确定。以往获得启动区的方法主要是通过绕飞，但这种试验方法获得的启动区误差太大，更谈不上统计的概念。在专业化的滑轨试验场中，可以准确地对同一个脱靶量进行若干次的具有一定统计意义的试验，因此可以获得较准确的启动区，但滑轨试验是在低速状态下进行的，必须找到获得相当实际靶试高速的试验数据，并对这种等效的数据处理方法进行验证，这种验证实际也就是对引战配合设计的间接验证。

7.3 新型末制导修正引信

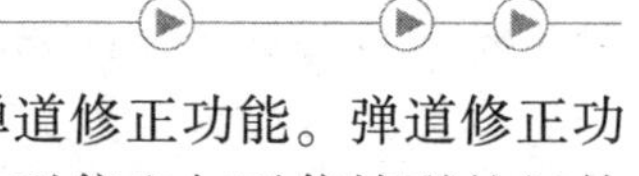

引信的总体工作流程除了传统引信功能之外，还需要具备弹道修正功能。弹道修正功能首先需要通过舵面产生修正力矩，其次是解决由弹丸微旋导致引信和与引信捷联的红外成像探测器旋转的问题，即机械稳像，同时这也是弹道修正引信总体工作流程主要内容。末端寻的弹道修正引信系统的组成结构如图 7-16 所示，由常规引信功能子系统和弹道修正控制子系统共同组成，在引信常规起爆功能上添加了弹道修正功能。

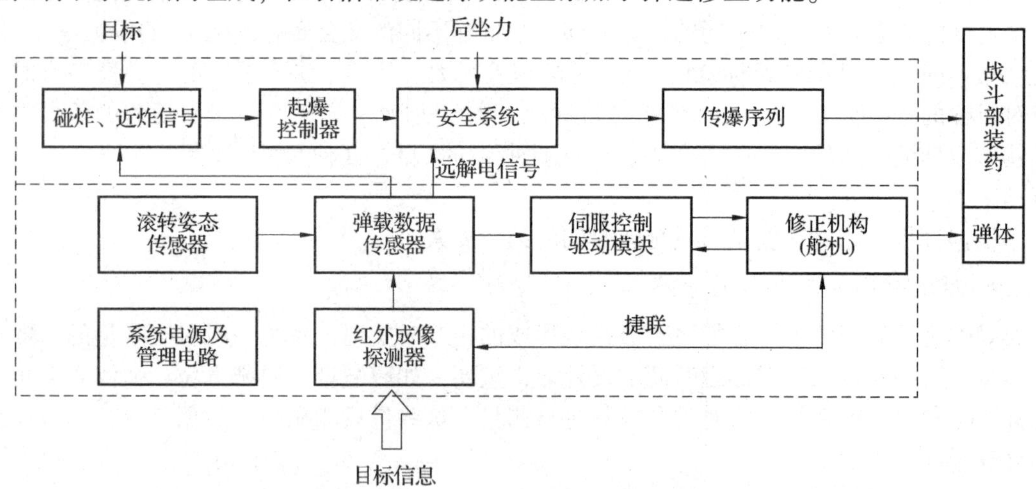

图 7-16 末端寻的弹道修正引信系统的组成结构

末制导修正引信的工作过程需要保证红外成像探测器在工作中与大地保持静止，因此工作过程的主要任务是保证引信常规功能的实现，在完成修正的过程中，同时使红外成像探测器不受弹体旋转的影响，建立与之对应的坐标系，此时进行数学分析是必要的。滚转姿态传感器用于测量弹丸的滚转姿态信息，系统电源用于对引信上的用电元器件供电。弹载数据传感器是弹道修正引信的中心数据处理单元，用于接收和处理红外成像探测器和滚转姿态传感器的信息，同时用于输出驱动模块的控制信号，来控制弹道修正执行机构的运动、输出电信号控制安全系统的保险解除、生成近炸信号，以便当弹丸靠近目标时启动近炸模式。当近炸模式失效时，冗余碰炸触发模式开始作用。引信接触到目标后，针刺雷管作用开启，通过爆炸序列引爆战斗部装药。

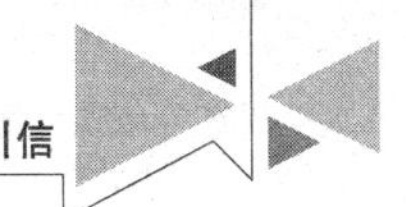

7.3.1 坐标系变换

1. 所需坐标系的建立

惯性坐标系 $O-X_NY_NZ_N$ 是地面观测人员最常用的坐标系，也是所有涉及坐标变换的工程问题都需要定义的一种坐标系。定义惯性坐标中心位于弹丸发射点，X_N 轴与水平面内坐标中心与目标的连线相重合，指向目标的方向为其正方向。Z_N 轴位于过坐标中心的竖直平面内，竖直指向下方为正方向。Y_N 轴可用右手法则推出，正方向为水平面内指向右方。

弹轴坐标系 $O-X_AY_AZ_A$ 是一个动坐标系，坐标系中心位于弹丸质心。当弹丸飞行时，坐标系位置随弹丸质心位置的改变而时刻变化。坐标系 X_A 轴与弹丸纵轴重合，正方向为沿弹丸质心指向弹头方向。Z_A 轴位于弹丸的纵向切面中且穿过坐标系中心，正方向为垂直 X_A 轴指向下方。Y_A 轴垂直于 X_A 轴 A 平面，正方向指向右方。从定义上可以看出，该坐标系属于一种非旋转坐标系。

速度坐标系 $O-X_VY_VZ_V$ 也是一个动坐标系，坐标系原点与弹丸质心位置重合，X_V 轴与速度矢量重合，正方向为弹丸速度矢量方向。Z_V 轴在竖直平面内垂直弹丸速度矢量向下，Y_V 轴由右手法则获得。

探测器坐标系 $O-X_DY_D$ 是一个二维坐标系，坐标系中心与探测器视场中心重合，X_D 轴和 Y_D 轴分别与探测器视场中过中心的水平线和竖直线重合，正方向分别指向右方和上方。当探测器与弹轴并没有任何相对运动时，探测器坐标系的两个坐标轴与弹轴坐标系的 Y_A 轴和 Z_A 轴的方向完全一致。然而根据对新型弹道修正引信的设计，引信前段相对弹体可独立绕轴转动，而探测器与引信前段属于捷联连接，因此这里对于探测器坐标系需要单独定义。

除此之外，大地坐标系 $O-X_EY_EZ_E$ 是大地观测的基本坐标系，定义如下：坐标系中心位于炮口截面几何中心，X_E 轴沿地面水平线指向地理北，所指方向为正方向。Y_E 轴沿地面水平线指向地理东，所指方向为正方向。Z_E 轴铅直指向下方，所指方向为正方向。

2. 坐标系间的转换关系

弹轴坐标系可以由惯性坐标系经过两次转动而获得，第一次是绕 $O-Z_N$ 轴转过 θ 角，第二次是绕 $O-Y_N$ 轴转过 ψ 角，这两个角也被称为偏航角和俯仰角。其关系如图7-17所示，将惯性坐标系的 $O-Z_N$ 和 $O-X_N$ 轴平移至弹丸质心处，如图中虚线表示。平移后的坐标轴 $O-Z_N$ 与 $O-Z_A$ 轴的夹角即为 ψ，$O-X_N$ 与 $O-X_A$ 轴的夹角即为 θ。

弹轴坐标系可通过转换矩阵转换为惯性坐标系，其表达如下

$$\boldsymbol{C}_A^N=\begin{bmatrix}\cos\theta\cos\psi & -\sin\psi & \sin\theta\cos\psi\\ \cos\theta\sin\psi & \cos\psi & \sin\theta\sin\psi\\ -\sin\theta & 0 & \cos\theta\end{bmatrix} \tag{7-40}$$

速度坐标系也可以由惯性坐标系经过两次转动而获得：第一次是绕 $O-Z_N$ 轴转过 φ_V 角，称为速度方向角；第二次是绕 $O-Y_N$ 轴转过 θ_V 角，称为速度高低角。其关系如图7-18所示，同样可通过将惯性坐标系的 $O-Z_N$ 和 $O-Y_N$ 轴平移至弹丸质心处，如图中虚线表示。平移后的坐标轴与 $O-Z_V$ 和 $O-Y_V$ 轴的夹角即为 φ_V 和 θ_V。

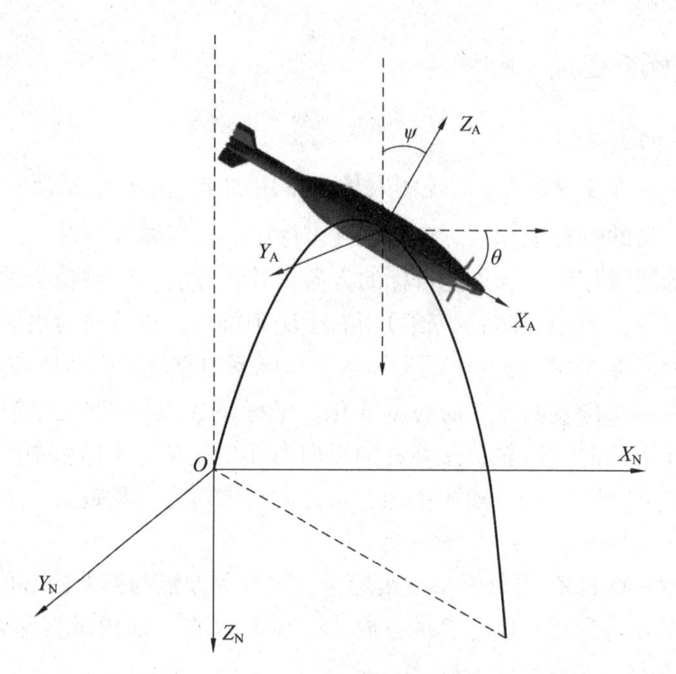

图 7-17 惯性坐标系和弹轴坐标系

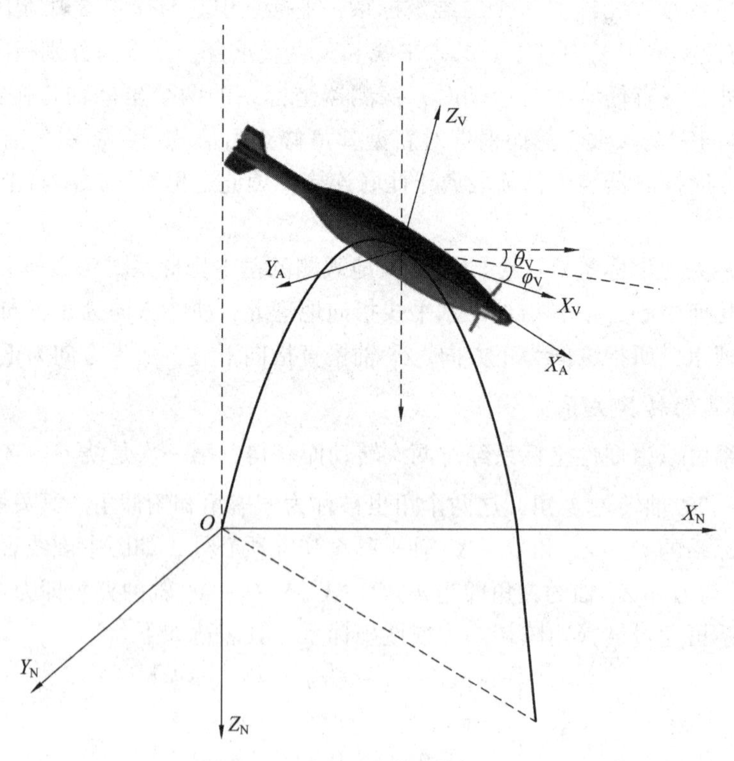

图 7-18 惯性坐标系和速度坐标系

在弹道修正过程中，引信前段需根据目标探测信息计算所需的滚转量，探测器同时随引信一起旋转。相对于弹轴坐标系而言，探测坐标系也是动坐标系，如图 7-19 所示，图中 γ_C 表示探测坐标系的滚转角。

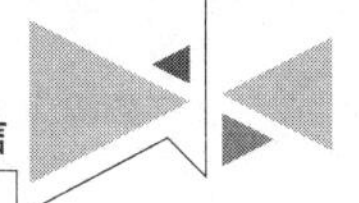

弹轴坐标系可通过式(7-41)转化为探测器坐标系，即

$$C_{\mathrm{D}}^{\mathrm{A}}=\begin{bmatrix}\cos\gamma_{\mathrm{C}} & -\sin\gamma_{\mathrm{C}}\\ \sin\gamma_{\mathrm{C}} & \cos\gamma_{\mathrm{C}}\end{bmatrix} \tag{7-41}$$

上述坐标系和其转换关系的建立为弹丸飞行状态的描述和飞行状态方程的建立奠定了基础，从不同角度和目的出发，研究时所选择的坐标系也有所不同。

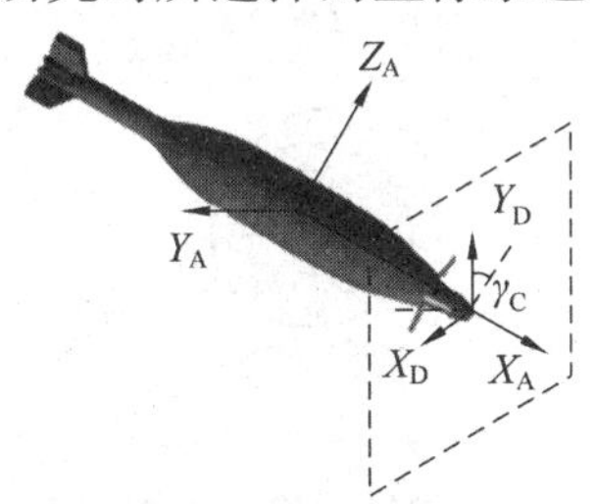

图 7-19　探测坐标系示意图

7.3.2　实时红外电子稳像

稳像技术广泛应用于机器人远程遥控系统、无人车辆导航系统、视频侦察系统、导弹电视制导系统，以及车载火控系统中的观瞄系统等，是电视精确制导、目标检测与跟踪的关键预处理技术，是移动成像系统不可缺少的一种重要视频增强技术。稳像技术的发展经历了机械稳像、光学稳像和电子稳像三大阶段。电子稳像技术的研究始于 20 世纪 80 年代中期。电子稳像是集电子学、计算机、图像识别等技术于一体，直接确定图像序列帧间映射关系，并进行补偿的新一代序列图像稳定技术，旨在消除视频序列中的随机运动。与传统的机械和光学稳像系统相比，电子稳像系统具有易于操作，稳像精度高，灵活性强，体积小、质量轻、能耗低以及高智能化的实时处理等优点。利用电子稳像技术实现视频图像序列稳定是现代稳像技术的发展方向之一。

此外，随着计算机技术和大规模集成电路技术的迅猛发展，图像处理设备的价格持续下降，商用摄像机、监视器的嵌入式电子稳像系统也成为目前电子稳像技术的研究热点之一，并伴随着巨大的市场需求。

1. 电子稳像总体流程

电子稳像的基本任务是消除由弹体抖动而造成的红外成像探测系统接收的连续视频帧之间的图像不连贯。总体流程由 3 部分组成，如图 7-20 所示。

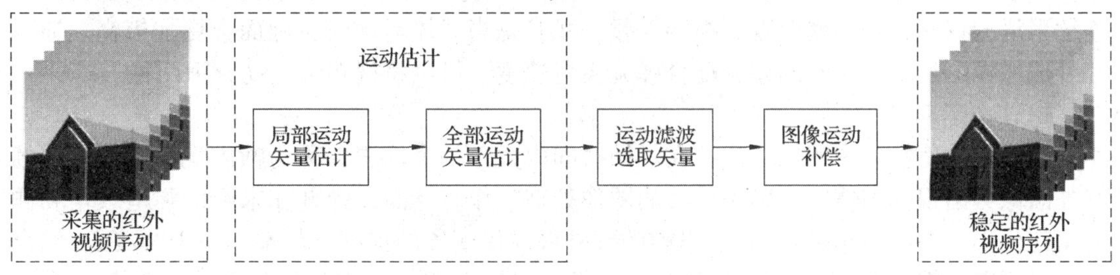

图 7-20　电子稳像总体流程

2. 图像运动数学模型

红外图像随着弹丸的自身抖动和沿弹道飞行在不停地变换。如图 7-21 所示，图中空

心圆为运动前物体状态，深色实心圆为运动后物体状态。其中，沿弹道飞行使弹丸逐渐接近目标，图像存在缩放变换。弹丸的自身抖动会造成图像的平移，而旋转弹自身的转动会造成图像的旋转。根据这些图像变换以及叠加，总结为以下 3 种模式：平移、相似和透视变换。

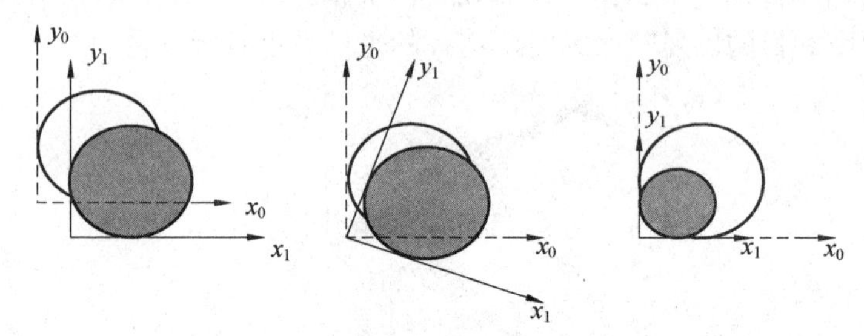

图 7-21　图像的平移、旋转和缩放变换

假设参考帧中的点(x, y)发生运动，在当前帧中坐标为(x', y')，对应坐标变化关系为

$$\begin{bmatrix} x' \\ y' \\ 1 \end{bmatrix} = \begin{bmatrix} \boldsymbol{m}_0 & \boldsymbol{m}_1 & \boldsymbol{m}_2 \\ \boldsymbol{m}_3 & \boldsymbol{m}_4 & \boldsymbol{m}_5 \\ \boldsymbol{m}_6 & \boldsymbol{m}_7 & 1 \end{bmatrix} = \begin{bmatrix} x \\ y \\ 1 \end{bmatrix} \tag{7-42}$$

由弹丸在末端飞行规律可知，图像的 3 种运动不会扭曲视场中物体的原有形状，属于 3 种变换中的相似变换，相似变换模型为

$$\boldsymbol{M} = \begin{bmatrix} s\cos\theta & -s\sin\theta & \boldsymbol{m}_2 \\ s\sin\theta & s\cos\theta & \boldsymbol{m}_5 \\ 0 & 0 & 1 \end{bmatrix} \tag{7-43}$$

式中，$\boldsymbol{M}$ 为变换矩阵；$\boldsymbol{m}_2$，$\boldsymbol{m}_5$ 为平移矢量；θ 为图像的旋转角；s 为帧间缩放系数。

通过分析可知 $\boldsymbol{M}$ 有 4 个自由度，因此至少需要 4 个不共线的局部运动矢量来求解，所需的参数太多，计算量大。

3. 帧内运动与帧间运动

红外成像探测器的曝光需要一定的时间，若弹丸运动速度太快，使图像运动的位移在连续视频的一帧时间内大于一个像素，就会产生单张图片模糊的情况。例如，视觉暂留原理，人眼适应的连续视频是以每秒 24 帧的速度播放。当帧率大于 24 Hz 时，人眼会看到连续平滑的视频，否则就会看到视频停顿，尤其是当载体运动时，画面会更加模糊。通过红外成像探测器曝光时间的差异配合弹丸飞行速度，可以将视频帧运动分为两种。

1) 帧内运动

弹丸运动使视频中图像的位移在一帧时间内大于一个像素，称为帧内运动。此时单帧红外图像会出现模糊情况，影响后续的图像处理工作。然而，弹丸在末端的弹道攻角和侧滑角变化小，一般不超过±0.7°。当前的红外成像探测器的帧率一般都不小于 24 Hz，结合第 2 章研究内容分析可知，红外成像探测器在末修引信上获得的单帧图像内容都清晰可见，所以属于帧间运动。

2) 帧间运动

帧间运动主要由红外成像探测器的随机抖动引起，即每一帧的偏移量超过了一个像素

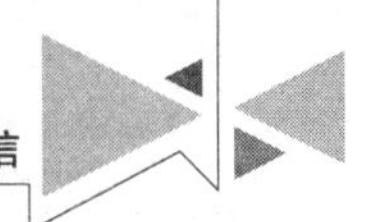

的尺寸，帧间运动包括探测器的随机抖动、弹丸自身的运动以及视场中局部物体的运动，如移动目标。本节是基于帧间运动的电子稳像技术，首先对全局运动矢量进行估计，随后对整幅当前帧图像按照运动矢量的偏移量进行反向补偿，从而获得稳定的连续视频帧。

4. 运动估计、滤波与补偿

运动估计、运动滤波与运动补偿是电子稳像算法的核心，如图 7-22 所示，图 7-22(a)表示参考帧图像，图 7-22(b)表示当前帧图像。由于红外成像探测器的抖动，静止的目标在当前帧的(23，33，34)区域成像，偏离了在目标参考帧中的位置。此时通过运动估计，可以得出整体图像平移了(-1，2)个像素，也称为全局运动矢量。但在实际战场中，地面目标或背景会存在移动状况，运动估计会得出许多不同的矢量，因此需要通过运动滤波分离出探测器自身抖动的矢量，去掉移动目标和背景的干扰矢量。最后通过运动补偿将整幅图像平移(1，-2)个像素，即完成了电子稳像的一个步骤，然后再进行循环完成整个视频稳像过程。

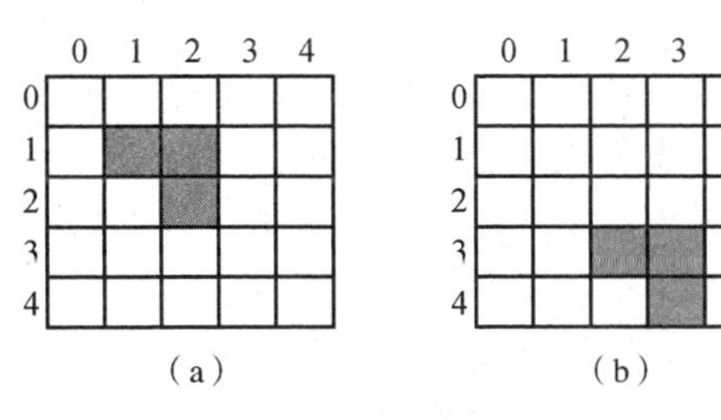

图 7-22　参考帧与当前帧目标运动

(a)参考帧图像；(b)当前帧图像

1)运动估计

通过上述分析，得出运动估计是整个算法的重中之重，直接影响了电子稳像的效果。运动估计方法的分类和局限性如表 7-1 所示。

表 7-1　运动估计方法的分类和局限性

估计方法	适用模型	精度和速度	局限性	适用图像种类
块匹配法	平移	精度高、速度慢	块的大小选取对块匹配影响较大	红外、可见光
光流法	平移、旋转、缩放	精度低、速度快	对光照敏感，受噪声影响大	可见光
特征法	平移、旋转、缩放	精度高、速度慢	特征不明显时误匹配率高，对噪声敏感	可见光
相位相关法	平移、缩放	精度高、速度慢	算法复杂，实时性差	红外、可见光
灰度投影法	平移	精度低、速度快	投影精度差，信息单一	红外、可见光

由表 7-1 分析可知，块匹配法、相位相关法和灰度投影法适合应用在红外图像的电子稳像中。光流法和特征法都需要可见光图像中具有明显特征来匹配，且无法适应噪点多的红外图像。相位相关法运算速度慢，且实时性差，因此无法应用在弹道修正引信上。块匹配法需要对全局的块进行搜索匹配，使运动估计速度变慢，而且每一个块的大小都需要提前预设，块的尺寸过大或过小都会导致信息丢失，影响估计精度。

灰度投影法虽然只能适用于图像平移模型，但是首先本节研究的弹道修正引信已经通过机械方式解决了图像旋转的情况，其次弹道末端红外成像探测器需要在最短时间内探测到目标在视场中的方位角，进而完成后续的修正任务，电子稳像更要在几帧内完成，此时红外图像随弹丸接近地面的过程中，缩放系数可以约等于1，即在积分时间内通过数帧图像完成电子稳像和目标检测任务。最后通过图像的预处理和增加灰度信息的方法改进灰度投影法，从而提高全局运动估计精度，适用于末修弹道修正引信。

2)运动滤波

运动滤波主要是来区分红外成像探测器自身的运动与随机抖动。弹丸沿弹道飞行时，视场中的图像沿一定方向进行运动，同时弹丸自身的抖动也会造成图像运动。随机抖动分量属于高频噪声，而正常运动属于低频信号。此时如果进行全局运动矢量估计，随机抖动矢量和正常系统运动会加在一起，影响稳像精度，因此需要通过运动滤波将随机抖动分量分离。

常用的运动滤波方法包括均值滤波、最小二乘法滤波、卡尔曼滤波等。均值滤波需要选择合适的滤波器窗口，滤波器窗口由探测器抖动的频率决定。由于弹丸在飞行时的抖动频率主要受气动力的影响，属于随机状态，故均值滤波方法无法应用。最小二乘法滤波是通过拟合的方法来得到整个系统期望的运动轨迹。拟合方式简单，运算速度快，但是误差太大，而高阶的拟合虽然提高了准确度，但是计算复杂，影响算法的实时性。卡尔曼滤波包含高斯过程和测量噪声线性系统最佳的最大后验概率估计函数，把红外成像探测器的随机抖动和正常运动分别看作状态矢量空间的随机过程函数和随机噪声，受随机抖动的频率和幅度影响，还需要设置相关的参数，无法做到自适应。

3)运动补偿

当得出准确的全局运动矢量后，将图像反向补偿的过程就是运动补偿。运动补偿根据帧与帧间隔的方式分为固定帧补偿与相邻帧补偿两种。

固定帧补偿就是选取视频序列中某一帧作为参考帧，后续所有的帧都以这个参考帧为基础进行补偿。这种情况适用于探测器固定且红外图像中景物固定的情况，此时探测仅存在随机抖动，固定帧补偿不影响稳像精度。

相邻帧补偿(见图7-23)就是每帧图像都当作其后一帧图像的参考帧，逐帧进行补偿。这种方式充分利用了图像信息，相邻两帧之间图像内容大部分相同，差别很小，运动估计的精度可以得到有效地提高，而且可以适用于图像不停变换的弹道修正引信中。

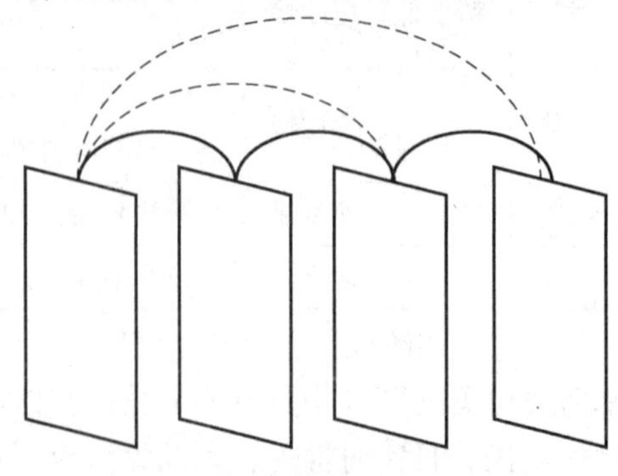

图7-23　相邻帧补偿

5. 运动估计技术研究

运动估计由运动模型选取和模型参数估计两部分组成。在运动估计的初始阶段，首先要根据系统应用环境、模型的性质、适用范围和参数的敏感性等因素，正确选取摄像机运动模型。一般来说，运动模型使用的参数越多，运动估计越准确，但计算复杂性也越大。不同的运动模型可用于二维线性变换的不同复杂度的描述，可以用不同个数参数的矩阵表达，可用于不同场景条件下的稳像处理。单应性运动模型具备描述复杂运动模式的充分灵活性，但模型参数估算的复杂度高，难于实时处理。仿射模型描述了场景中摄像机的纯旋转运动、摇摄、小幅度平移运动以及小幅度深度变化或缩放效应，大多数室内外场景的拍摄满足仿射模型。

电子稳像的质量评价可以分为主观评价方法和客观评价方法。其中，主观评价方法就是将两幅图像的灰度矩阵相减进行差值运算，然后观察差值图像的灰度信息。两幅图像具有的相同信息越多，表示其稳像效果越好，差值图像的灰度信息越少。

客观评价方法主要采用峰值信噪比(PSNR)方式，公式如下

$$\mathrm{PSNR} = 10 \times \lg \frac{255^2}{\mathrm{MSE}(\boldsymbol{I}_1, \boldsymbol{I}_0)} \tag{7-44}$$

式中，$\boldsymbol{I}_1$，$\boldsymbol{I}_0$ 分别为当前帧与参考帧的灰度矩阵；MSE 为均方差，定义如下

$$\mathrm{MSE}(\boldsymbol{I}_1, \boldsymbol{I}_0) = \frac{1}{M \times N}\sum_{i=1}^{M}\sum_{j=1}^{M}(\boldsymbol{I}_1(i, j) - \boldsymbol{I}_0(i, j))^2 \tag{7-45}$$

式中，M，N 为图像的垂直与水平像素数。MSE 越小，稳像效果越好；反之，PSNR 越大，稳像效果越好。

7.4　参考文献

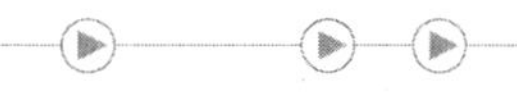

[1]庄志洪，张清泰．制导引信一体化研究[J]．现代引信，1994(3)：1-9.

[2]王志民，徐晓刚．电子稳像技术综述[J]．中国图象图形学报，2010，15(3)：470-480.

[3]杨荣，王明伟，刘思铭．基于图像处理算法的目标识别、定位与跟踪系统设计与实现[J]．物联网技术，2020，10(9)：75-79.

[4]沈亮，宋龙，刘晓兰．制导引信一体化仿真研究[J]．航空兵器，1995(6)：1-7.

[5]苑林桢．导弹引战配合设计与验证[J]．现代防御技术，2002(1)：38-45，49.

[6]涂建平，彭应宁，袁正．引信对制导系统提供的目标信息综合利用研究[J]．探测与控制学报，2001(3)：55-59.

[7]李玉清．引信与制导系统一体化设计探讨[J]．上海航天，1994(1)：1-10.

[8]梁向如．AIM-120 导弹制导引信一体化系统分析与仿真[D]．成都：电子科技大学，2009.

[9]赵超，杨号．红外复合制导技术概述[J]．制导与引信，2007(2)：1-7.

[10]张旗．红外成像制导技术的应用研究[D]．北京：北京理工大学，2015.

[11]沈英，黄春红，黄峰，等．红外与可见光图像融合技术的研究进展[J]．红外与激光工程，2021，50(9)：152-169.

[12]杨桄，童涛，陆松岩，等. 基于多特征的红外与可见光图像融合[J]. 光学精密工程，2014，22(2)：489-496.
[13]周渝人. 红外与可见光图像融合算法研究[D]. 长春：中国科学院研究生院(长春光学精密机械与物理研究所)，2014.
[14]李健. 红外成像 GIF 引信起爆控制算法研究[D]. 南京：南京理工大学，2010.